普通高等教育农业部“十二五”规划教材

食品工艺学实验

潘思轶　主编

中国农业出版社

主　编　潘思轶　华中农业大学

副主编　徐晓云　华中农业大学

参　编　（按姓名汉语拼音字母排序）

曹锦轩　宁波大学

曹少谦　浙江万里学院

曹玉华　南京财经大学

陈清婵　荆楚理工学院

程　超　湖北民族学院

范　刚　华中农业大学

范龚健　南京林业大学

傅虹飞　西北农林科技大学

龚玉石　广东药学院

何胜华　哈尔滨工业大学

胡秋林　武汉轻工大学

姜　丽　南京农业大学

姜天甲　浙江工商大学

赖富饶　华南理工大学

雷生姣　三峡大学

李海芹　河北工程大学

廖国周　云南农业大学

刘海梅　鲁东大学

刘　齐　湖北大学

刘　骞　东北农业大学

刘　琴　南京财经大学

陆柏益　浙江大学

饶胜其　扬州大学

任丹丹　大连海洋大学

谭正林　湖北经济学院

王大红　武汉职业技术学院

王茂增　河北工程大学

王文华　塔里木大学

吴　鹏　黄冈师范学院

肖俊松　北京工商大学

徐永霞　渤海大学

姚晓琳　湖北工业大学

周　志　湖北民族学院

朱彩平　陕西师范大学

朱新荣　石河子大学

前 言

食品工艺学实验是食品科学与工程以及食品质量与安全专业的核心实验课程，旨在培养学生的实践动手能力和专业技能。全国食品类专业均开设有食品工艺学实验课程，根据各学校的办学特色以及教学实验条件的不同，其内容侧重点不同，所使用的实验教学指导书亦不同。根据教育部高等学校食品科学与工程专业教学指导分委员会提出的食品科学与工程专业指导性专业规范，食品工艺学实验作为在食品工艺学基本理论指导下单独开设的实践性、综合性课程，不仅要使学生掌握具体的产品生产技术，更重要的是培养学生综合运用所学知识分析问题、解决问题的能力，以及学生的创新意识和创新能力。基于此，为了满足食品工艺学实验课程教学的基本需要，主编单位结合30年来的教学实践，参考了全国100多所大学食品科学与工程专业的食品工艺学实验指导书，组织了全国32所大学的37位一线实验课教师编写了本实验教材。

本教材共11章，78个实验。前8章是基本实验部分，包括食品罐藏工艺实验、食品干制与膨化工艺实验、食品腌制与烟熏工艺实验、食品焙烤工艺实验、饮料工艺实验、速冻工艺实验、糖果工艺实验和发酵调味品工艺实验。后3章是综合设计实验部分，包括畜产食品加工开发实验、粮油加工开发实验和果蔬加工开发实验。基本实验部分注重了知识的实用性、基础性和系统性，同时增加了新产品、新工艺、新标准、新技术的信息量，尽量体现现代食品科技的发展成果，融入了先进的工艺技术和操作方法。每个实验在阐明实验目的、实验原理、操作要点和注意事项等内容的同时，特别介绍了机械装备、科学的产品质量评价方法等。在每个实验的结果与分析及思考题中引导学生利用中外参考文献分析实验中出现的各种现象或问题，并与实际工业生产相联系。为了提高学生的综合素质，激发学生的创新潜力，本实验指导增加了设计性、综合性实验，引导学生将收集资料、设计实验方案、确定工艺技术路线、使用实验装备及仪器、处理实验数据、评价产品质量、总结分析实验结果、经济学评价、撰写实验报告等全过程、全方位独立完成，系统地培养学生从事科学研究和开发新产品的能力。

本教材内容丰富，适合作为各高等院校食品类相关专业的食品工艺学实验教材。由于编者水平和能力有限，错误和疏漏之处在所难免，恳请读者批评指正。

编　者

2015 年 1 月

目录

第一部分　基本实验

第二部分　综合设计实验

第一部分　基本实验

第一章　食品罐藏工艺实验

实验一　空罐检测实验

一、实验目的

通过实验使学生熟识和掌握空罐检验操作原理，了解和认识罐头食品二重卷边的原理和质量要求，了解两个卷轮的位置松紧对二重卷边的质量影响。

二、实验原理

二重卷边是金属罐藏容器的一种封口形式，镀锡薄钢板（马口铁板）罐的底、盖都是采用二重卷边的办法进行密封的。二重卷边是用封罐机的两个不同形状沟槽的卷边辊轮顺次将罐身翻边和罐盖钩边同时弯曲、卷合，最后形成两个相互紧密重叠的卷边，借助于盖钩内的密封胶，可以使罐头形成密封状态。

二重卷边的形成过程就是辊轮沟槽与罐盖接触造成卷曲挤压的过程。当罐身和罐盖同时进入封口作业位置后，在压头和托底板的配合作用下，共同将罐身及罐盖夹住，罐盖被固定在罐身筒的翻边上，封口压头套入罐盖的肩胛底内径，然后是头道辊轮做径向推进，逐渐将盖钩滚压至身钩下面，同时罐钩和身钩逐渐弯曲，两者逐步相互钩合，形成双重的钩边，使二重卷边基本定型。头道辊轮离去并缩进后不再接触罐盖，紧接着由二道辊轮进行第二次卷边作业。二道辊轮的沟槽部分进入并与罐盖的边缘接触，随着二道辊轮的退压作用，盖钩和身钩进一步卷曲，进一步钩合，最后紧密结合，完全定型，形成五层板材的二重卷边。具体如图 1-1-1 所示。

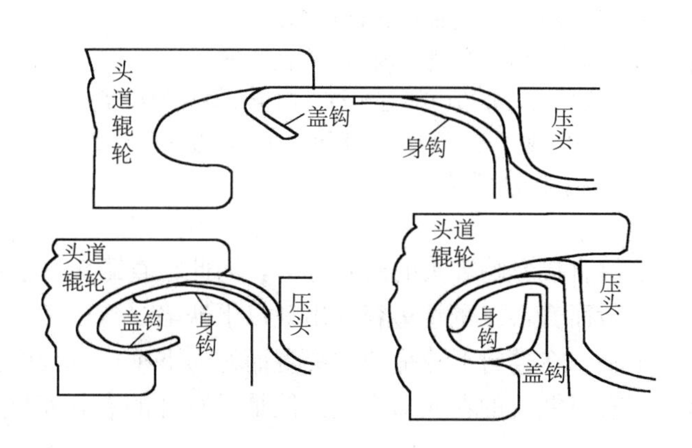

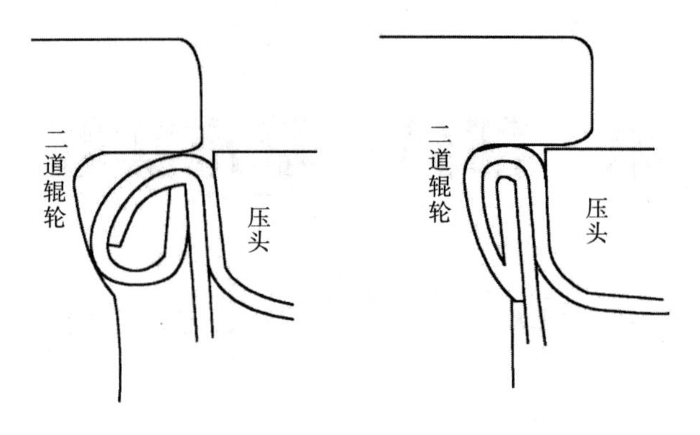

图 1-1-1　二重卷封形成过程

在罐身一般位置的二重卷边结构中，组成卷边的镀锡薄钢板共有 5 层，其中盖板 3 层，身板 2 层（图 1-1-2）。但是在三片罐的罐身接缝处，由于接缝处的钢板较一般罐身不同（如焊锡罐的罐身接缝叠接处部位则为 7 层板材组成，身钩多为 2 层），接缝处卷边的厚度会大一些，容易出现密封不严的问题。

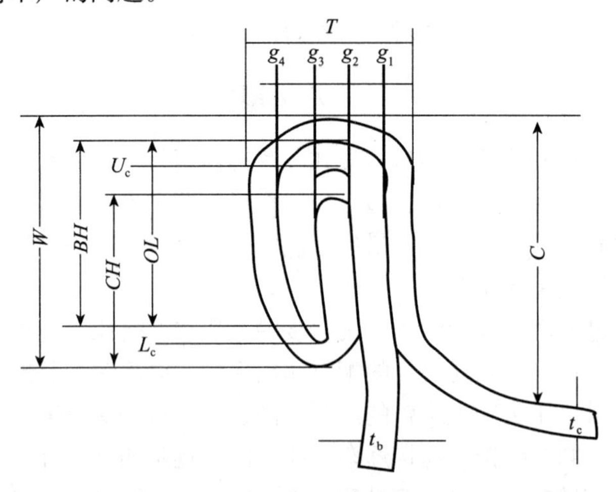

图 1-1-2　二重结构

T. 卷边厚度，即横过或垂直于卷边内各层铁皮所测得的最大尺寸

W. 卷边宽度，即平行于卷边身、盖钩所测得的尺寸

C. 埋头度，即卷封后卷边的顶端至邻近卷边内壁肩胛所测得的深度

BH. 身钩宽度，即罐身翻边向内弯曲成钩状的长度

CH. 盖钩宽度，即罐盖卷曲部分在卷边内部的弯曲长度

OL. 叠接长度，卷封成型后，卷边内部盖钩与身钩相互叠接的长度

U_c. 盖钩空隙　L_c. 身钩空隙　t_b. 罐身铁皮厚度　t_c. 罐盖铁皮厚度

g_1、g_2、g_3、g_4. 卷边内部各层间隙

二重卷边的质量能够直接影响罐头的密封好坏，因此检查罐头（空罐和实罐）的二重卷边的质量至关重要，一般而言，二重卷边容易出现以下缺陷：

（1）下垂、内部下垂—在卷封下缘呈圆状突者而称为下垂，一般而言在搭接部发生。轻微下垂可视为正常，因有厚铁皮的卷入即发生。但是下垂部的卷封宽度大于正常部分的 1.2

倍，或者内部下垂超过50％即不能接受，如图1-1-3所示。

（2）尖锐卷缘—在卷封上端内缘呈尖锐状边，可见于搭接部或全部卷封缘上，如图1-1-4所示。

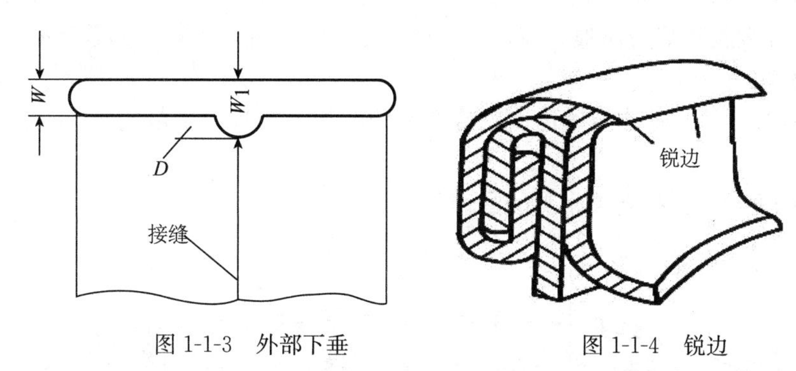

图1-1-3　外部下垂　　　　图1-1-4　锐边

（3）牙齿或突唇—盖缘卷曲部未嵌入或嵌入不足，呈V形突出部分，如图1-1-5所示。

（4）切罐（快口）—尖锐卷封过度其角部的铁皮破裂者为切罐，一般发生在搭接部，如图1-1-6所示。

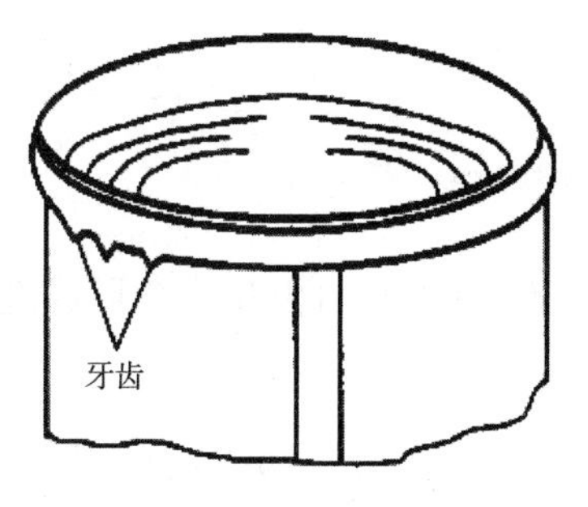

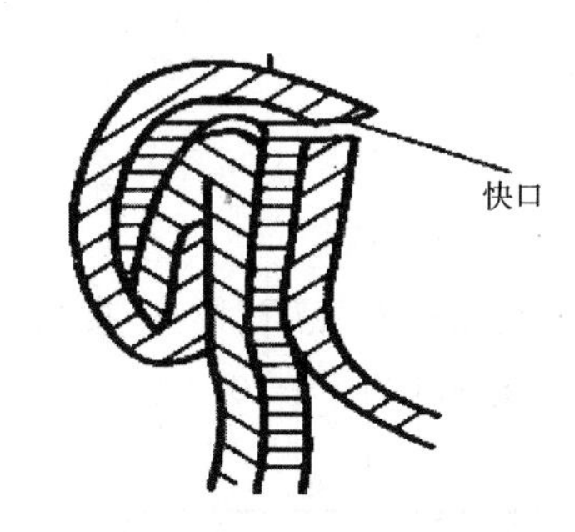

图1-1-5　卷边（牙齿）　　　　图1-1-6　切罐（快口）

（5）疑似卷封（假卷）—全部或者部分卷封完全无钩叠现象，即盖钩与罐钩无嵌合钩叠，外观检查时难以发现，如图1-1-7所示。

（6）铁舌—封口不良，在卷边底部露出舌状部分，为盖钩不足。

（7）卷边碎裂—罐身双重接叠处的卷边外层碎裂。

（8）身钩过长—指罐身钩长度超过标准尺寸（身钩超过规定尺寸，会使产品发生泄漏和损坏），如图1-1-8所示。

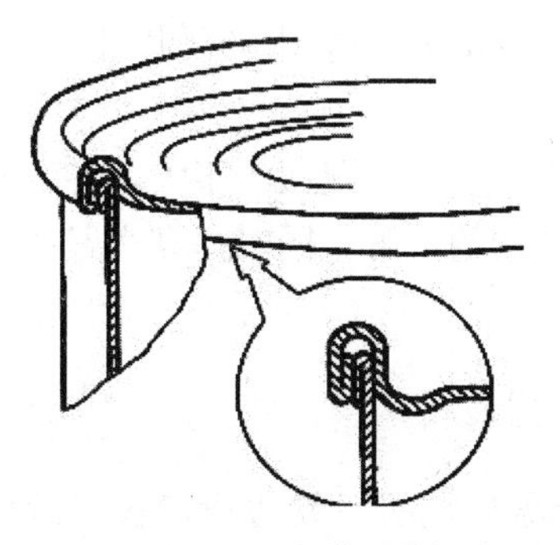

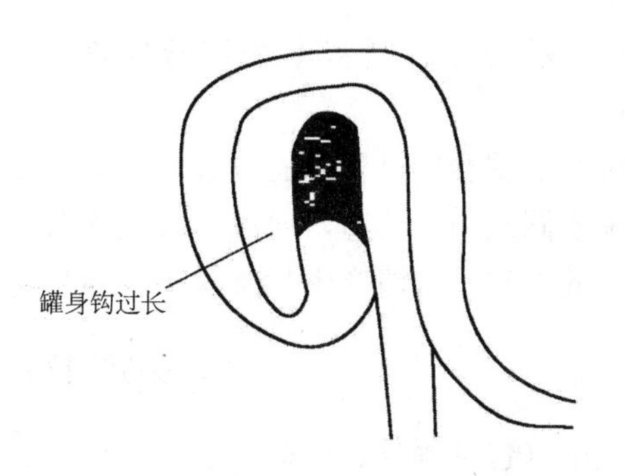

图1-1-7　疑似卷封（假卷）　　　　图1-1-8　身钩过长

其他常见的问题还包括断封、滑罐、歪曲罐、第一卷封过强或过弱、第二卷封过强或过弱、身钩（*BH*）过长等。

二重卷边的质量要求是外表平整光滑，无上述质量缺陷现象。对于卷边外观正常的，剖开卷边后，还需要检查罐身压痕、盖钩皱纹度、垂边大小等，计算盖钩叠接率、紧密度、接缝处盖钩完整率。

叠接率（*OL*,%）：盖钩与罐钩铁皮重叠部分的长度与理论上能完全重叠的长度之比的百分率。

紧密度（*TR*,%）：指卷边密封的紧密程度（图 1-1-9）。

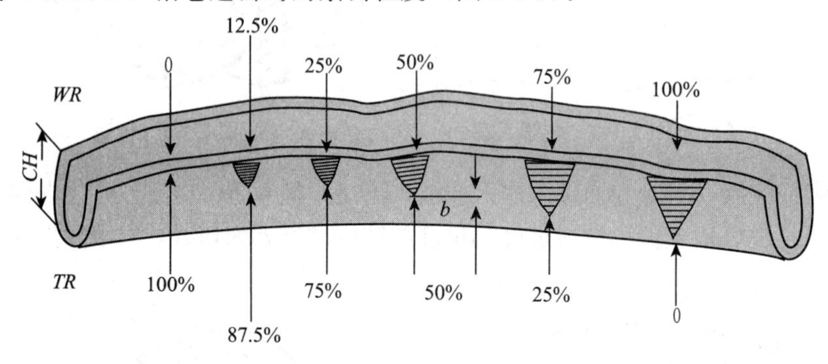

图 1-1-9　紧密度和皱纹度

接缝处盖钩完整率（*JR*,%）：接缝交叠处罐盖钩和罐身钩相互钩合形成叠接长度占罐盖钩长度的百分率（图 1-1-10）。

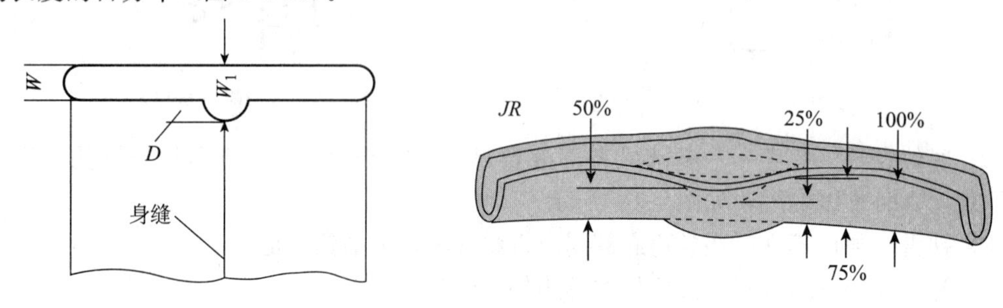

图 1-1-10　接缝处盖钩完整率

一般要求叠接率、紧密度和接缝处盖钩完整率都应该达到 50%以上，叠接长度大于 1mm。

封罐机在二重卷边过程总的位置对罐头二重卷边的密封状况影响很大，各种不恰当的位置封出各种不同缺陷的卷边，通过实验加深对封罐结构的了解，同时提高实践技能，懂得检查二重卷边的方法，认清产生封罐缺陷的原料。

三、实验材料与仪器设备

马口铁罐（包括罐身、罐盖）、台式封罐机、罐盖切割机、卷边投影仪、游标卡尺、卷边测微尺、罐头卡尺、锉刀、砂轮机、开罐器等。

四、实验方法和步骤

（一）二重卷边的质量检查

外观检查：检查二重卷边的各种尺寸和外观状态，如卷边厚度、卷边宽度、埋头度，及肉眼能看出的外部缺陷如快口、垂唇、牙齿及铁舌、滑封、卷边碎裂等现象。记录于表 1-1-1 中。

表 1-1-1　二重卷边的质量检查

罐型号	罐外径/mm	罐高/mm	卷边厚度/mm	卷边宽度/mm	埋头度/mm	垂唇	锐边	快口	滑封	假封	卷边割裂

（二）卷边剖析检查

1. 用罐盖切割机在罐盖上卷边相隔 120°角处切 3 个缺口，并且割下一小块，在投影仪上观察卷边质量，并绘出卷边断面图，并将有关数据记录于表 1-1-2。

2. 用砂轮及锉刀锉去卷边上第一层最顶部分，抽出罐盖后，再轻轻用硬木头将盖钩向下敲甩并轻轻抽出，用游标卡尺测量有关数据填入表中，并计算卷边的 3 个百分率：叠接率、紧密度和接缝处盖钩完整率。

表 1-1-2　卷边剖析检查记录

罐型	记录检查项目										
	铁片厚度/mm	卷边厚度/mm	卷边宽度/mm	身钩宽度/mm	盖钩宽度/mm	叠接长度/mm	盖钩皱纹/mm	垂唇长度/mm	叠接率/%	紧密度/%	盖钩完整率/%

（三）辊轮调整与试封

1. 辊轮形状观察，用模型胶将满面辊轮凹槽印出凸膜，切出断面在投影仪上放大观察，并绘出槽的曲线，并说明各区段的形状、特点及其作用。

2. 用手扳动封罐空载运行，认真观察辊轮的动作、动作距离等，辊轮调整位置、调整方法等。

3. 取下第二道辊轮调整第一辊轮的最靠近压头的位置（即最高点）在 1.6mm、1.3mm、1.1mm 距离各封 3 个罐，封好后测量其外部尺寸，并将一个切断投影，观察它们的钩合情况，绘出断面图。

4. 装上第二个辊轮。调整辊轮的最高位置在 0.6mm、0.4mm、0.3mm 按先松后紧进行第二轮辊轮作业，每次作业后分别进行外观与剖析评价封口的密封情况，并做出记录。

五、结果与分析

1. 实验记录按照表 1-1-1、表 1-1-2 进行。
2. 绘出位置状况与封口形态（卷边断面图），进行分析、判别。
3. 实验报告要求：实验报告需包括实验记录以及思考题两个部分。

六、思考题

1. 金属罐有哪些种类？制作工艺如何？
2. 如何检查罐头的密封性能？
3. 造成食品罐头腐蚀的因素主要有哪些？
4. 造成食品罐头胀罐的主要原因有哪些？

（赖富饶　华南理工大学）

实验二　糖水菠萝罐头的制作

一、实验目的

掌握糖水菠萝罐头的制作过程，掌握保证产品质量的关键操作步骤，掌握水果类罐头理化检验的一般指标及评定方法。

二、实验原理

糖水菠萝罐头是把菠萝经过前处理后，装入能密封的容器内，添加糖液，通过排气、密封和杀菌，杀灭罐内有害微生物并防止二次污染，使产品得以长期保藏的一种食品。

罐藏食品是将食品或食品原料装入容器中，经密封、杀菌后而成的食品。罐藏食品的密封是为了防止外部微生物侵入内部，而加热杀菌则是要杀死罐藏食品内部的致病菌、产毒菌、腐败菌等微生物。果蔬罐藏工艺是指把整理好的原料连同辅料密封于气密性的容器中，以隔绝外界空气和微生物，再进行加热杀菌，使罐内微生物死亡或失去活力，并钝化果实中各种酶的活力，以防止氧化作用的进行，使罐内果蔬处于密封状态，防止其被外界微生物感染，可在室温下较长时间贮藏。排气、密封、杀菌是罐藏加工的主要措施。

1. 排气　排气是指在食品装罐后排除罐内空气，用热力排气，利用受热膨胀的原理将空气排除。排气温度应以罐头中心温度为依据。对于菠萝罐头类的固态食品，一般是装灌注液后，放在热水或蒸汽排气箱中进行排气，排气温度一般为 82～100℃。经过一定时间，使罐内中心温度达到 70～90℃，然后立即进行封罐。罐头真空度是罐内气压与罐外气压之差。影响罐头真空度大小的因素很多，如加热的温度和时间、密封温度、杀菌温度、原料特性、顶隙和罐型大小、气温和气压等。

2. 密封　密封可以使罐内食品与外界隔绝，维持真空，并防止外界微生物再次感染。马口铁罐可以用封罐机进行卷封形成二重卷边，达到密封的目的。玻璃罐的密封形式有卷封式、螺旋式、旋转式、套压式等，通过人工或机械的作用达到密封。目前广泛应用的是旋转式玻璃瓶，如四旋式等。软罐头多采用热封，一般采用真空包装机进行热封。

3. 杀菌　罐头杀菌的目的是杀死罐内有害微生物、致病菌及钝化酶活性，保证食品的品质不发生败坏。对于 pH＜4.6 的酸性食品，如水果罐头类，可采用 100℃以下的温度杀菌，又称常压杀菌。pH4.6 以上及水分活度大于 0.85 的食品，即为低酸性食品，如蔬菜罐头类，低酸性食品一般采用高温高压杀菌法。杀菌时间取决于原料的特性、状态、微生物污染程度、杀菌初温、罐型、包装材料及物材和填充液的传热特性等因素。

三、实验材料与仪器设备

菲律宾菠萝、白砂糖、柠檬酸、盐酸、氢氧化钠、不锈钢锅、镊子、天平、测糖仪、温度计、封罐机、比重计、pH计、折光仪、灭菌锅。

四、实验步骤

（一）工艺流程

原料选择⟶选果、分级⟶清洗⟶切端去皮⟶切片⟶选片修正⟶漂洗、整理⟶装罐⟶罐糖液⟶封罐⟶杀菌⟶冷却⟶擦罐、贴标⟶入库⟶成品

（二）操作要点

1. 原料选择　尽可能选择果眼浅，大小、色泽、成熟度一致的果实，剔除发霉、粒果、干瘪、过熟或过生、有病虫害及机械伤的果实。适于做罐头用的菠萝品种，有卡因、巴厘（菲律宾种）、神湾（台湾种）和上种等。

2. 原料处理

（1）*切端去皮*　用片刀将果实两端垂直于轴线切下，削去外皮，削皮时应将青皮削干净。

（2）*去果目*　用三角刀沿果目螺旋方向挖除果目，深浅以正好能挖净果目为适宜。

（3）*切片*　经去除果目后的果实用小刀削除残留表皮及残芽，清洗一遍后置于砧板上，用刀将果六等份纵向切开，去除果心，将果肉切成厚度为10～13mm的扇形块，要求切面光滑，厚度一致。

3. 选片清洗　检选大小基本一致的扇形块，用清水洗去果屑。

4. 空罐及罐盖消毒　将用清水冲洗过的空罐及罐盖放入85℃水中消毒5min。

5. 装罐　选择片形完整、色泽一致、无伤疤、无斑点等缺陷的扇形片分别装罐，要求果肉排列整齐。每罐装罐量为240g。

6. 糖水配制　将原料菠萝挤汁用手持糖度仪测定含糖量，根据测定值用下式计算加入糖液的浓度：

$$Y=\frac{W_3Z-W_1X}{W_2}$$

式中　Y——糖液浓度，%；

W_1——每罐装入果肉量，g（240g）；

W_2——每罐加入糖液量，g（160g）；

W_3——每罐净重，g（400g）；

X——菠萝果肉含糖量，%；

Z——要求开罐时糖液浓度，%（15%）。

称取所需白砂糖和用水量，置于锅内加热溶解并煮沸后，用200目滤布过滤，柠檬酸按0.1%加入糖水中。每罐注入约160g糖水，注糖水时要注意留8～10mm的顶隙。

7. 排气、密封　将已装好罐的罐头放入沸水中，加热至罐中心温度80～85℃，取出后用手动封罐机进行卷边密封。

8. 杀菌　将密封好的罐头在沸水浴中杀菌10min。

9. 冷却　杀菌结束后取出罐头放入流动水中冷却至约40℃，即可取出，将水分抹干。再把罐头放在25℃下保温堆贮5d，在0℃下贮放7d。然后用敲音法检查。敲击罐盖，若发音清脆，说明罐头完好；若发浊重音，就表明罐内有产气败坏现象，不宜久存。

五、结果与分析

成品质量要求：罐内果肉要求呈淡黄色至金黄色，色泽一致；糖水透明，酸甜适度，无异味；果块完整，软硬适中，削切良好，圆周完好；允许有少量不引起混浊的果肉碎屑存在；果肉重占净重的54%以上。

实验结果记录于表1-1-3和表1-1-4。

表1-1-3　糖水菠萝罐头制作原料消耗记录

实验日期	原料重量/kg	不合格重量/kg	装罐前半成品重量/g	每罐果肉装入量/g	每罐净重/g	每吨成品原料消耗量/kg	备注

注：写出计算过程。

表1-1-4　糖水菠萝罐头制作糖水配制记录

成品开罐后糖液浓度/%	每罐净重/g	果肉可溶性固形物含量/%	每罐果肉装入量/g	糖液浓度/%	每罐糖液装入量/g	每罐需糖量/g	每吨成品需糖量/g	备注

注：写出计算过程。

六、思考题

1. 影响菠萝罐头质量的因素有哪些？
2. 菠萝罐头为什么要进行排气处理？
3. 罐头杀菌的温度和时间选择依据是什么（巴氏杀菌与高温杀菌）？
4. 菠萝在加工和贮藏的过程中可能会出现果肉色泽透明度不足和固形物含量不足等问题，通过本实验后，你认为工业化生产时应该采取哪些措施（包括工业和设备方面）才能生产出品质更优的产品？

（赖富饶　华南理工大学）

实验三　糖水橘瓣罐头的制作

一、实验目的

通过实验掌握糖水橘瓣罐头的制作原理与工艺，掌握酸性水果类罐藏制品的生产技术。

二、实验原理

根据柑橘原料pH偏酸性的基本特性，按照微生物生长繁殖在强酸性环境中受到强烈抑制的原理，橘子罐头主要解决灭酶问题，因此橘子罐头生产可以采用常压杀菌的工艺流程及操作方法，依此进行糖水橘瓣罐头的生产实验。

三、实验材料与仪器设备

温州蜜橘、白砂糖、柠檬酸、盐酸、氢氧化钠、四旋玻璃瓶、不锈钢锅、弧形剪、镊子、天平、测糖仪、温度计、封罐机、杀菌锅。

四、实验步骤

（一）工艺流程

原料处理⟶选果、分级⟶热烫、剥皮⟶去络、分瓣⟶酸碱处理⟶漂洗⟶整理⟶分选⟶装罐⟶排气、封罐⟶杀菌、冷却⟶擦罐、贴标⟶入库⟶成品

（二）操作要点

1. 原料选择　柑橘品种很多，加工适应性各不相同。用于罐头生产用的柑橘原料须符合下列条件：果实扁圆、大小整齐、瓣数一致；皮薄、易剥皮，去络和分瓣容易；果肉紧密，囊衣薄，少核或无核，糖酸比适宜，橙皮苷含量低，耐热力作用，耐贮藏，成熟度适宜。适于罐头加工的品种，经研究确认为温州蜜橘最好。其他加工性能优良的株系有宁红、海红、石柑和黄岩少核本地早等。

2. 去皮、分瓣　橘子经剔选后，在制作罐头前需进行清洗，然后剥皮。剥皮有热剥和冷剥两种处理方法。热剥是将橘子放在90℃热水中烫30～90s，烫至易剥皮但果心不热为准。不热烫者为直接冷剥，冷剥效率稍低，但品质不受影响。皮剥好后即进行分瓣，以将橘络去净为宜。分瓣要求手轻，以免橘瓣因受挤压而破裂，因此要特别注意。

3. 去囊衣　去囊衣是橘子罐头生产中的一个关键工序，它与产品汤汁的澄清程度、白色沉淀产生情况及橘瓣背部砂囊柄处白点形成直接相关。可分为全去囊衣及半去囊衣两种。

（1）全去囊衣　将橘瓣先行浸酸处理，瓣与水之比为1∶1.5（或2），用0.4%盐酸溶液处理橘瓣，橘瓣应淹没在处理液中。一般为30min，具体使用酸的浓度、浸泡的时间应依据橘瓣的囊衣厚薄、品种等来定。盐酸溶液的温度要求在20℃以上，随温度上升其作用加速，但要注意温度不宜过高，20～25℃为宜，当浸泡到囊衣发软并呈疏松状，水呈乳浊状即可沥干橘瓣，放入流动清水中漂洗至不混浊为止。然后进行碱液处理，使用浓度为0.4%氢氧化钠溶液，水温在20～24℃浸泡2～5min，具体视囊衣厚薄而定（脱囊衣的程度一般由肉眼观察，以大部分囊衣易脱落，橘肉不起毛、不松散、软烂为准）。处理结束后立即用清水清洗碱液，清洗至瓣不滑为止。

（2）半去囊衣　与全去囊衣不同之处是把囊衣去掉一部分，剩下薄薄一层囊衣包在汁囊的外围。将橘瓣用0.2%～0.4%的盐酸处理30min后，清水冲洗2次，再将橘瓣放入0.03%～0.06%氢氧化钠溶液中20～25℃浸泡3～6min，具体视囊衣情况而定，以橘瓣背部囊衣变薄、透明、口尝无粗硬感为宜。酸碱处理后要及时用清水浸泡橘瓣，碱处理后需在流动水中漂洗1～2h后才能装罐。

4. 整理　全去囊衣橘瓣整理是用镊子逐瓣去除囊瓣中心部残留的囊衣、橘络和橘核等，用清水漂洗后再放在盘中进行透视检查。半去囊衣橘瓣的整理是用弧形剪剪去果心、挑出橘核后，装入盘中再进行透视检查。

5. 装罐　透视后，橘瓣按瓣形完整程度、色泽、大小等分级别装罐，力求使同一罐内的橘瓣大致相同。装罐量按产品质量标准要求进行计算。装罐量为罐净重的55%～60%。

6. 糖液制备　根据产品要求的糖度配制糖液。

根据我国目前生产的糖水水果罐头的开罐浓度一般为14%～18%，加注糖液的浓度可根据以下公式配制：

$$Y=\frac{m_3Z-m_1X}{m_2}$$

式中　Y——需配制的糖液浓度，%（以折射率计）；

m_1——每罐装入果肉质量，g；

m_2——每罐加入糖液质量，g；

m_3——每罐净质量，g；

X——装罐时果肉可溶性固形物含量，%（以折射率计）；

Z——要求开罐时的糖液的浓度，%（以折射率计）。

按调整浓度正确的糖水量，加入0.1%～0.3%柠檬酸溶液（根据果肉原有含酸量而定，以使成品的pH达到3.7以下为度。若果肉含酸量在0.9%以上，则不加柠檬酸，含酸量0.8%左右则加0.1%柠檬酸溶液，含酸量0.7%则加0.3%柠檬酸溶液）。糖液的温度不宜低于90℃。

7. 排气、密封

(1) 热力排气　全去囊衣者，罐中心温度为65～70℃；半去囊衣者，罐中心温度为70～80℃。排气完毕后立即封罐。

(2) 抽气密封　全去囊衣者，压力为40.0～53.3kPa；半去囊衣者，压力为50.0～53.3kPa。

8. 杀菌、冷却　净重为510g罐头的杀菌公式为：8min—10min—13min/100℃，分段冷却至38℃±1℃。

五、结果与分析

操作过程中按照表1-1-5记录关键数据，按照表1-1-6描述糖水橘瓣罐头的感官特性。

表1-1-5　糖水橘瓣罐头制作关键数据记录

项目	数据	项目	数据
去囊衣条件		成品感官描述（参考表1-1-6）	
糖液制备条件		成品固形物含量	
排气、杀菌、冷却条件		成品可溶性固形物含量	

表1-1-6　糖水橘瓣罐头成品感官描述指标（参考）

指标	满分	评分标准	评分
色泽	10分	橘片呈橙色或呈黄色，色泽一致，糖水澄清	
气味	10分	具有原果香味，无异味	
状态	20分	全去囊衣：橘片囊衣去净，无橘络，饱满完整 半去囊衣：橘片去囊衣适度，剪口整齐，橘片饱满	
口感	60分	全去囊衣：酸甜适口，橘片质嫩，食之有脆感 半去囊衣：酸甜适口，橘片质嫩，食之无硬渣感	

六、思考题

1. 为什么橘瓣有时会浮在罐头容器的上部?
2. 柑橘罐头产生苦味的原因及预防措施有哪些?
3. 柑橘罐头白浊现象的成因是什么?
4. 酸性水果类罐藏制品的生产技术要点有哪些?

参　考　文　献

张钟，李先保，杨胜远．2012. 食品工艺学实验［M］．郑州：郑州大学出版社．
马汉军，秦文．2009. 食品工艺学实验技术［M］．北京：中国计量出版社．
赵晋府．1999. 食品工艺学［M］．2 版．北京：中国轻工业出版社．
赵征．2009. 食品工艺学实验技术［M］．北京：化学工业出版社．
马俪珍，刘金福．2011. 食品工艺学实验［M］．北京：化学工业出版社．
唐翔．1994. 橘子罐头的苦味及预防措施［J］．食品科学（12）：58-59.
曾维丽，赵永敢，孙露露．2011. 酸碱处理对糖水橘子罐头品质的影响［J］．北方园艺（21）：136-137.
宋雪华．2006. 糖水橘子罐头白浊现象的成因及其防止方法［J］．广西轻工业（5）：43-44.

（朱新荣　石河子大学）

实验四　糖水苹果罐头的制作

一、实验目的

掌握糖水苹果罐头的制作工艺，理解罐头食品的加工原理。

二、实验原理

高浓度糖液能使微生物细胞质脱水收缩，发生生理干燥失活，达到长期保存的目的。保证苹果罐头品质好坏的关键是防止其褐变。因此，灭酶、护色成为制作的关键。

三、实验材料与仪器设备

苹果、盐酸、氢氧化钠、柠檬酸、白砂糖、食盐、玻璃瓶、不锈钢刀、水果刨、不锈钢锅、测糖仪、温度计、天平、电磁炉、封罐机、杀菌锅。

四、实验步骤

（一）工艺流程

原料选择⟶选果、分级⟶清洗⟶去皮、护色⟶切块、去籽巢⟶抽空或预煮⟶装罐⟶排气、密封⟶杀菌、冷却⟶擦罐、贴标⟶入库⟶成品

（二）操作要点

1. 原料选择　选用成熟度为八成以上、组织紧密、耐煮制、风味好、无畸形、无腐烂、无病虫害、无外伤、横径在 60mm 以上的果实，以中、晚熟品种为好。常用的品种有小国

光、红玉、金帅等。将选好的苹果分级，横径60～67mm为三级，68～75mm为二级，76mm以上为一级。分别清洗干净。

2. 去皮、护色　先用1%盐酸溶液浸洗，除去附在表面的农药。然后用去皮机或碱液去皮。将苹果浸入煮沸的12%氢氧化钠溶液中2min，迅速捞出放入冷水中冲洗，擦去表面残留皮层。去皮后立即浸入1%盐水中护色。

3. 切块、去籽巢　护色后将苹果纵向切成四开或对开，并把四开或对开果块分别放置，挖净籽巢和果蒂，修去斑疤及残留果皮，用清水洗涤2次。

4. 抽空或预煮　苹果组织内有12.2%～29.7%（以体积计）的空气，不利于罐藏加工，可用糖水真空抽气或预煮法予以排出。

（1）*糖水真空抽气法*　将处理好的苹果放在不锈钢锅内，加入浓度为18%～35%的糖水，以浸没果块为宜。糖水温度控制在40℃±1℃，罐内的真空度应达到90.5kPa以上，时间25～30min，使果肉透明度达到3/4为度。抽空液使用2次后要换一次，换下的糖水煮沸过滤后调整浓度可供装罐用，也可供生产果酱使用。成熟度高的苹果，糖水浓度要高一些，抽空时间相对短一些。

（2）*预煮法*　将切好的苹果块投入水温95～100℃、浓度为25%～35%的糖水中，于夹层锅中预煮6～8min，就能达到排气目的。预煮的糖水中要加入适量0.1%的柠檬酸。当果肉软而不烂，果肉透明度达2/3时取出，迅速用冷水冷透。用过的糖水煮沸过滤，供装罐用。这种方法适于小型罐头采用。

5. 糖液配制　根据产品要求的糖度配制糖液。加注糖液的浓度可根据以下公式配制：

$$Y=\frac{m_3 Z-m_1 X}{m_2}$$

式中　Y——需配制的糖液浓度，%（以折射率计）；

m_1——每罐装入果肉质量，g；

m_2——每罐加入糖液质量，g；

m_3——每罐净质量，g；

X——装罐时果肉可溶性固形物含量，%（以折射率计）；

Z——要求开罐时的糖液浓度，%（以折射率计）。

按调整浓度正确的糖水量，加入0.1%～0.3%柠檬酸溶液。要求糖溶解后要加热消毒并进行过滤。糖液需要添加酸时，注意不要过早加，应在装罐前加为好，以防止或减少蔗糖转化而引起果肉色变。

6. 装罐、加糖液　装入同一罐内的果块要大小一致、色泽均一，尽可能紧密地排列整齐，装罐量要求达到净重的55%，然后加注制备好的糖液，并留出6～8mm的顶隙。

7. 排气、杀菌　采用热力排气，90～95℃排气8～10min，中心温度到70℃。封罐后杀菌公式为：5min—20min—7min/100℃。注意冷却要逐步冷却，以防玻璃罐炸裂，冷却至38℃±1℃擦干表面，贴好标签，注明内容物及实验日期。

五、结果与分析

操作过程中按照表1-1-7记录关键数据。按照表1-1-8描述罐头的感官特性。

表 1-1-7　糖水苹果罐头制作关键数据记录

项目	数据	项目	数据
护色条件 抽空或预煮条件 糖液制备条件 排气条件		杀菌、冷却条件 成品感官描述（参考表 1-1-8） 成品固形物含量 成品可溶性固形物含量	

表 1-1-8　糖水苹果罐头成品感官描述指标（参考）

指标	满分	评分标准	评分
色泽	10 分	果肉淡黄色或黄白色，糖液透明	
气味	10 分	糖水苹果固有的香味，无异味	
状态	20 分	块形大小均匀整齐	
口感	60 分	酸甜适口，苹果片软硬适度	

六、思考题

1. 加工过程中如何防止果品的变色？
2. 影响苹果罐头品质的因素有哪些？
3. 果品罐头和蔬菜分别对原料有何要求？二者在制作工艺上有何不同？
4. 罐头杀菌的温度和时间应根据哪些因素决定？

参　考　文　献

张钟，李先保，杨胜远．2012. 食品工艺学实验［M］．郑州：郑州大学出版社．
马汉军，秦文．2009. 食品工艺学实验技术［M］．北京：中国计量出版社．
赵晋府．1999. 食品工艺学［M］．2 版．北京：中国轻工业出版社．
赵征．2009. 食品工艺学实验技术［M］．北京：化学工业出版社．
马俪珍，刘金福．2011. 食品工艺学实验［M］．北京：化学工业出版社．
唐翔．1994. 橘子罐头的苦味及预防措施［J］．食品科学（12）：58-59.
曾维丽，赵永敢，孙露露．2011. 酸碱处理对糖水橘子罐头品质的影响［J］．北方园艺（21）：136-137.
宋雪华．2006. 糖水橘子罐头白浊现象的成因及其防止方法［J］．广西轻工业（5）：43-44.

（朱新荣　石河子大学）

实验五　糖水梨罐头的制作

一、实验目的

要求掌握糖水水果罐头的加工工艺，理解防止水果褐变的机理与操作，对糖水果丁的加工技术有所了解。

二、实验原理

利用密封原理，防止罐内食品受到二次污染；通过排气操作，消除罐内对食品产生不良影响的氧气；利用杀菌原理，杀灭对罐内食品产生危害的微生物及酶类。

三、实验材料与仪器设备

梨、柠檬酸、白砂糖、食盐、焦亚硫酸钠、D-异抗坏血酸钠、四旋玻璃瓶、不锈钢刀、水果刨、汤匙、不锈钢锅、测糖仪、温度计、天平、电磁炉、封罐机、杀菌锅。

四、实验步骤

（一）工艺流程

原料选择⟶清洗⟶摘把、去皮⟶切分、去籽巢⟶修整⟶护色⟶抽空⟶热烫⟶装罐注液⟶排气、封罐⟶杀菌、冷却⟶擦罐、贴标⟶入库⟶成品

（二）操作要点

1. 原料选择　作为罐头加工用的梨必须果形正、新鲜饱满、成熟度七至八成、肉质细、石细胞少、风味正常、单宁含量低且耐贮藏。目前用于生产糖水梨罐头的品种主要有巴梨、莱阳梨、雪花梨、长把梨、秋白梨等。果实横径标准：莱阳梨和雪花梨为65～90mm，鸭梨和长把梨等为60mm以上，白梨为55mm以上，个别品种可在50mm以下。

2. 清洗　用清水洗净表皮污物，在0.1%盐酸中浸5min，以除去表面蜡质及农药，再用清水冲洗干净。

3. 摘把、去皮　先摘除果柄，再用机械或手工去皮。

4. 切分、去籽巢　用不锈钢水果刀纵切成两半，挖除籽巢。

5. 修整、护色　除去机械伤、虫害斑点及残留果皮等，然后投入1%～2%食盐水中浸泡护色，再用清水洗涤2次。巴梨不经抽空和热烫，直接装罐。

6. 抽空　梨一般采用湿抽法。根据原料梨的性质和加工要求确定选用哪种抽空液。莱阳梨等单宁含量低、加工过程中不易变色的梨可用盐水抽空，其操作简单、抽空速度快；加工过程中容易变色的梨，如长把梨以药液作为抽空液为宜，药液的配比为盐2%、柠檬酸0.2%、焦亚硫酸钠0.02%～0.06%。药液温度以20～30℃为宜，若温度过高会加速酶的生化作用，促使水果变色，同时也会使药液分解产生二氧化硫（SO_2）而腐蚀抽空设备。

7. 热烫　凡用盐水或药液抽空的果肉，抽空后必须经清水热烫。热烫时视果肉块的大小及果的成熟度而定。含酸量低的如莱阳梨可在热烫水中添加适量0.15%的柠檬酸。将果肉块投入沸水中热烫5～10min，软化组织至果肉透明为度，投入冷水中冷却。

8. 调酸　糖水梨罐头的酸度一般要求在0.1%以上，如低于这个标准会引起罐头的败坏和风味的不足。因此，生产梨罐头前先要测定原料的酸含量，再根据原料的酸含量及成品的酸度要求确定添加酸的量。当原料梨酸度在0.3%～0.4%范围内时，可不必再外加酸，但要调节糖酸比，以增进成品风味。

9. 糖液的制备　根据产品要求的糖度配制糖液。加注糖液的浓度可根据以下公式配制：

$$Y=\frac{m_3Z-m_1X}{m_2}$$

式中　Y——需配制的糖液浓度，%（以折射率计）；

m_1——每罐装入果肉质量，g；

m_2——每罐加入糖液质量，g；

m_3——每罐净质量，g；

X——装罐时果肉可溶性固形物含量,%（以折射率计）；

Z——要求开罐时的糖液浓度,%（以折射率计）。

称取所需白砂糖和用水量，置于锅内加热溶解并煮沸后，加 0.1%～0.2%柠檬酸、0.03%D-异抗坏血酸钠，用 200 目滤布趁热过滤，冷却。

10. 装罐、注液　经热烫、冷却、修整后的果实，根据果形大小、色泽及成熟度分级并剔除软烂、变色、有斑疤的果块，分装至已清洗消毒的四旋玻璃罐内，装罐时果块尽可能排列整齐并称重，装罐量为罐净重的 55%～60%。然后注入 35～40℃的糖液，以防止果肉红变。注糖液时要注意留 6～8mm 的顶隙。

11. 排气及封罐　加热排气，排气温度 95℃以上，罐中心温度达到 75～80℃；真空密封排气，真空度 53.0～67.1kPa。巴梨采用真空排气，真空度 46.6～53.3kPa。

12. 杀菌及冷却　净重为 510g 玻璃罐头的杀菌条件为：升温 5min—25min/100℃，分段迅速冷却至 38℃±1℃。

五、实验结果

操作过程中按照表 1-1-9 记录关键数据。按照表 1-1-10 描述糖水梨罐头的感官特性。

表 1-1-9　糖水梨罐头制作关键数据记录

项目	数据	项目	数据
原料梨的含酸量		杀菌、冷却条件	
抽空、热烫条件		成品感官描述（参考表 1-1-10）	
糖液制备条件		成品固形物含量	
排气条件		成品可溶性固形物含量	

表 1-1-10　糖水梨罐头成品感官描述指标（参考）

指标	满分	评分标准	评分
色泽	10 分	果肉呈乳白色或黄白色，糖液透明	
气味	10 分	自然、芳香、无异味	
状态	20 分	块形完整，大小一致	
口感	60 分	酸甜适口，梨片软硬适度，无粗糙石细胞感	

六、思考题

1. 防止糖水梨罐头褐变的措施有哪些？
2. 糖水梨罐头为什么要进行排气处理？
3. 制作果蔬罐头时为何要进行热烫或预煮？
4. 糖水水果罐头糖液的制备应考虑哪些因素？

参　考　文　献

安莹 . 2012. HACCP 在糖水梨罐头生产中的应用［J］. 食品安全导刊（4）：76-78.

褚维元 . 2001. 糖水梨罐头制作实验的改进［J］. 宜春学院学报（自然科学）23（2）：57-58.

崔伏香 . 1997. 如何防止糖水梨罐头变色［J］. 中国农村科技（12）：37.

马汉军，秦文 . 2009. 食品工艺学实验技术［M］. 北京：中国计量出版社 .

马俪珍，刘金福．2011. 食品工艺学实验［M］．北京：化学工业出版社．
赵晋府．1999. 食品工艺学［M］．2版．北京：中国轻工业出版社．
张钟，李先保，杨胜远．2012. 食品工艺学实验［M］．郑州：郑州大学出版社．

（朱新荣　石河子大学）

实验六　清水蘑菇罐头的制作

一、实验目的

通过实验使学生熟识和掌握清水蘑菇罐头制作的工艺流程及其加工技术。

二、实验原理

清水蘑菇罐头是把蘑菇经过护色、预煮和冷却等前处理后，装入能密封的容器内，添加汤汁，通过排气、密封和杀菌，杀灭罐内有害微生物并防止二次污染，使产品得以长期保藏的一种食品。

三、实验材料与仪器设备

蘑菇、白砂糖、柠檬酸、盐酸、氢氧化钠、不锈钢锅、镊子、天平、测糖仪、温度计、封罐机、杀菌锅。

四、实验步骤

（一）工艺流程

原料选择⟶护色⟶预煮⟶冷却⟶分级⟶装罐⟶排气⟶密封⟶杀菌⟶冷却⟶擦罐、贴标⟶入库⟶成品

（二）操作要点

1. **原料选择**　原料呈白色或淡黄色，菌盖完好，无机械伤和病虫害的白色系蘑菇，如口蘑。菌盖直径18～30mm，菌柄切口良好，不带泥根。无空心，柄长不超过15mm。若菌盖直径超过30mm，菌柄长度不应超过直径的1/2。片状用蘑菇菌盖直径不超过45mm，碎片用蘑菇菌盖不超过60mm。

2. **护色**　将挑选的鲜菇，立即用护色液0.03%～0.05%的硫代硫酸钠或亚硫酸氢钠护色，若护色液挥发可另换新液，使蘑菇全部淹没在护色液中，护色2～3min，然后倒去护色液，用流动清水漂洗1～2h，以除去药物，至水变清为止。原料进行长途运输时，要放入装有0.6%食盐或0.003%亚硫酸氢钠的护色液桶内进行运输，并需注明已护色的时间，以补充护色液的不足，护色所用的工具要求清洁，在运输中用薄膜盖好，使蘑菇不暴露在空气中，防止杂质落入。经护色的蘑菇应为洁白、无异味、无杂质、无烂脚蘑菇。

3. **预煮**　取清水煮沸，按水重量的0.07%～0.10%放入柠檬酸及蘑菇，当水再次沸腾计时8min左右，以蘑菇开始过心为止，并及时打去水面上的泡沫，捞出即时放入流动水槽中，蘑菇呈淡黄色。

4. **冷却**　用水冷却30min。

5. 拣选、修整及分级　按照整菇、片菇的质量要求进行拣选，首先选出整菇，余下做片菇或碎菇。对不符合要求或有异味、变质、色泽不正常、菌褶发黑者不能装罐用。对于泥根、菇柄过长、起毛、斑点应进行修整去掉。

6. 配汤汁　加入2.3%～2.5%沸盐水和0.05%～0.10%柠檬酸，加汁时温度在80℃以上。

7. 装罐　应分为整、片、碎3种规格装罐。

（1）整菇　色淡黄、具弹性、菌盖形态完整，修削良好，同罐中色泽、大小、菇柄长短大致均匀。

（2）片菇　同一罐内厚薄一致。

（3）碎菇　不规则的碎块。

8. 排气及密封　真空度为46.7～53.3kPa，抽空时罐内中心温度在80℃以上。

9. 杀菌及冷却　在121℃的高温高压条件下，根据罐体积大小，进行不同时间的杀菌，净重198g的杀菌时间为20min；净重850g杀菌时间为30min；净重2 840g、2 977g、3 062g的罐头杀菌时间为40min。冷却采用反压冷却，冷却至37℃左右。

（三）说明及注意事项

1. 蘑菇采收后极易褐变和开伞，应注意严格预防机械损伤，在采收、运输和整个工艺过程中，必须最大限度地减少露空时间，加工流程越快越好。采收后一定要进行护色处理，原料不与铁、铜等金属接触，预煮中快速加热煮透，破坏酶活性，并快速冷却。

2. 目前蘑菇护色在生产中趋向于低浓度即0.03%以下焦亚硫酸钠浸洗护色，如果浓度使用在0.03%以上一定要进行脱硫处理，否则对人体有害，腐蚀罐壁严重。

3. 在生产中蘑菇杀菌最好采用高温短时杀菌、使成品色泽较好。

五、结果与分析

成品质量要求见表1-1-11，原料消耗记录于表1-1-12。

表1-1-11　清水蘑菇罐头成品质量要求

项目	指标		
色泽	蘑菇整只装呈淡黄色，片状和碎片蘑菇允许呈淡灰黄色。汤汁较清晰		
滋味及气味	具有蘑菇罐头应有的鲜美滋味及气味，无异味		
组织及形态	整只（精选级）	片状	碎片
	蘑菇有弹性，大小大致均匀，菌盖形态完整，允许少量蘑菇有小裂口、小修整及薄菇，无严重畸形。同一罐内菌柄长短大致均匀	纵切，厚薄为3.5～5.0mm，同一罐内厚度较均匀，允许少量不规则片和碎屑	不规则的碎片
杂质	不允许存在		

表1-1-12　清水蘑菇罐头制作原料消耗记录

实验日期	原料重量/kg	不合格重量/kg	装罐前半成品重量/g	每罐固形物装入量/g	每罐净重/g	每吨成品原料消耗量/kg	备注

注：写出计算过程。

六、思考题

1. 挑选蘑菇原料需要注意哪些方面?
2. 蘑菇罐头杀菌的温度和时间应根据哪些因素来决定?
3. 制作蘑菇罐头的原料为什么会变色?用哪些方法来防止变色现象的出现?
4. 蘑菇杀菌为什么最好采用高温短时杀菌?

参 考 文 献

轻工业部上海食品工业学校.1961. 食品工艺学 [M]. 北京:中国财政经济出版社.
华中农业大学.1995. 蔬菜贮藏加工学 [M]. 2版. 北京:中国农业出版社.
李娜.2009. 褐蘑菇罐头加工工艺的研究 [J]. 食用菌 (2):57-59.
曲美玲,李梅.2000. 双孢蘑菇罐头加工工艺 [J]. 中国果菜 (4):23.

(姜丽　南京农业大学)

实验七　盐水青豆罐头的制作

一、实验目的

通过实验使学生进一步了解罐藏食品的生产原理,掌握盐水青豆罐头生产工艺流程与工艺过程的技术参数。同时观察杀菌时间长短与罐头品质的关系。

二、实验原理

盐水青豆罐头是以鲜青豆为原料,经前处理后,装入能密封的容器内,添加适量的盐水,通过排气、密封、杀菌和冷却等工艺,使罐内食品达到商业无菌标准,赋予产品具有良好保质期的一种食品。

三、实验材料与仪器设备

鲜青豆、食盐、四旋盖玻璃瓶、不锈钢锅、镊子、天平、温度计、封罐机、杀菌锅等。

四、实验步骤

(一) 工艺流程

原料选择⟶去荚⟶盐水分级⟶预煮⟶冷却⟶装罐⟶加入盐水⟶密封⟶杀菌⟶冷却⟶擦罐、贴标⟶入库⟶成品

(二) 操作要点

1. 原料选择　用于制作罐头的青豆品种多为白花种,要求原料品种豆粒大小一致、色泽均匀、经机械加工而不易破碎。国内品种有大青荚、小青荚等,为获得甜嫩的品质,选取幼嫩的青豆进行加工。

2. 去荚　工业化生产用去荚脱粒机去荚,实验中由于量少,一般用手工的方法去荚。去荚时动作轻巧,原则上以能去荚脱粒又不打破豆粒为度。

3. 分级 将青豆粒投入2%～3%的食盐水中浸泡30min，浸泡后洗净原料上的泥沙、杂物，去除上层漂浮物，再用清水漂净。

4. 预煮 原料处理好后放入90～95℃的热水中预煮4～6min，预煮时间除视豆大小不同而异，豆的成熟度高低同样应予以考虑，老熟的豆所需的时间长些，反之则可短些。预煮水用量为原料重的2倍左右。

5. 冷却 预煮后的豆粒应迅速放入冷水中冷却，力求豆粒迅速降温。

6. 装罐、排气、密封 冷却后的原料捞出后沥干水分，装入罐内，每罐装310～320g，再加注经过滤处理的0.8%～1.5%的食盐水，留出0.5cm的顶隙。装料后扣好罐盖，摆于热力排气箱中，在90℃下排气12min，排气后迅速密封。

7. 杀菌、冷却 杀菌条件为5min—35min—5min/116℃，冷却要分段进行，冷却至40℃左右，取出擦干，并贴好标签。

五、结果与分析

（一）实验记录

参照表1-1-13项目分别对实验结果进行记录。

表1-1-13 盐水青豆罐头原始数据记录

名称	原料重/g	配料重/g	汤汁重/g	罐内原料重/g

（二）实验分析

参照以下项目分别对实验进行分析。

1. 色泽 果实及汁色泽均匀，不允许人工染色。

2. 风味 是否具有果实原有的风味，有无异味，是否适口。

3. 形态 果肉形态整齐完整，大小均匀，无机械损伤，无裂缝，无斑点。汤汁澄清，不得有豆粒碎片，未煮烂等。

4. 杂质 有无杂质存在。

5. 容器 有无锈斑与漏气现象。

数据分析结果记录于表1-1-14。

表1-1-14 盐水青豆罐头数据分析

名称	色泽	风味	形态	杂质	容器	总评

六、思考题

1. 预煮的作用是什么？

2. 为什么要进行排气处理？常用的排气方法有哪些？

3. 查阅相关资料，简述盐水青豆罐头如何护色。

4. 罐头杀菌的温度和时间应根据哪些因素决定？

参 考 文 献

赵晋府.2009.食品工艺学[M].北京:中国轻工业出版社.
高福成.1998.食品工程原理[M].北京:中国轻工业出版社.
王璋.2004.食品化学[M].北京:中国轻工业出版社.
马长伟.2008.食品工艺学导论[M].北京:中国农业大学出版社.

(胡秋林　武汉轻工大学)

实验八　清水马蹄罐头的制作

一、实验目的

了解国内清水马蹄罐头的种类及发展状况，了解清水马蹄罐藏的基本原理，掌握清水马蹄罐头制作的一般工艺方法与特性，并掌握清水马蹄罐头成品外观及物理指标检验的方法，对进一步提高罐头食品品质提出自己的设想和措施。

二、实验原理

清水马蹄罐头的制作是以新鲜马蹄（荸荠）为原料，经过预处理、装罐、排气、密封、杀菌等一系列加工工序而进行保藏的一种加工方法。密封是为了防止外界微生物和空气进入容器内发生污染变质，杀菌是为了杀灭罐头内部的有害微生物及引起食品变质的生物酶类，从而使罐内的食品较长期地保存风味和营养成分。

三、实验材料与仪器设备

鲜马蹄、食盐、柠檬酸、四旋盖玻璃瓶、不锈钢锅、镊子、天平、温度计、封罐机、杀菌锅等。

四、实验步骤

（一）工艺流程

原料选择→去皮→预煮→漂洗→装罐→加入清水→密封→杀菌→冷却→擦罐、冷却→入库→成品

（二）操作要点

1. 原料选择　选嫩脆、皮薄、果形均匀、无损伤的马蹄，按球径大小分成3级：一级3.5cm以上，二级2.5～3.5cm，三级2.5cm以下。

2. 去皮　将原料放入95～100℃水中烫2～3min，切掉主侧芽和根部，并去皮。

3. 预煮　马蹄与清水重量比约为1∶2，水中添加0.2%～0.5%的柠檬酸．待水温升至40℃时，将去皮后的马蹄倒入水内煮熟，根据马蹄大小不同，一般为5～10min。

4. 漂洗　用清水将熟化了的马蹄洗净。其作用是漂去污物杂质，漂去黏附于马蹄的淀粉，使成品汤汁清晰，成品色泽更白，同时预煮后及时冷却，降低温度，防止马蹄酸败。

5. 装罐、排气、密封　经清水漂洗的原料捞出后沥干水分，装入罐内，每罐装220～

240g，再加注经过滤处理的清水，留出 0.5cm 的顶隙。装料后扣好罐盖，摆于热力排气箱中，在 100℃下排气 10min，排气后迅速密封。

6. 杀菌、冷却　杀菌条件为 5min—35min—5min/116℃，冷却要分段进行，冷却至 40℃左右，取出擦干，并贴好标签。

五、结果与分析

（一）实验记录

参照表 1-1-15 项目分别对实验结果进行记录。

表 1-1-15　清水马蹄罐头原始数据记录

名称	原料重/g	配料重/g	汤汁重/g	罐内原料重/g

（二）实验分析

参照以下项目分别对实验进行分析。

1. 色泽　果实及汁色泽均匀。

2. 风味　是否具有果实原有的风味，有无异味，是否适口。

3. 形态　果肉形态整齐完整，大小均匀，无机械损伤，无裂缝，无斑点。汤汁澄清，不得有果粒碎片，未煮烂等。

4. 杂质　有无杂质存在。

5. 容器　有无锈斑与漏气现象。

数据分析结果记录于表 1-1-16。

表 1-1-16　清水马蹄罐头数据分析

名称	色泽	风味	形态	杂质	容器	总评

六、思考题

1. 马蹄罐头制作工艺中漂洗的作用是什么？

2. 查阅相关资料，简述马蹄去皮工艺的方法与技巧。

3. 简述马蹄罐头制作工艺中添加柠檬酸的作用。

4. 罐头包装容器有哪几种型式？

参　考　文　献

赵晋府. 2009. 食品工艺学［M］. 北京：中国轻工业出版社.

高福成. 1998. 食品工程原理［M］. 北京：中国轻工业出版社.

王璋. 2004. 食品化学［M］. 北京：中国轻工业出版社.

马长伟. 2008. 食品工艺学导论［M］. 北京：中国农业大学出版社.

（胡秋林　武汉轻工大学）

实验九　调味整番茄罐头的制作

一、实验目的

通过实验使学生熟识和掌握调味整番茄罐头制作的工艺流程及其加工技术。

二、实验原理

调味整番茄罐头是把番茄经过洗果、浮选、针刺、热烫、分级和浸氯化钙溶液等前处理后，装入能密封的容器内，添加汤汁，通过排气、密封和杀菌，杀灭罐内有害微生物并防止二次污染，使产品得以长期保藏的一种食品。

三、实验材料与仪器设备

番茄、白砂糖、柠檬酸、盐酸、氢氧化钠、不锈钢锅、镊子、天平、测糖仪、温度计、封罐机、杀菌锅。

四、实验步骤

（一）工艺流程

原料验收⟶洗果⟶浮选⟶针刺⟶热烫⟶分级⟶浸氯化钙溶液⟶抽真空⟶拣选⟶装罐⟶排气⟶密封⟶杀菌⟶冷却⟶成品

（二）操作要点

1. 原料选择　采用新鲜，色泽呈红色，果实无农业病虫害，无机械伤，无畸形，无腐烂，肉厚籽少，组织紧密的番茄，番茄横径在3～5cm。

2. 浮选　在选果过程中选用下沉及竖浮（指番茄蒂头朝上）的番茄作为原料。因下沉及竖浮者可以排除空心番茄。

3. 针刺　用细针在番茄四周均匀地进行针刺，以利在加汤时，汤汁易于吸入番茄内腔。

4. 热烫　用开水在水温85～90℃时热烫10～20s，之后立即浸入冷水。将烫好的番茄浸入浓度为1.5%氧化钙溶液中10～20min。之后便可装罐密封。

5. 抽真空　在番茄原汁中抽真空15min，真空度为80.0～93.32kPa。

6. 装罐　先加约一半的调味番茄汁，再装入去皮整番茄，再加另一半调味番茄汁时，要求一边加调味番茄汁，一边不断搅拌去皮整番茄以排除罐内空气，汤汁尽量加满，排气结束密封之前及时补充热调味番茄汁以保证罐头净重。

7. 密封　可采用真空自动密封，真空度在40.0～46.66kPa。最后进行杀菌处理。

五、结果与分析

成品质量要求：罐内果肉呈淡红色，色泽一致，汤汁透明。酸甜适度，无异味。果块完整，软硬适中。允许有少量不引起混浊的果肉碎屑存在。果肉重占净重的56%以上。

实验原料消耗记录于表1-1-17。

表 1-1-17　调味整番茄罐头制作原料消耗记录

实验日期	原料重量/kg	不合格重量/kg	装罐前半成品重量/g	每罐固形物装入量/g	每罐净重/g	每吨成品原料消耗量/kg	备注

注：写出计算过程。

六、思考题

1. 番茄热烫的目的是什么？
2. 调味番茄汁的配方应根据哪些因素来决定？
3. 浸氯化钙溶液的目的是什么？
4. 装罐的过程中为什么要半汁半固地添加？不断搅拌的作用是什么？

参　考　文　献

赵晋府．1999．食品工艺学［M］．北京：中国轻工业出版社．
华中农业大学．1995．蔬菜贮藏加工学［M］．2 版．北京：中国农业出版社．
叶兴乾．1992．番茄贮藏保鲜与加工［M］．北京：农业出版社．
张启灿．1987．调味番茄罐头［J］．上海食品科技（1）：38.

（姜丽　南京农业大学）

实验十　午餐肉罐头的制作

一、实验目的

午餐肉属于低酸性食品，通过实验，可加深理解低酸性食品的罐藏原理，了解午餐肉罐头的生产工艺和有关工艺参数，熟悉罐头工厂实际操作步骤和技能。

二、实验原理

午餐肉罐头是原料肉经过预处理后，装入能密封的容器内，灌入肉汤，通过排气、密封和杀菌，杀灭罐内有害微生物并防止二次污染，使产品得以长期保藏的一种食品。

三、实验材料与仪器设备

猪腿肉、肋条肉、精盐、白砂糖、白胡椒粉、磷酸盐、肉豆蔻、空罐与罐盖（净重397g）、刀（剔骨刀、不锈钢菜刀）、砧板、电子天平（精度 0.01g）、不锈钢桶盆、开罐器、烧杯（50mL、200mL）、角勺、操作台、斩拌机、真空搅拌机、真空封罐机、高压杀菌锅、蒸汽夹层锅、罐头温度测定系统。

（1）原料肉　经处理后的去皮去骨猪肉，去净前后腿肥膘为净瘦肉；去除部分肋条肥膘，使肥膘厚度不超过 2cm 为肥瘦肉。净瘦肉含肥瘦肉 8%～10%；肥瘦肉含肥膘不超过60%，净瘦肉与肥瘦肉比例为 1∶1。

（2）淀粉　采用洁白细腻、无杂质，含水分不超过 20%，酸度不超过 25° T 的精制淀粉。

（3）食盐　精盐，洁白、干燥，含氯化钠96%以上。

（4）机冰　采用洁白、透明的自来水机冰，无夹杂物。

（5）白砂糖　洁白、干燥，纯度在99%以上。

（6）白胡椒粉　采用干燥、无霉变的白胡椒粉，香辣味浓郁。

（7）亚硝酸钠　干燥、白色结晶状细粒，纯度在96%以上。

（8）维生素C　食用级。

注意：与食品直接接触的工器具（包括操作台和操作场地）使用前后，必须用洗洁精清洗擦干。

四、实验步骤

（一）工艺流程

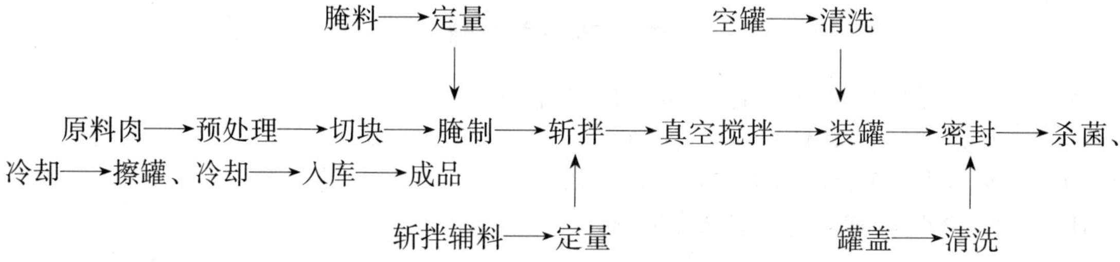

（二）操作要点

1. 预处理

（1）剔骨　剔除原料肉中的全部骨骼，下刀子要贴近骨边，使骨上不带肉，肉上不留骨。

（2）去皮　以上原料肉块皮朝下，置于砧板上，用刀在皮与肥肉结合层处切开一口子，然后用一只手将肉皮按定在砧板上，使刀口沿切口贴皮向前推进将肉皮割除。

（3）修整　修去碎骨、软骨、淋巴、血管、筋、粗组织膜、淤血肉，中段肉去除无瘦肉的奶泡肉，如有黑色素，应割除干净，脖头肉也要去除干净。

（4）分割　用刀将以上处理过的肉分成净瘦肉和肥瘦肉两部分，净瘦肉由腿肉部分将肥肉片剔去得到（净瘦肉中含肥肉不超过8%），肥瘦肉由肋条肉部分得到（肥瘦肉中含肥肉不超过60%），按净瘦肉∶肥瘦肉=1∶1比例，去除多余的肥肉。

2. 切块　分别将净瘦肉和肥瘦肉切成边长4cm的小块。

3. 腌制　按表1-1-18配制混合盐，按表1-1-18和表1-1-19分别取混合盐与净瘦肉和肥瘦肉混合，在0～4℃下腌制48～72h，腌制要求肉色鲜红，气味正常，肉质柔滑并具有坚实感。

表1-1-18　混合盐配方

配料	精盐	白砂糖	亚硝酸盐
配比/%	88.4	1.35	0.45

4. 斩拌　按表1-1-19配斩拌配料（除肥瘦肉）在斩拌机中斩拌1.5min，再加入肥瘦肉，继续斩拌0.5min，斩拌后要求肉质鲜红，具有弹性，斩拌均匀，无冰屑。

表 1-1-19　斩拌配料表

物料	净瘦肉	肥瘦肉	冰屑	淀粉	白胡椒粉	肉豆蔻	维生素 C
重量比	2.2	2.2	0.42	0.105	0.005 3	0.001 6	0.000 9

5. 真空斩拌　将上述斩拌好的肉糜倒入真空搅拌机内，在 33kPa 以上的压力下搅拌 3min。

6. 空罐清洗　检验合格的空罐，用沸水或 0.1%的碱液充分洗涤，再用清水冲洗，烘干待用。

7. 装罐　将真空搅拌后的肉糜倒入填充机（灌肠机）进行填充装罐。空罐选用脱膜涂料罐，填充好的罐头进行抹平定量。装罐时需留一定的顶隙，保持灌口的清洁。

8. 密封　抹平后的罐头直接用真空封罐机进行排气密封（真空室压力为 61.2～74.5kPa）。

9. 排气密封　采用加热排气法，使罐头中心温度达到工艺要求，一般在 80℃左右，使罐内温度充分外逸。为保持高度密封状态，必须使罐身和罐盖的边缘紧密卷合。

10. 冷却杀菌　密封后的罐头经洗涤后用高压杀菌锅进行杀菌。杀菌条件为：397g，15min—70min/121℃（反压为 147kPa）；杀菌结束后立即冷却，至罐温不高于 40℃。

11. 冷却　冷却到 38～40℃为宜，玻璃罐应逐步冷却，防止温度剧烈变化造成罐体破坏。

12. 罐头观察品尝　杀菌冷却的罐头样品用开罐器开罐进行观察和品尝。

(1) 色泽　呈淡粉红色。

(2) 滋味和气味　具有猪肉经腌制后的滋味及气味，无异味。

(3) 组织及形态　组织紧密细嫩，食之有弹性感，内容物完整地结为一块，表面平整，切面有明显的粗绞肉夹花，允许有脂肪析出和小气孔存在。

五、结果与分析

实验结果记录于表 1-1-20。

表 1-1-20　午餐肉罐头制作原料消耗记录

实验日期	原料重量/kg	不合格重量/kg	装罐前半成品重量/g	每罐净瘦肉和肥肉装入量/g	每罐净重/g	每吨成品原料消耗量/kg	备注

注：写出计算过程。

配料配制记录于表 1-1-21。

表 1-1-21　午餐肉罐头制作配料配制记录

成品开罐后净瘦肉和肥肉量/g	每罐净重/g	亚硝酸盐含量/%	维生素 C 含量/%	备注

注：写出计算过程。

六、思考题

1. 午餐肉的主要营养成分有哪些?

2. 肉在腌制过程中亚硝酸盐的作用是什么?
3. 在装罐过程中为什么要留一定的顶隙?
4. 午餐肉罐头加工过程中排气的作用是什么?

参　考　文　献

施永清，吴巧玲，励建荣.2007.午餐肉罐头厂设计和生产［J］.食品工业科技（6）：240-242.
邱澄宇，翁记泉.2005.微波解冻与午餐肉罐头的生产［J］.农产品加工·学刊（2）：45-47.
李中东.2001.如何生产出高质量的午餐肉罐头［J］.肉类工业（12）：10-13.

（何胜华　哈尔滨工业大学）

实验十一　梅菜扣肉罐头的制作

一、实验目的

理解罐头的定义，掌握包装肉制品的加工制作工艺。

二、实验原理

梅菜扣肉罐头利用罐藏原理，将原料经过预处理、调味、装罐、排气、密封、杀菌、冷却等工序，使罐内微生物死亡或失去活力，并破坏材料本身所含的各种酶的活动，防止氧化作用的进行，使产品得以长期保藏的一种食品。

三、实验材料与仪器设备

原料肉、梅干菜、市售红糖、食盐、白酒、酱油（老抽）、味精、植物油、葱、大料、淀粉、真空包装机、冰箱、卧式杀菌锅、高压锅、切片机、旋转式炒制机、固体定量装罐机。

（1）原料肉　选择国家卫生检验合适的健康、新鲜的优质猪肉（五花肉）。
（2）梅干菜　选择质地较好、颜色纯正、无虫、无霉变的梅干菜。
（3）调味料　葱、姜、花椒、大料、味精、淀粉适量。

配方设计见表1-1-22。

表1-1-22　梅菜扣肉罐头制作配方设计　　　单位：g

材料	五花肉	梅干菜	白酒	酱油	红糖	肉汤	食盐	其他
1	500							
2	500							
3	500							
4	500							

注：学生分组自主设计配方。

四、实验步骤

（一）工艺流程

原料梅菜⟶清洗⟶浸泡⟶脱水⟶调汁⟶炒制
↓
原料猪肉⟶解冻⟶清洗⟶预煮⟶油炸上色⟶回软⟶切片⟶装碗⟶蒸制⟶脱碗⟶真空包装⟶杀菌⟶冷却⟶成品

（二）操作要点

1. 梅干菜处理　选用盐渍梅菜，成品梅干菜为2cm的小段，送至振动式清洗机中去掉梅菜中混入的小石粒和小土块等异物，然后置于浸泡池，用20℃水浸泡40min，中间换水1次，让其充分复水回软，除去附着在上面的盐分及杂物，最后用脱水机脱去梅菜表面水分。

2. 调汁　白酒、老抽、味精、生姜末、食盐、蔗糖、食用油、淀粉少许等按比例加入搅拌缸，调匀成黏度适宜的调味汁，然后加入处理过的梅菜并搅拌均匀。梅菜与汁用量以1∶1.5为宜。调汁的效果直接影响梅菜扣肉产品五花肉色和梅菜的滋味，同时关系到五花肉与梅菜风味能否和谐。

3. 炒制　调汁后梅菜经加料器加入旋转式炒制机，进行炒制。调整旋转速度为14r/min，温度控制在87～93℃，严禁出现炒煳、炒焦现象。待梅菜颜色变成亮黄色，水分含量为75%～80%，则炒制完毕。炒制过程中若炒制过度，则梅菜变老，难以咀嚼；若炒制不足，则梅菜含水量过高，不利于蒸制时吸收流出的脂肪，使成品流出脂肪影响感官质量。

4. 原料肉处理　原料肉应是符合国家卫生检验标准的优质五花肉，清洗干净，去筋膜，放入切片机中切成10cm×10cm的肉块。

5. 预煮　将切好的肉块放入夹层锅内，沸腾后及时除去上层浮沫，常温常压预煮制10～15min，捞出沥干放凉。

6. 油炸上色　将配好的红糖水溶液和红糖白酒溶液分别均匀涂在预煮好的肉块皮面上，涂抹时注意不要将上色剂流到瘦肉及切面上。涂抹好后投入到油温140～160℃的油锅中油炸上色5～10min，至肉表皮金黄色即可。

7. 回软　将上好色的肉块投入原汤中煮，使皮面回软，便于切片成型。

8. 切片　回软放凉肉块运至切片机，切成约宽3cm、厚5mm的薄片，保持肥肉与瘦肉的相连，形体完整、无碎片。若肉片太厚，则蒸制时受热脂肪从肥肉中不能充分流出被梅菜吸收干净，成品口感肥腻。若肉片太薄，则蒸制后肉片不能保持完整。

9. 装碗蒸煮　选用碗深6cm左右的小细瓷碗。五花肉片沿碗一边向另一边呈扇形摆放，露出五花肉的瘦肉部分，再用两片五花肉片完成扣肉的完整造型。由固体定量装罐机将梅菜填充碗内，梅菜填充高度略高出碗面1cm，再经热封机用耐高温薄膜封严碗口，以防蒸制过程中香气逸失。其肉与梅菜重量比为1∶3。装好后送入蒸制罐内，蒸制25min，出罐，冷却至25℃即可脱碗。蒸制一方面可以使肉片和梅菜完全熟化，另一方面使肥肉中脂肪受热流出，使成品肥而不腻。

10. 真空包装　脱腕后将梅菜扣肉置于透明尼龙袋内，擦净袋口油迹，进行真空包装。

真空度为830～870kPa。

11. 杀菌　采用卧式杀菌罐，杀菌公式为15min—10min—15min/121.1℃。

12. 冷却　杀菌完成后自然冷却，在0～4℃低温保藏，可贮藏4个月，常温下可贮藏2个月。

13. 感官鉴定

（1）色泽　扣肉皮面金黄。

（2）滋味　辣/鲜咸味适中，梅菜滋味饱满持久，香味浓郁。

（3）组织状态　扣肉质地细嫩，入口酥软。

五、结果与分析

成品质量要求：要求梅菜扣肉皮面金黄，质地细嫩，口感良好，香味浓郁，色泽稳定，无脂肪流出。

将原料消耗记录于表1-1-23，产品成分记录于表1-1-24。

表1-1-23　梅菜扣肉罐头制作原料消耗记录

实验日期	原料重量/kg	不合格重量/kg	装罐前半成品重量/g	每罐梅菜和扣肉装入量/g	每罐净重/g	每吨成品原料消耗量/kg	备注

注：写出计算过程。

表1-1-24　梅菜扣肉罐头产品成分记录

成品开罐后梅菜量/g	成品开罐后扣肉量/g	成品开罐后水分含量/%	成品开罐后脂肪析出含量/%	每罐净重/g	每罐梅菜装入量/g	每罐扣肉装入量/g	备注

注：写出计算过程。

六、思考题

1. 简述制作梅菜扣肉罐头的工艺流程及操作要点。
2. 罐头杀菌的方式有哪些？
3. 肉最终颜色的形成有哪些原因？

参　考　文　献

冯九海，武治昌，刘志芳．2007．梅菜扣肉软罐头加工工艺研究［J］．中国食物与营养（1）：38-40.

刘战民，蒋爱民，连喜军，等．1999．梅菜扣肉工业化生产的新工艺［J］．肉类研究（3）：28-29.

徐专红．1996．梅干菜肉的制作和贮藏性能初探［J］．食品工业科技（6）：64-65.

（何胜华　哈尔滨工业大学）

实验十二　调味鱼罐头的制作

一、实验目的

通过实验，使学生掌握罐头类食品的加工基本原理，以及调味类水产罐头的加工方法。

二、实验原理

调味鱼罐头是将处理好的原料鱼经过盐渍脱水或油炸、装罐、加入调味汁、排气密封、杀菌、冷却等多种工序制成的鱼类罐头产品。该产品在生产时注重配料，产品具有原料鱼和调味料特有的风味，肉块质地紧密，形态完整，色泽均匀一致。根据加工调味的方法和配料的不同可分为五香、红烧、茄汁等品种。

三、实验材料与仪器设备

新鲜鱼、食盐、淀粉、白砂糖、黄酒、味精、葱、姜、胡椒粉、切刀、抗硫涂料马口铁罐、油炸锅、杀菌锅、蒸煮锅、真空封罐机等。

四、实验步骤

（一）五香鱼罐头

五香鱼罐头采用油炸后用五香调味的生产工艺，成品具有汤汁少、香味浓郁的特点。市面上常见的产品有五香凤尾鱼、五香带鱼、五香鳗鱼等，也有一些以淡水鱼为原料的五香鱼罐头产品。下面以五香凤尾鱼罐头为例，说明五香鱼罐头的生产工艺及操作要点。

1. 工艺流程

原料验收⟶原料处理⟶盐渍⟶油炸⟶调味⟶装罐⟶排气密封⟶杀菌⟶冷却⟶入库

2. 操作要点

（1）原料验收　选用鱼体完整的冰鲜或冻藏的凤尾鱼为原料，保证原料的新鲜度。

（2）原料处理　原料鱼要用流水清洗，去除鱼体表面的杂物。沿鱼头背部至鱼下颚摘取鱼头，并将鱼鳃和内脏一起拉出，但要保留下颚，不能弄破鱼肚以免鱼子流失。

（3）盐渍　由于鱼体水分含量较大，为了保证鱼体的完整性，降低油炸的温度，可在油炸之前增加盐渍步骤，将鱼块中加入1%～5%的盐，盐渍10～20min，脱去鱼肉中的部分水分。沥水后再进行油炸。

（4）油炸　将鱼按照大小进行分级、定量装盘。鱼体沥干水后，定量投入180～200℃的油中油炸2～3min。油炸时要掌握好油温，油温过高会使鱼尾变成暗红色，油温过低会造成鱼体弯曲。炸至鱼体呈金黄色、鱼肉有坚实感即可捞出。对于体型较大的凤尾鱼，可选用180℃，鱼油比1∶10的油炸条件。

（5）调味　炸好的凤尾鱼沥油片刻后，趁热浸入五香调味液中浸渍1～2min，然后捞起沥干后即可装罐。

五香调味液的配制：食盐2.5kg、酱油75kg、白砂糖25kg、黄酒25kg、白酒7.5kg、姜0.5kg、桂皮19g、茴香19g、陈皮19g、月桂叶12.5g、味精7.5g及水5kg。先称取姜、桂皮、茴香、陈皮、月桂叶，加入适量清水煮沸1h，熬出香味后弃去残渣，加入白砂糖、食盐、酱油和味精，煮沸后加入白酒和黄酒，混匀后用开水补至19kg。

（6）装罐、排气密封　将调好味的凤尾鱼装入抗硫涂料马口铁罐中，每罐重量184g。装罐时，要求鱼腹向上，整齐交叉排列。采用真空封罐时，真空度要达到53kPa，使用冲拔罐时真空度要达到35～37kPa，装罐后即送封罐机真空密封。

（7）杀菌冷却　杀菌公式为20min—30min—20min/121℃，反压冷却。

（二）红烧鱼罐头

红烧鱼罐头采用将鱼块经腌制、油炸后，再装罐注入调味液的生产工艺。成品具有红烧鱼的特有风味，一般汤汁较多，色泽深红。常见的产品品种有红烧鲐鱼、红烧鲅鱼、香酥黄鱼、红烧武昌鱼等。下面以红烧鲅鱼罐头为例介绍红烧鱼罐头的生产工艺及操作要点。

1. 工艺流程

原料验收⟶原料处理⟶腌制⟶油炸⟶装罐⟶排气密封⟶杀菌⟶冷却⟶入库

2. 操作要点

（1）原料验收　选用鱼体完整、鲜度良好的冰鲜或冻藏鲅鱼。

（2）原料处理　去除鱼头、鱼尾、鳍、鱼鳞及内脏，洗去血水后切成边长2～3cm的小块。

（3）腌制　每100kg鱼块需添加食盐1kg、白酒0.5kg，腌制10～30min。

（4）油炸　将油加热至180～190℃，鱼油比1∶10，投入腌制好的鱼块炸5～8min，至鱼表面呈黄色时即可捞出沥油。油炸时，待鱼块表面结皮、上浮时才可轻轻翻动，防止鱼块粘连和脱皮。在油炸过程中产生的碎屑要及时去除，并经常补充新油，必要时更换新油。

（5）装罐　采用860型抗硫涂料马口铁罐，每罐装入鱼肉150g、汤汁106g。装罐时汤汁温度不宜过低。

汤汁的配制：大料粉300g、桂皮粉200g、花椒粉100g、姜粉300g、胡椒粉300g、大葱10kg、食盐14kg、酱油20kg、白砂糖20kg、味精0.5kg。先称取大料粉、桂皮粉、花椒粉、姜粉、胡椒粉、大葱，加入适量清水煮沸3h，补足水至20kg。再加入白砂糖、食盐、酱油和味精，待配料全部溶解后，用开水补足180kg。煮沸后用三层纱布过滤即可供装罐用。

（6）排气密封　加热排气，罐中心温度应在80℃以上。采用真空封罐时，真空度要达到40kPa。

（7）杀菌冷却　杀菌公式为15min—90min—15min/116℃。

（三）茄汁鱼罐头

茄汁鱼罐头十分注重茄汁的配制，不同鱼种适合不同茄汁配方。成品具有鱼肉和茄汁两者的风味。在生产中，一般将经处理，盐渍的生鱼块直接装罐后加注茄汁，再进行排气密封、杀菌、冷却。可做茄汁鱼罐头的原料很多，如沙丁鱼、鲭鱼、鲅鱼、鲳鱼、鲹鱼、鲢鱼、鳙鱼、鲤鱼、黄鱼、墨鱼、鳗鱼等都适宜制作此类罐头。下面以茄汁沙丁鱼罐头为例介绍茄汁鱼罐头的生产工艺及操作要点。

1. 工艺流程

原料验收⟶原料处理⟶盐渍⟶装罐⟶蒸煮脱水⟶注入茄汁⟶排气密封⟶杀菌⟶冷却⟶入库

2. 操作要点

（1）原料验收　选用鱼体完整、鲜度良好的冰鲜或冻藏沙丁鱼。

（2）原料处理　去鱼头、同时拉出内脏（不剖腹），去鳞及鳍，洗去血水后沥水。

（3）盐渍　将处理好的沙丁鱼投入10%～15%的盐水中浸泡10～12min，盐水与鱼比例为1∶1；或加入2%食盐拌匀后盐渍30min，再用清水洗净，沥干水分。

（4）*装罐*　将盐渍好的沙丁鱼生装于罐中，背向上排列整齐。603型罐，净重340g，装鱼290～300g（脱水后232～242g）；604型罐，净重198g，装鱼160～170g（脱水后128～138g）。

（5）*蒸煮脱水、注入茄汁*　向罐内灌满1%盐水，在90～95℃下蒸煮40min，脱水率控制在20%左右。蒸煮后倒罐沥净罐内蒸煮液后迅速加茄汁。603型罐，加入茄汁98～108g；604型罐，加入茄汁60～70g。

（6）*排气密封、杀菌冷却*　加热排气，罐中心温度应在80℃以上。采用真空封罐时，真空度要达到53.3kPa。603型罐，杀菌公式为15min—80min—20min/118℃；604型罐，杀菌公式为15min—75min—20min/118℃。

五、结果与分析

分别从调味鱼罐头的色泽、滋味、气味、组织形态及有无杂质异物等方面对产品进行感官评价。在进行感官评价时，需注意针对不同类型的罐头，评价指标的差异。

每批样品中随机抽取3个样品，测定每罐净重、样品的pH和水分活度，填写表1-1-25，并写出计算过程。

表1-1-25　调味鱼罐头制作原料消耗记录

实验日期	鱼肉原料重量/kg	辅料重量/kg	成品重量/kg	每罐净重/g	pH	水分活度

注：每罐净重、pH及水分活度为3个样品的平均值。

六、思考题

1. 简述制作五香鱼罐头的工艺流程及操作要点。
2. 简述制作红烧鱼罐头的工艺流程及操作要点。
3. 简述制作茄汁鱼罐头的工艺流程及操作要点。
4. 影响茄汁鱼色泽的主要因素有哪些？
5. 为防止瘪罐的出现，应注意哪些问题？

参　考　文　献

李雅飞．1996．水产食品罐藏工艺学［M］．北京：中国农业出版社．
赵晋府．1999．食品工艺学［M］．北京：中国轻工业出版社．
彭增起．2010．水产品加工学［M］．北京：中国轻工业出版社．
马俪珍．2011．食品工艺学实验［M］．北京：化学工业出版社．

（任丹丹　大连海洋大学）

实验十三　卤制品软罐头的制作

一、实验目的

通过实验使学生熟识和掌握卤制品软罐头制作的工艺流程及其加工方法。

二、实验原理

卤制品软罐头是以新鲜猪肉（五花肉）为原料，通过原料肉修整、切块、预煮、加入配料卤制、装袋、抽真空、密封和杀菌及冷却等加工工艺，制作出营养丰富、口味鲜美、易于保存携带、能在室温下长期保存的卤制品软罐头。

三、实验材料与仪器设备

猪肉（五花肉）、水、优质生抽、盐、味精、白砂糖、鲜葱、生姜、花椒、陈皮、桂皮、八角、胡椒粉、丁香、川椒、绍酒、砂仁、紫蔻、复合蒸煮袋、刀、砧板、不锈钢筛盘、锅、炉灶、多功能电热蒸煮机、真空包装机、高压杀菌锅、冷柜。

四、实验步骤

（一）工艺流程

原料选择⟶原料处理⟶预煮⟶漂洗⟶配料⟶卤制⟶装袋⟶抽真空、密封⟶杀菌⟶冷却⟶擦罐、贴标⟶入库⟶成品

（二）操作要点

1. **原料选择**　选用符合食品卫生标准的猪肉，带皮的五花三层猪肉为佳。

2. **原料处理**　将猪肉切成8cm见方的块，用水清洗干净。

3. **预煮**　将肉块放入锅中，用清水煮开，煮沸后边煮边撇去肉汤表面的泡沫，保证肉汤清澈，蒸煮10min。

4. **漂洗**　预煮完的原料投入自来水冷水池中以流水漂洗冷却，去除其他杂质。待原料变硬后，捞起沥干水分，待用。

5. **配料**　卤料配方为水200g、优质生抽10g、盐1.5g、味精0.04g、白砂糖0.5g、鲜葱0.5g、生姜0.05g、花椒0.05g、陈皮0.08g、桂皮0.8g、八角0.05g、胡椒粉0.04g、丁香0.05g、川椒0.05g、绍酒4.8g、砂仁0.1g、紫蔻0.1g。

6. **卤制**　将所用调料加入锅中，香料称好并包入纱布袋中，与调料一起用旺火烧开，然后改为中火加盖熬煮约1h，待香料的风味突出时将需卤制的猪肉原料加入锅中，料液比约4∶10，保持卤汁微沸（95～100℃），同时进行适当的翻动，防止锅底部的原料肉焦结，20～30min后，肉皮呈橙红色或红褐色时起锅，于不锈钢筛盘上沥干卤汁。卤肉皮色的深浅主要与卤制时间长短有关，时间短则皮色呈黄橙色或橙红色，时间长则呈红褐色或深褐色，可根据情况自行确定时间。一般猪的品种不一样也会影响皮色的变化。所以皮色的深浅要根据实际情况来掌握。

7. **卤汁的重复使用**　卤汁在卤完一批原料后，经测定可溶性固形物约降低4%，在卤下一批原料时要进行盐分等的适当补充。可在原来的卤汁中再添加如下物质：生抽110g、绍酒70g、盐7g、白砂糖60g。卤汁每卤完两批后按原来的香料配比重新加入一个香料袋。短时间内不用可不处理，下次卤时直接再用；若超过1d不用则先加入精盐煮沸后冷却保藏。

8. **装袋**　当卤肉表面无液体卤汁且温度高于室温（20～30℃）时要及时装入复合蒸煮袋。

9. **抽真空、密封**　用真空包装机将袋子抽真空、密封。

10. 杀菌及冷却　25℃下保藏的产品要进行高温杀菌。公式为：15min—60min—15min/121℃。杀菌后分段冷却，充分冷却后入库保藏。

五、结果与分析

1. 按表1-1-26进行卤肉软罐头的品质评定。

表1-1-26　卤肉软罐头的品质评定

项目	品质要求	最高评分	品质评定结果			
			给分			情况说明
			1	2	3	
形态	肉块均匀一致，块型完整，个形美观，块间不粘连	20分				
香味	香味卤香适中	20分				
颜色	纯正，呈橙红色或红褐色	30分				
口味	咸甜适中，久嚼有味，具有该类产品的特有风味	30分				

2. 卤肉软罐头产品情况按表1-1-27进行记载。

表1-1-27　卤肉软罐头产品情况

产品编号	每袋重量/g	固形物含量/%	密封性（好/坏）
1			
2			
3			
4			
5			

六、思考题

1. 卤制品卤制过程中为什么要进行适当的翻动？
2. 软罐头与金属罐罐头和玻璃罐罐头相比优越性在哪？
3. 高压杀菌锅使用注意事项有哪些？
4. 杀菌温度为何要采用121℃？

参　考　文　献

周雁，傅玉颖．2009. 食品工程综合实验［M］．杭州：浙江工商大学出版社．
翁长江，杨明爽．2005. 肉兔饲养与兔肉加工［M］．北京：中国农业科学技术出版社．
钟瑞敏，谢韶峰．2000. 即食卤猪肉软罐头的加工技术［J］．韶关大学学报，21（2）：54-56.

（廖国周　云南农业大学）

第二章　食品干制与膨化工艺实验

实验一　肉松的制作

一、实验目的

通过实验使学生熟识和掌握肉松制作的工艺流程、工艺参数及其加工技术。

二、实验原理

肉松是将肉煮烂，再经过炒制、揉搓而成的一种营养丰富、易消化、使用方便、易于贮藏的脱水制品。除猪肉外还可用牛肉、兔肉、鱼肉生产各种肉松。我国著名的传统产品是太仓肉松和福建肉松。

三、实验材料与仪器设备

拉丝机、炒松机、煮制锅、猪瘦肉、高度白酒、精盐、八角茴香、酱油、生姜、白砂糖、味精、色拉油、包装机。

四、实验步骤

（一）工艺流程

原料选择⟶预煮⟶复煮⟶拉丝⟶炒松⟶成品

（二）操作要点

1. 原料选择　多采用新鲜的猪肉和牛肉，以前、后腿的瘦肉为最佳。先将原料肉的脂肪和筋腱剔去，然后洗净沥干，切成0.5kg左右的肉块。

2. 配方　猪瘦肉100kg、高度白酒1.0kg、精盐1.67kg、八角茴香0.38kg、酱油7.0kg、生姜0.28kg、白砂糖11.11kg、味精0.17kg。

3. 预煮　将肉块放入锅中，用清水煮开后撇去肉汤上的浮沫，浸烫10～15min，使肉发硬，然后捞出切成1.5cm见方或者2cm见方的肉丁。

4. 复煮　将生姜、香料（用纱布包起）放入锅中，加入与肉等量的水，熬成汤汁，用大火煮开。待汤有香味时，将肉丁放入锅内，用锅铲不断轻轻翻动进行煮制。用大火煮，直到煮烂为止，需要4h左右，煮肉期间要不断加水，以防煮干，并撇去上浮的油沫。检查肉是否煮烂，其方法是用筷子夹住肉块，稍加压力，如果肉纤维自行分离，可认为肉已煮烂。这时可将其他调味料全部加入，揭去锅盖继续煮肉，直到汤煮干，肉收尽汤汁为止。

5. 拉丝　在收汁后用拉丝机拉至丝状肉条。

6. 炒松　将拉好的肉丝置于炒松机炒松至肌纤维松散、色泽金黄、含水量少于20%即可结束。色拉油加热至170～180℃，淋入炒好的肉松坯中，再烘培、翻炒至暗红色，使肉松坯与色拉油均匀结成球形圆粒，即为成品。

7. 成品质量指标　呈均匀的团粒，无纤维状，金黄色，香甜有油，无异味。

8. 包装和贮藏　肉松的吸水性很强，长期贮藏最好装入玻璃瓶或马口铁盒中，短期贮藏可装入单层塑料袋内，刚加工成的肉松趁热装入预先消毒和干燥的复合阻气包装袋中，贮藏于干燥处，半年不会变质。

五、结果与分析

要求实事求是地对本人实验结果进行清晰的叙述，实验失败的必须详细分析可能的原因；实验结果涉及数据的内容必须准确，不得使用“大概”“约多少”等不确定词；能够用本课程的理论原理对实验结果进行分析讨论；并能够将相关学科的知识应用于结果分析中。

按表 1-2-1 进行肉松的品质评定。

表 1-2-1　肉松的品质评定

项目	品质要求	最高评分	品质评定结果			
			给分			情况说明
			1	2	3	
形态	蓬松、均匀一致，绒毛状，无硬团块	20 分				
香味	肉松特有翻炒的香味	20 分				
颜色	金黄色	30 分				
口味	咸甜适中，咀嚼时有肉松浓郁的滋味	30 分				

六、思考题

1. 为什么煮制过程需要漂去油沫？

2. 复煮时肉煮烂的判断标准是什么？煮制过程中注意事项有哪些？

参　考　文　献

潘道东 . 2012. 畜产食品工艺学实验指导［M］. 北京：科学出版社 .

（曹锦轩　宁波大学）

实验二　牛肉干的制作

一、实验目的

通过实验使学生熟识和掌握牛肉干制作的工艺流程及其加工方法。

二、实验原理

牛肉干是以新鲜牛肉为原料，通过原料肉修整、煮制、切坯片、加入配料复煮、烘烤（脱水）、包装和贮藏等加工工艺，降低牛肉中所含的水分，制作出营养丰富、口味鲜美、易于保存携带、能在室温下长期保存的牛肉干制品。

三、实验材料与仪器设备

牛肉、精盐、酱油、白砂糖、生姜、茴香、八角、陈皮、桂皮、五香粉、辣椒、葱、味精、剥皮刀、炉灶、砧板、簸箕。

四、实验步骤

（一）工艺流程

原料选择⟶原料处理⟶煮制⟶切坯⟶配料⟶复煮⟶烘烤（脱水）⟶包装和贮藏⟶成品

（二）操作要点

1. **原料选择**　选用符合食品卫生标准的牛肉，后腿的瘦肉为佳。

2. **原料处理**　将牛肉的皮、骨、脂肪和筋腱剔去，切成0.5kg左右的肉块，用清水漂洗、沥干。

3. **煮制**　将肉块放入锅中，用清水煮开，煮沸后边煮边撇去肉汤表面的泡沫，保证肉汤清澈。煮20min待肉块发硬，捞出一块从中间切开不见血水时，全部捞出，肉汤待用。

4. **切坯**　肉块冷凉后，按嗜好或要求切成片、条、丝状、颗粒，不论什么形状力求大小一致，基本均匀。

5. **配料**　现介绍4种配方，见表1-2-2（以100kg鲜牛肉计）。

表1-2-2　肉干配方　　单位：kg

品名	五香味	咖喱味	果汁味	麻辣味
食盐	2.0～3.0	1.5	2.0～3.0	2.2
白砂糖	3.0	3.0	4.0	3.0
酱油	2.0	7.5	3.0	0.1
味精	0.1～0.5			
生姜	0.5	1.0	0.5	0.25
酒	1.0～1.5	0.75	0.5	1.0
葱			1.0	0.5
甘草	0.4			
果汁			2小瓶	
咖喱粉		0.5～1.0		
五香粉	0.15	0.12		0.1
花椒				0.8
辣椒				0.8

6. **复煮**　复煮又称红烧。取原汤一部分，加入配料，用大火煮开，当汤有香味时，改用小火，并将肉丁或肉片放入锅内，用锅铲不断翻动，直到汤将干时放入白酒、味精、胡椒，汁水收干后将肉取出。

7. **烘烤（脱水）**　主要有3种方法。

（1）*烘烤法*　在50～55℃烘箱或烤房中烘烤约8h（与肉块厚薄有关），烘烤过程每隔

1～2h翻动，以防肉干表面硬化，待烤到肉发硬变干，具有芳香味时即为肉干，成品率40%左右。

（2）炒干法　肉坯在原锅内，用文火加温，用锅铲不停地翻炒，炒至肉坯表面微微出现茸毛飞蓬时，即可出锅，冷透即为成品，成品率约为32%。

（3）油炸法　先将肉切成条，用2/3的辅料（其中白酒、白砂糖、味精后放）与肉条拌匀，腌渍10～20min后，投入135～150℃的油锅中油炸到肉坯呈黄色时，捞出滤尽余油，再将酒、白砂糖、味精和剩余的1/3辅料与炸好的肉坯拌和均匀即成，成品率为38%～40%。

8. 包装和贮藏　肉干用塑料袋热合封口，可在常温下保存2个月，真空包装可保存6个月。

9. 感官评定　根据感官检验方法，检验产品的色、香、味、形等指标，进行评分。

五、结果与分析

1. 按指定的配方，制作牛肉干，并按表1-2-3进行记录和计算。

表1-2-3　牛肉干生产记录表

牛肉干配方	项目								
	总肉量/kg	瘦肉量/kg	水煮所需时间/min	复煮所需时间/min	烘烤所需时间/min	肉干产量/kg	肉干占总肉/%	肉干占瘦肉/%	备注

2. 按表1-2-4进行牛肉干的品质评定。

表1-2-4　牛肉干的品质评定

项目	品质要求	最高评分	品质评定结果			
			给分			情况说明
			1	2	3	
形态	片（块）均匀一致，碎屑少，外形美观	20分				
香味	香味清香适中	20分				
颜色	纯正，干而不焦	30分				
口味	咸甜适中，久嚼有味，具有该类产品的特有风味	30分				

六、思考题

1. 牛肉干加工中常用的脱水方法有哪些？
2. 牛肉干的特点及加工中的注意要点有哪些？
3. 水分和水分活度对微生物活动的意义是什么？
4. 干制食品对包装、运输的意义体现在何处？

参　考　文　献

杜克生．2006. 肉制品加工技术［M］．北京：中国轻工业出版社．

周雁，傅玉颖．2009. 食品工程综合实验［M］．杭州：浙江工商大学出版社．
孟宪军，张佰清．2010. 农产品贮藏与加工技术［M］．沈阳：东北大学出版社．

（廖国周　云南农业大学）

实验三　果蔬脆片的制作（真空膨化）

一、实验目的

以苹果脆片制作为例，通过实验使学生熟识和掌握果蔬脆片制作的工艺流程、工艺参数及其加工技术。

二、实验原理

果蔬膨化技术是一种利用油炸、挤压、沙炒、焙烤、微波和气流等技术将新鲜水果和蔬菜加工成体积明显变大的天然食品的技术。根据膨化过程是否用油，将果蔬膨化技术分为真空油炸膨化技术和非油炸膨化技术。真空油炸膨化技术为国内果蔬脆片生产普遍采用的生产工艺，其基本原理是使加工系统处于负压状态下，以食用油作为传热媒介，让食品内部的水分（自由水和部分结合水）急剧蒸发，使果肉组织形成疏松多孔的结构。

三、实验材料与仪器设备

无腐烂变质苹果、棕榈油、食盐、柠檬酸、植酸、切片机、夹层釜、油炸系统、真空系统。

四、实验步骤

（一）工艺流程

原料选择⟶清洗⟶拣选⟶切片⟶护色⟶漂烫⟶脱水⟶油炸⟶脱油⟶冷却⟶包装⟶成品

（二）操作要点

1. 原料选择　选用无腐烂变质的国光或者红富士苹果，成熟度在七八成比较合适。

2. 清洗　用自来水冲洗苹果，去除表面泥沙等不洁物。

3. 切片　经拣选后的苹果直接送入切片机切片，调节刀具，使片厚为3～4mm，不需去皮去核。

4. 护色　苹果切片直接进行护色，护色液配方为食盐1.5%、柠檬酸0.5%，用自来水配制即可。

5. 漂烫　护色后的苹果片在夹层釜内进行漂烫处理，以达到灭酶、稳定色泽等目的。按漂烫水量加0.3%的植酸，投入物料后再加0.1%的亚硫酸盐（提前溶解备用）。漂烫温度控制在95℃以上，时间20s左右，然后捞出用冷却水迅速冲洗冷却。

6. 脱水　油炸前苹果片需脱水，以利油炸。脱水离心机转速1 200r/min，时间2min。

7. 油炸　将油温预热至110℃左右，装入物料后封闭系统，抽真空，使得真空度稳定在0.09～0.10MPa，启动油循环系统，将油炸室充入热油开始油炸，油温控制在100℃左右，时间约 30min。油炸初期物料温度与油温相差较大，水蒸气大量产生，真空度与油温波动较大，应随时注意，予以调节控制。

8. 脱油　油炸结束后应立即脱油，以免物料温度下降影响脱油效果。排除油炸室内的热油后，在真空状态下离心脱油，转速 1 200r/min，时间 2～3min。

9. 冷却　脱油后苹果脆片要散开放置于浅盘中，用风扇吹凉或自然冷却。

10. 包装　冷透的苹果脆片应尽快用复合塑料薄膜冲氮包装以防吸潮返软。

11. 检测　苹果脆片中的含水量及含油量（成品水分≤4%，含油量≤20%）。

五、结果与分析

1. 品尝各组制作的苹果脆片，按照表 1-2-5 进行评价。

表 1-2-5　苹果脆片感官评价

评价指标	评分标准	分值	得分	总分
色泽	切面浅黄色，果皮呈原水果色泽	20 分		
香气	经油炸后保持苹果香气，无异香	20 分		
滋味	有苹果油炸后的滋味，酸甜适口，无异味	40 分		
组织表态	厚度，片状，酥脆干燥，无焦煳，允许少量碎片	20 分		

2. 根据感官评定结果分析影响苹果脆片品质的主要原因。

六、思考题

1. 油炸的过程中维持真空状态有什么优势？
2. 漂烫过程中分别加入了植酸和亚硫酸盐，各有什么作用？
3. 试分析果蔬脆片的前景。
4. 虽然现在真空油炸是主流，但越来越多新兴的膨化工艺不断涌现，请查阅文献资料进行简述。

参 考 文 献

刘志勇，吴茂玉，葛邦国，等．2012. 果蔬膨化技术现状及前景展望［J］. 中国果菜（5）：58-59.

赵顺玉，张刚．2005. 低温真空油炸苹果脆片生产工艺［J］. 天津农业科学（4）：50-51.

（傅虹飞　西北农林科技大学）

实验四　脱水果蔬的制作（热风干燥）

一、实验目的

通过实验使学生熟识和掌握脱水果蔬制作的工艺流程、工艺参数及其加工技术。

二、实验原理

热风干制果蔬是借助于热能、干燥介质（空气）把果蔬中的水分带出，从而使微生物不能利用剩余的水分进行活动，使产品得以长期保藏的一种食品。果蔬水分的脱除来源于两个动力：一是靠湿度梯度；二是靠温度梯度。果蔬与干燥介质接触时，随温度升高，表面水分蒸发速度较内部水分扩散速度大，果蔬表面与内层水分存在着一个差值，这个水分差形成一个梯度，促使水分向外移动。另一方面，通过外界加热，果蔬周围温度升高，使其内部受热，而后再降低果蔬表面的温度，这样果蔬内部温度就高于表面温度，由于这种内外层温差的存在，水分借助温度梯度沿热流方向迅速向外移动而蒸发。

三、实验材料与仪器设备

红枣、葡萄、不锈钢盆、烘板、天平、鼓风干燥箱、氢氧化钠（1.5%～3.0%）。

四、实验步骤

（一）红枣干制作

1. 工艺流程

原料选择⟶选果、分组⟶清洗⟶沥水⟶送入烘箱⟶分阶段调温干制⟶回软⟶成品

2. 操作要点

（1）原料选择　选用肉质肥厚致密、皮薄、干物质含量高、核小的新鲜成熟果实。果实大小一致、无损伤，适于加工的品种有骏枣、若羌枣、哈密大枣、赞皇大枣等。

（2）原料处理　清洗、沥水。红枣经过田间收获，带有大量泥土，干制前需要将其清洗干净，有利于提高成品质量。红枣表面有一层蜡质，清洗过程中的水滴容易从表面滑落，经过短暂沥水后，可减少烘干过程中的热能损失，提高干制效率。

（3）分阶段调温干制　将原料均匀摆放在烘盘上进行烘干，红枣在进行烘烤时，由于皮层的蜡质和角质层妨碍了水分的蒸发，为了防止果实胀裂，在烘烤初期不应使用高温。其次，红枣含糖量高，烘烤时易发生美拉德反应，为此也不宜使用高温，一般烘烤温度采用75℃以下，以便保色，并尽量保存枣所含的糖分。最后，红枣中维生素C含量丰富。维生素C是人体新陈代谢不可缺少的物质，应尽量加以保存。维生素C在氧气和高温的同时作用下会被严重破坏。因此，红枣一般带皮整个烘烤以隔绝氧气。在65℃下烘烤比在70℃下烘烤所能保存的维生素C量高得多。

三个阶段：①升温阶段，需4～6h，温度55℃为宜，加温不能过猛，否则全成硬壳果。②高温阶段，6～8h，此时游离水大量蒸发，向外扩散很快。温度上升，室温上升为65～68℃为宜，最高不能超过70℃，否则会使糖分焦化，相对湿度高时随即排气，防止蒸枣；及时倒盘，保证红枣受热均匀。③降温阶段，约需2h，由68℃下降到55℃，然后维持55℃，2h左右便可出烘箱。出烘箱的枣含水量在22%左右，枣色红亮，清洁卫生，此时红枣内部水分含量不均，还需要经过回软工序，使枣果整体水分含量均一。

（4）回软　由于刚干燥的制品，果内外水分不均匀，红枣冷却后，需经过12～24h封闭存放，使制品含水量一致。

质量要求：枣身干燥，颗粒均匀，皱纹少而浅，肉质结实有香甜味，无酸味、酒味及其他异味。

（二）葡萄干制作

1. 工艺流程

原料验收⟶清洗⟶浸渍⟶漂洗⟶烘烤⟶回软⟶包装⟶成品

2. 操作要点

（1）原理验收　以无核白葡萄为原料。

（2）清洗　将采收以后太大的果串剪为几小串，再将果串在1.5%～3.0%的氢氧化钠溶液中浸渍5s后，立即放到清水中漂洗干净。

（3）烘烤　在60～70℃的烘房中烘干，干燥至果实含水量约为15%时为止。

（4）包装　将果串用聚乙烯塑料袋包装，每袋约20kg。密封后放置15～20d，除去果梗，再用食品袋每袋500g真空包装，即为成品。

质量要求：成品碧绿晶莹、颗粒均匀、皮薄无核、肉质细软、风味独特。

五、结果与分析

实验后结果记录于表1-2-6。

表1-2-6　脱水果蔬的感官评价

名称	原料重/kg	成品重/kg	出品率/%	干制效果

六、思考题

1. 影响干制品品质的因素有哪些？
2. 红枣干制过程中为什么要分阶段干制？
3. 采用氢氧化钠浸渍葡萄原料的目的是什么？
4. 引起干制品变质的因素有哪些？如何防止（或减轻）变质现象？

参　考　文　献

孔福尔蒂．2012．食品工艺学实验指导［M］．北京：中国轻工业出版社．

王文华，李述刚．2013．南疆骏枣的保湿干制工艺研究［J］．现代食品科技（3）：553-555．

（王文华　塔里木大学）

实验五　油炸薯条的制作

一、实验目的

通过实验使学生熟识和掌握油炸薯条制作的工艺流程、工艺参数及其加工技术。

二、实验原理

油炸薯条是指经过前处理的马铃薯条，以食用油为加热介质，经过高温炸制而制成的休闲类食品。油是导热体，能吸收火的高温使自身温度升高，油炸可以杀灭食物中的细菌，同时带走食品中大量水分，延长食品保存期，改善食品风味，增强食品营养成分的消化性。

三、实验材料与仪器设备

刀具、砧板、不锈钢盆、漏勺、烘箱、油炸锅、食用油。

四、实验步骤

（一）工艺流程

原料选择⟶去皮⟶切分⟶清洗⟶烘干⟶油炸⟶冷冻⟶油炸

（二）操作要点

1. 原料选择　要选用薯皮光滑、芽眼浅、长圆形或长椭圆形块茎、干物质含量一般在20%以上、还原糖含量低于0.5%以下的马铃薯品种。

2. 去皮　可采用蒸汽去皮和人工去皮两种方法。

3. 切分　将去皮后的马铃薯上面的皮渣冲洗干净，修掉虫食、病伤部分，进行切条。要求切成断面为1～1.2cm^2，长度达到5～7cm。

4. 清洗　切成条状的马铃薯需用清水冲洗掉表面的淀粉粒。

5. 烘干　将清洗干净的薯条稍微烘干一下去除表面水分。

6. 油炸　将经过烘干的薯条放入热油中炸一下，捞出立即速冻于－18℃或更低的温度进行冷冻，冷冻完全后，取出再上油锅炸一下，时间20s，即可食用，成品口感酥脆、味香可口，保持了本身的营养风味。

五、结果与分析

要求实事求是地对本人的实验结果进行清晰的叙述，实验失败的必须详细分析可能的原因；实验结果涉及数据的内容必须准确，不得使用“大概”“约多少”等不确定词；能够用本课程的理论原理对实验结果进行分析讨论；并能够将相关学科的知识应用于结果分析中。

六、思考题

1. 为什么油炸薯条要选择干物质含量高而还原糖含量低的马铃薯品种？
2. 实验操作中，微烘干除去生薯条表面的水分其作用是什么？
3. 冷冻工序的目的是什么？
4. 在油炸食品的加工中可以采取哪些措施提高食品的健康性？

参 考 文 献

孔福尔蒂．2012. 食品工艺学实验指导［M］．北京：中国轻工业出版社．

（王文华　塔里木大学）

实验六　豆奶粉的制作（喷雾干燥法）

一、实验目的

通过实验，学生应掌握豆奶粉制作的基本原理、工艺流程和主要操作要点；了解豆奶粉豆腥味产生的机理及其冲调性差的原因；从工艺的角度，认识改善豆奶粉质量的控制方法和思路。

二、实验原理

豆奶粉是将大豆进行前处理后，经磨浆、煮浆、调配、均质、喷雾干燥等系列工序加工，主要靠降低水分活性来达到长期保藏的一种植物蛋白饮品。

三、实验材料与仪器设备

大豆、白砂糖、全脂奶粉或鲜奶、食盐、碳酸氢钠（$NaHCO_3$）、磨浆机、均质机、浓缩器、喷雾干燥机等。

四、实验步骤

（一）工艺流程

水、$NaHCO_3$
↓
大豆⟶拣选⟶清洗⟶浸泡⟶烫漂⟶磨浆⟶煮浆⟶调配⟶均质⟶（浓缩）⟶喷雾干燥⟶豆奶粉
↓（磨浆）
豆渣

（二）操作要点

1. 浸泡　称取经拣选去杂的大豆2.0kg，用水洗净后，放入0.3%$NaHCO_3$的溶液中浸泡一段时间（夏天4～6h，冬天10～12h），然后结合人工揉搓和筛网舀动，除尽豆皮。浸泡程度以手指轻掐豆瓣即断为宜。浸泡用水量为大豆量的5倍。浸泡中加入的$NaHCO_3$，不仅可缩短大豆的浸泡时间，提高蛋白质溶解度，而且可除豆腥味和大豆中色素。

2. 烫漂　将去皮大豆投入到80～85℃热水中热烫30～60s，以钝化脂肪氧化酶，减轻豆腥味的产生，随后将豆瓣冷却至其中心温度为40℃左右。

3. 磨浆　将烫漂后的大豆按豆水比1∶8（质量比）磨浆，采用热水磨浆法，水温80～90℃。

4. 煮浆　在搅拌的条件下加热，当豆浆加热到50℃时升温要快，加热至沸腾，并保温2～3min。该工序主要起熟化豆浆、进一步消除豆腥味、灭活大豆中的不良因子和初步杀菌的作用。

5. 调配　取0.5kg全脂奶粉溶解后加入。取2kg白砂糖、20g食盐用热水溶解后，过滤（过100目）后加入。

6. 均质　调配后的豆乳送入均质机进行二次均质，直至均质后的浆料过160目过滤网，以防止脂肪球上浮和出现沉淀，从而提高蛋白质的稳定性，增加成品光泽度，改善口感。进均质机的浆料温度为70～80℃，均质压力20MPa。

7. 喷雾干燥　均质后的豆乳应在进风温度100～110℃和出风温度60～65℃下进行干燥。

8. 包装　干燥后的豆奶粉用聚乙烯袋包装，可保持3个月不变质。如长期贮存，则应用复合薄膜袋包装或充氮包装。

五、结果与分析

实验结果与分析记录于表 1-2-7。

表 1-2-7　豆奶粉制作实验结果与分析

<table>
<tr><td colspan="2">实验名称</td><td></td></tr>
<tr><td colspan="2">工艺流程</td><td></td></tr>
<tr><td colspan="2">工艺参数描述</td><td></td></tr>
<tr><td rowspan="5">产品品质描述</td><td>颜色</td><td></td></tr>
<tr><td>气味</td><td></td></tr>
<tr><td>味道</td><td></td></tr>
<tr><td>冲调性</td><td></td></tr>
<tr><td>冲调后稳定性</td><td></td></tr>
<tr><td rowspan="3">结果分析</td><td>实验失败原因分析</td><td></td></tr>
<tr><td>实验注意事项</td><td></td></tr>
<tr><td>改善产品质量的思路和措施</td><td></td></tr>
</table>

六、思考题

1. 豆奶粉豆腥味产生的机理是什么?
2. 分析豆奶粉冲调性差的原因。
3. 提高豆奶粉溶解度的措施有哪些?
4. 从工艺的角度，提出改善豆奶粉质量的方法和思路。

参　考　文　献

赵晋府.2001. 食品工艺学［M］.2 版. 北京：中国轻工业出版社.

（周志　湖北民族学院）

第三章　食品腌制与烟熏工艺实验

实验一　苹果果脯的制作

一、实验目的

了解苹果果脯制作基本原理，熟悉果脯制作工艺流程，掌握苹果果脯加工技术。

二、实验原理

果脯制作是以食糖的保藏作用为基础的加工保藏法。利用高糖溶液的高糖渗透压作用，降低水分活度作用、提高抗氧化作用来抑制微生物生长发育，提高维生素的保存率，改善制品色泽和风味。

三、实验材料与仪器设备

国光苹果、白砂糖、柠檬酸、氯化钙、亚硫酸钠、不锈钢锅、天平、手持糖量计、温度计和热风干燥箱等。

四、实验步骤

（一）工艺流程

原料选择⟶去皮⟶切分⟶去心⟶硬化和硫处理⟶糖煮⟶糖渍⟶烘干⟶整形⟶包装

（二）操作要点

1. **原料选择**　选用新鲜饱满、褐变不显著的红玉、国光等苹果品种，要求果大而圆整、果心小、果肉疏松、成熟度适当、不易煮烂。

2. **原料处理**

（1）*去皮、切分、去心*　削去果皮，清除损伤部位的果肉，对半切开后挖去果心。

（2）*硬化和硫处理*　将切分的果块浸泡在0.2%的氯化钙和0.2%～0.3%的亚硫酸钠混合溶液中6～8h。

（3）*糖煮*　在大锅中配制55%的浓糖液10kg，加入柠檬酸20g，加热煮沸。将处理好的苹果块倒入后旺火煮沸，当果块稍微变软时加入50%的冷糖液2kg，继续加热煮沸3～4min，再加50%的冷糖液2kg，如此反复进行3次，此时的果块表面应出现细小裂纹，而后每隔5min加干白砂糖1次，共加6次。第一至三次每次加糖2kg；第四、五次只加干白砂糖，每次加2～3kg；第六次加糖4kg，之后再加热20min。全部糖煮过程耗时1.5～2.0h。待果块被糖液浸透呈透明状时，即可出锅。

（4）*糖渍*　将经糖煮的果块趁热出锅，连液带果块倒入缸内，连续浸泡1d，使果块吃糖均匀。

（5）*烘烤*　糖渍完毕后，将果块捞出，沥去果块表面糖液，放在烘盘内，送入烤房进行干燥，以蒸发水分，提高含糖量。烘房温度应控制在60～70℃，烘烤期间进行2次翻盘，使之干燥均匀。整个烘烤时间为28～32h。

（6）整形　从烘房取出果坯后，要除去杂质，剔除有伤疤、色泽不均匀的果脯，然后按大小、色泽分类。

（7）包装　将整形后的果脯继续烘干，使其含水量在20%以下，然后按类包装，可用塑料薄膜袋包装，然后封口。

3. 质量要求　要求苹果脯表面不黏手，果肉带韧性，果块透明、呈金黄色、不返砂、不流糖液，含水量为17%～18%，含糖量为65%～70%，食之酸甜适口。

五、结果与分析

要求实事求是地对本人的实验结果进行清晰的叙述，实验失败的必须详细分析可能的原因；实验结果涉及数据的内容必须准确，不得使用“大概”“约多少”等不确定词；能够用本课程的理论原理对实验结果进行分析讨论；并能够将相关学科的知识应用于结果分析中。原料消耗记录于表1-3-1。

表1-3-1　苹果果脯制作原料消耗记录

原料重量/kg	白砂糖重量/kg	糖煮后半成品重量/g	糖渍后半成品重量/g	烘烤后成品重量/g	每吨成品原料消耗量/kg	每吨成品白砂糖消耗量/kg

注：写出计算过程。

六、思考题

1. 苹果果脯若发生返砂和流糖是何原因？在加工过程中如何避免此现象发生？
2. 果脯制作中烘烤温度是否应尽量高一些以提高生产效率？
3. 硬化和硫处理对苹果果脯品质的影响是什么？
4. 果脯制作中对苹果的品种和成熟度有哪些要求？

参考文献

王双飞.2009. 食品加工与贮藏实验［M］. 北京：中国轻工业出版社.
赖健，王琴.2010. 食品加工与保藏实验技术［M］. 北京：中国轻工业出版社.

（范龚健　南京林业大学）

实验二　冬瓜果脯的制作

一、实验目的

了解冬瓜果脯制作基本原理，熟悉果脯制作工艺流程，掌握冬瓜果脯加工技术。

二、实验原理

果脯制作是以食糖的保藏作用为基础的加工保藏法。利用高糖溶液的高糖渗透压作用，降低水分活度作用、抗氧化作用来抑制微生物生长发育，提高维生素的保存率，改善制品色泽和风味。

三、实验材料与仪器设备

冬瓜、白砂糖、氯化钙、不锈钢锅、天平、手持糖量计、温度计和热风干燥箱等。

四、实验步骤

（一）工艺流程

原料选择⟶刨皮⟶去心⟶切分⟶硬化⟶冲洗⟶热烫⟶漂洗⟶浸糖⟶糖煮⟶成品

（二）操作要点

1. 原料选择　制作果脯的冬瓜，要形态整齐、成熟充分，并以大小为5kg以上的新鲜青皮冬瓜为好。

2. 原料处理

（1）*切分*　将冬瓜洗净，刨去厚皮，再切成5cm长的瓜圈，除去瓜瓤及种子，随后将瓜肉切成1cm×1cm×5cm的条状。

（2）*硬化*　将切好的瓜条，放入预先配制好1%的石灰水或0.1%的氯化钙溶液中，浸泡8～12h，进行硬化处理，待瓜条硬化后，再用清水（最好是流水）漂洗2～3次，使之至中性。

（3）*热烫*　漂洗结束后，应将瓜条投入沸水中沸煮10min，烫到瓜条由白色变成暗白色，并以透明、柔软为度。然后，捞起放入冷水中（最好是流水）浸泡2～4h，再捞起放入沸水中，热烫1min，以便于趁热糖渍。

（4）*糖渍*　通常每10kg瓜条需用白砂糖8kg左右。糖渍前，应先将瓜条置于缸中，第一次放入糖的1/3，待2～4h后，沥出汁液，再加入剩余糖的80%，需8～10h，即全部糖溶后，连同糖液再一起倒入锅内熬制。

（5）*糖煮*　煮制时，锅底火力要大，并注意在煮制过程中用第一次沥出的糖汁溶化剩下的糖。煮制时每隔10～15min放一次糖，共分3次放完，形成一冷一热状，以促进糖的渗透，直至煮到水分全部蒸发掉，再离火，并不断进行搅拌，待冷却后，即成成品。

3. 质量要求　有透明感，有光泽；组织形态饱满，质地柔软，无返砂、流糖现象；有一定咀嚼性，不含色素和防腐剂，酸甜可口，略有咸味，消食开胃，且具有冬瓜清香，风味独特。

五、结果与分析

要求实事求是地对本人的实验结果进行清晰的叙述，实验失败的必须详细分析可能的原因；实验结果涉及数据的内容必须准确，不得使用“大概”“约多少”等不确定词；能够用本课程的理论原理对实验结果进行分析讨论；并能够将相关学科的知识应用于结果分析中。原料消耗记录于表1-3-2。

表 1-3-2 冬瓜果脯制作原料消耗记录

原料重量/kg	白砂糖重量/kg	糖渍后半成品重量/g	糖煮后成品重量/g	每吨成品原料消耗量/kg	每吨成品白砂糖消耗量/kg

注：写出计算过程。

六、思考题

1. 氯化钙浓度及浸泡时间对冬瓜条硬化程度的影响是什么?
2. 冬瓜条进行热烫处理的原因是什么?
3. 冬瓜切分大小对渗糖的影响是什么?
4. 冬瓜条的糖渍与糖煮有哪些注意事项?

参 考 文 献

王双飞.2009.食品加工与贮藏实验［M］.北京：中国轻工业出版社.
赖健，王琴.2010.食品加工与保藏实验技术［M］.北京：中国轻工业出版社.

（范龚健 南京林业大学）

实验三 山楂蜜饯的制作

一、实验目的

了解山楂蜜饯制作基本原理，熟悉山楂蜜饯制作工艺流程，掌握山楂蜜饯加工技术。

二、实验原理

蜜饯以食糖的保藏作用为基础，利用高糖溶液的高糖渗透压作用，降低水分活度作用、抗氧化作用来抑制微生物生长发育，提高维生素的保存率，改善制品色泽和风味。

三、实验材料与仪器设备

山楂、白砂糖、柠檬酸、氯化钙、不锈钢锅、天平、手持糖量计、温度计和热风干燥箱等。

四、实验步骤

（一）工艺流程

原料选择⟶清洗⟶漂烫⟶去皮⟶挖籽芯⟶糖渍⟶糖煮⟶冷却⟶成品⟶包装

（二）操作要点

1. 原料选择 选果形整齐、色泽鲜艳、直径在 2cm 以上、组织致密的新鲜山楂。去除病虫害、有干疤及外形严重损伤的残次果。

2. 原料处理

（1）清洗、烫漂　取自来水，加热至75～80℃，倒入山楂，漂烫4～5min，捞出，沥干。

（2）去皮、挖籽芯　将山楂趁热剥去果皮，挖掉籽芯，并去除果柄和花萼。

（3）糖渍　将6kg白砂糖和水加热溶解配制成60%的蔗糖溶液，然后将果坯倒入此糖液中浸渍24h。

（4）糖煮　将果坯和糖液倒入不锈钢锅中，用小火加热，使糖液慢慢沸腾，煮沸20～30min，这时山楂果肉变得透明，糖液为红色，浓度在75%以上，即停止加热。

（5）冷却　将果坯移至瓷盘中，任其冷却，期间不断摇动，避免粘连。

（6）包装　将糖液取出过滤，滤液倒入果坯中，将果坯和糖液按一定量装入玻璃瓶中，封紧瓶盖，即成山楂蜜饯。

3. 质量要求　糖液呈深红色，山楂蜜饯晶莹透明，酸甜适口，软韧适度，具有山楂原果的风味和香气。

五、结果与分析

要求实事求是地对本人的实验结果进行清晰的叙述，实验失败的必须详细分析可能的原因；实验结果涉及数据的内容必须准确，不得使用“大概”“约多少”等不确定词；能够用本课程的理论原理对实验结果进行分析讨论；并能够将相关学科的知识应用于结果分析中。原料消耗记录于表1-3-3。

表1-3-3　山楂蜜饯制作原料消耗记录

原料重量/kg	白砂糖重量/kg	糖渍后半成品重量/g	糖煮后成品重量/g	每吨成品原料消耗量/kg	每吨成品白砂糖消耗量/kg

注：写出计算过程。

六、思考题

1. 漂烫温度和时间对山楂去皮的影响是什么？
2. 山楂糖渍与糖煮有哪些注意事项？
3. 山楂蜜饯的包装有哪些要求？
4. 山楂蜜饯中是否需要添加防腐剂？

参考文献

王双飞．2009. 食品加工与贮藏实验［M］．北京：中国轻工业出版社．
赖健，王琴．2010. 食品加工与保藏实验技术［M］．北京：中国轻工业出版社．

（范龚健　南京林业大学）

实验四　番茄酱的制作

一、实验目的

通过实验使学生熟识和掌握番茄酱制作的原理、工艺流程及工艺参数。

二、实验原理

番茄酱是新鲜番茄的浆状浓缩制品，为番茄经破碎、打浆、去皮后，浓缩、装罐、杀菌制作而成，成品固形物含量25%左右。

三、实验材料与仪器设备

番茄、白砂糖、食盐、打浆机、天平、测糖仪、温度计、夹层锅、封罐机、杀菌锅。

四、实验步骤

（一）工艺流程

原料选择⟶清洗⟶修整⟶热烫⟶打浆⟶加热浓缩⟶装罐、密封⟶杀菌⟶冷却⟶擦罐、贴标⟶入库⟶成品

（二）操作要点

1. 原料选择　选择充分成熟、色泽鲜艳，无腐烂，干物质含量高，皮薄、肉厚、籽少的番茄。

2. 原料处理

（1）清洗　用清水洗净番茄表面的泥沙、污物。

（2）修整　切除果蒂及绿色部分。

（3）热烫　将修整后的番茄倒入沸水中热烫2～3min，使果实软化。

（4）打浆　热烫后将番茄倒入打浆机内，将果肉打碎，除去皮籽。

3. 加热浓缩　打浆后的番茄浆汁立即放入夹层锅加热浓缩，以防果胶酶作用而分层。浓缩过程中注意不断搅拌，防止焦煳，当可溶性固形物含量达25%左右时停止加热。

为了增加风味，在浓缩前可加入白砂糖、食盐等（每千克番茄浆加150g白砂糖、25g食盐），将白砂糖、食盐适量水溶解后滤出汁液混入番茄浆中，加热浓缩。

4. 装罐、密封　浓缩后的番茄酱立即趁热装罐，封罐时酱体温度不低于85℃。

5. 杀菌、冷却　封罐后立即按杀菌式5min－20min/100℃，分段冷却至30℃，擦干罐外壁，贴好标签。

五、结果与分析

产品质量指标：酱体呈红褐色，有光泽，均匀一致，具有一定的黏稠度，味酸、无异味，可溶性固形物含量为25%左右。

实验结果记录于表1-3-4、表1-3-5和表1-3-6。

表 1-3-4　番茄酱制作原料消耗记录

原料重量/kg	不合格重量/kg	装罐前半成品总量/kg	每罐装入量/g	每罐净重/g	每吨成品原料消耗量/kg	备注

注：写出计算过程。

表 1-3-5　番茄酱调配记录

投料时间	配料品名及重量/g

表 1-3-6　番茄酱成品品质记录

可溶性固形物含量/%	总酸含量/%	pH	色泽	滋、气味	杂质	综合评定

六、思考题

1. 番茄酱加工过程中酱体颜色会变暗，色泽变差，应如何预防？
2. 为何番茄酱灌装时要趁热封罐？
3. 番茄打浆前为什么需经过热烫处理？

参　考　文　献

蔺毅峰．2006. 食品工艺学实验与检验技术［M］．北京：中国轻工业出版社．
赵晋府．2007. 食品工艺学［M］．北京：中国轻工业出版社．
祝占斌．2008. 果蔬加工技术［M］．北京：化学工业出版社．
李秀娟．2008. 食品加工技术［M］．北京：化学工业出版社．

（姜天甲　浙江工商大学）

实验五　草莓酱的制作

一、实验目的

通过实验使学生熟识和掌握草莓酱制作的原理、工艺流程及工艺参数，了解草莓酱制作技术。

二、实验原理

果酱主要是由果胶、有机酸和糖一起加热浓缩而形成的凝胶状产物，含糖量约为65%，利用高浓度糖的极高渗透压抑制微生物生长，同时，高浓度糖也有利于制品色泽、风味及营养成分的保存。草莓酱是草莓加入白砂糖和其他辅料后，经加热浓缩至可溶性固形物达65%～70%的凝胶状酱体。

三、实验材料与仪器设备

草莓、白砂糖、柠檬酸、果胶、山梨酸、破碎机、天平、测糖仪、温度计、真空浓缩锅或夹层锅、封罐机、杀菌锅。

四、实验步骤

（一）工艺流程

原料选择→清洗→去蒂把、去萼片→破碎→加热→添加配料→浓缩→装罐、密封→杀菌→冷却→擦罐、贴标→入库→成品

（二）操作要点

1. **原料选择**　选用新鲜、无腐烂、八九成熟、风味正常、呈红色或浅红色的草莓。

2. **原料处理**　草莓于水中浸泡3～5min后，少量分装于孔筐中，在流动水中淘洗，去净泥沙等杂质，逐个去除蒂把、萼片，然后将果实破碎。

3. **加热**　往破碎后的草莓中加适量水后放入夹层锅中，煮沸10min，使之软化并蒸发掉部分水分。

4. **添加配料**　草莓3kg、75%白砂糖溶液4kg、柠檬酸7g（柠檬酸配成50%溶液使用）。配料液用滤布过滤去除杂物，加入上述材料后在锅内熬煮，浓糖液分1～2次加入。可选择添加增稠剂果胶、防腐剂山梨酸，添加量为果胶0.6%～0.9%、山梨酸2.5g，在浓缩接近终点时添加。

5. **浓缩**　在熬煮浓缩过程中，不断搅拌，以加速水分蒸发，浓缩时间20～30min，当可溶性固形物浓度达65%～70%时为终点，可停止浓缩出锅。

也可采用减压浓缩，操作如下：将草莓浆与糖液吸入真空浓缩锅，调节真空度4.7～5.3kPa下加热5～10min，提高真空度至8kPa以上，加热浓缩至可溶性固形物达60%～65%时，加入已用少量水溶解的柠檬酸，继续浓缩至终点出锅。

6. **装罐、密封**　浓缩后的果酱立即趁热装罐，封罐时酱体温度不低于85℃。

7. **杀菌、冷却**　封罐后立即按杀菌式5min－20min/100℃，分段冷却至30℃，擦干罐壁，贴好标签。

五、结果与分析

产品质量指标：紫红色或红褐色，有光泽，均匀一致，酱体细腻、呈胶黏状，酸甜适度，无焦煳味及其他异味，可溶性固形物含量为65%～70%，pH3.1左右。

实验结果记录于表1-3-7、表1-3-8和表1-3-9。

表1-3-7　草莓酱制作原料消耗记录

原料重量/kg	不合格重量/kg	装罐前半成品总量/kg	每罐装入量/g	每罐净重/g	每吨成品原料消耗量/kg	备注

注：写出计算过程。

表 1-3-8　草莓酱调配记录

投料时间	配料品名及重量/g

表 1-3-9　草莓酱成品品质记录

可溶性固形物含量/%	总酸含量/%	pH	色泽	滋、气味	杂质	综合评定

六、思考题

1. 为何草莓酱灌装时酱体温度要保持在 85℃以上？
2. 果酱生产过程中褐变是影响产品质量的一个关键问题，如何控制？
3. 如何防止果酱产生汁液分离现象？
4. 酱体中糖重新结晶是果酱生产的常见问题之一，其原因是什么？应采取哪些措施？

参　考　文　献

蔺毅峰．2006．食品工艺学实验与检验技术［M］．北京：中国轻工业出版社．
赵晋府．2007．食品工艺学［M］．北京：中国轻工业出版社．
祝占斌．2008．果蔬加工技术［M］．北京：化学工业出版社．
李秀娟．2008．食品加工技术［M］．北京：化学工业出版社．

（姜天甲　浙江工商大学）

实验六　果丹皮的制作

一、实验目的

通过实验使学生熟识和掌握山楂果丹皮制作的工艺流程及其加工技术。

二、实验原理

山楂果丹皮制作是把山楂经过选料、预煮、打浆、浓缩、刮片、烘干和起片等前处理后，进行包装得到成品，可以长期保藏的一种食品。

三、实验材料与仪器设备

山楂、白砂糖、不锈钢锅、打浆机、干燥箱等。

四、实验步骤

（一）工艺流程

原料清洗⟶选料、预煮⟶打浆⟶浓缩⟶刮片⟶烘干⟶起皮⟶包装⟶成品

（二）操作要点

1. 选料、预煮　将山楂挖去蒂把，削净虫蛀及腐烂部分，用清水洗净放入锅中，加入适量清水，用大火煮沸 30min，使山楂果肉充分软化，然后将煮好的山楂捞出，捣烂，倒入适量煮过山楂果的水中，搅拌均匀。

2. 打浆　用打浆机打浆，用纱布过滤山楂浆，除残余的果皮、种子等杂物，并搅拌使之成为细腻的糊状物。

3. 刮片、烘干　将坯料置于平整的板面上，按照所需要的厚度抹平后（0.5cm），再放入干燥箱内，在 60℃的温度下烘干 10～12h。直到坯料成为有韧性的皮状物。

4. 起片、包装　将果丹皮从平板上缓缓揭下，切制成一定规格和形状的果丹皮，卷成卷或一层一层放置。然后用玻璃纸进行包装，即得成品。

五、结果与分析

成品质量要求：成品为浅红色或浅棕色，具有山楂固有的风味，酸甜适口，含水分 15％以下，总糖含量为 60％～65％。

实验结果记录于表 1-3-10。

表 1-3-10　果丹皮的品质评定

项目	品质要求	最高评分	评定结果			
			给分			情况说明
			1	2	3	
色泽	浅红色或浅棕色，色泽一致，略有透明感及光泽	20 分				
组织及形态	完整，表面光滑，组织细腻、均匀，软硬适宜，略有弹性	30 分				
滋味及气味	具有山楂固有的风味，香味浓郁，酸甜适口，无异味	40 分				
杂质	无杂质	10 分				

六、思考题

1. 果丹皮烘干时间和温度的决定因素有哪些？
2. 山楂果丹皮制作过程中分批加入白砂糖并小火加热的目的是什么？
3. 果丹皮的烘制温度对成品品质有什么影响？
4. 除山楂果丹皮外，还可以添加哪些原料或增加哪些工艺生产果丹皮？

参 考 文 献

赵晋府．1999. 食品工艺学［M］．北京：中国轻工业出版社．

陈雪平．1997. 果蔬产品加工工艺学［M］．北京：中国农业出版社．

李文浩，沈群，贾玉坤，等．2009. 温度光照对果丹皮色泽的影响［J］．农产品加工．学刊（05）：22-23.

（姜丽　南京农业大学）

实验七　果冻的制作

一、实验目的

明确果冻的定义，掌握果冻生产的基本工艺流程，掌握果冻各工艺操作要点及控制成品质量的措施。

二、实验原理

《果冻》(GB19883—2005）中规定果冻是指以水、食糖和增稠剂等为原料，经溶胶、调配、灌装、杀菌、冷却等工序加工而成的胶冻食品。传统的果冻其制作原理为利用果胶物质的凝胶作用，将果汁、糖、酸凝固在一起形成具有一定弹性的、口感滑爽的果胶-糖-酸凝胶体。目前市场上流行的果冻大多是果冻粉、甜味剂、酸味剂及香精所配成的凝胶体，可添加各种果汁调配成各种果味及各种颜色，盛装在卫生透明的聚丙烯包装盒内，一年四季都可食用，果冻粉的主要原料是卡拉胶、魔芋粉等，再添加其他植物胶和离子。

三、实验材料与仪器设备

白砂糖、果冻粉、柠檬酸钠、柠檬酸、山梨酸钾、水果罐头、浓缩果汁、苹果酸、乳酸钙、维生素C、香精、色素、电子天平、煤气灶或电磁炉、温度计、塑料杯、果冻手动封口机。

四、实验步骤

(一) 工艺流程

溶胶⟶煮胶⟶过滤⟶调配⟶灌装、封口⟶杀菌⟶冷却⟶干燥⟶包装⟶产品

参考配方：

1. 杯装果冻　白砂糖16%～18%、果冻粉0.6%～0.8%、柠檬酸钠0.2%、柠檬酸0.2%，香精适量，色素适量。

2. 果肉果冻　果冻粉0.84%、白砂糖7.2%、柠檬酸0.36%、山梨酸钾0.06%、水溶性果味香精0.1%、色素（主要为胭脂红、柠檬黄、亮蓝）0.25%、罐头水果15%。

3. 吸吸果冻　白砂糖14.5%、柠檬酸0.12%、浓缩果汁2.5%、苹果酸0.05%、果冻粉0.4%、柠檬酸钠0.02%、乳酸钙0.15%、维生素C0.006%，香精适量。

(二) 操作要点

1. 溶胶　将果冻粉、白砂糖按比例混合均匀，在搅拌条件下将上述混合物慢慢倒入冷水中，不断搅拌，使胶基本溶解，也可静置一段时间，使胶充分吸水溶胀。

2. 煮胶　将胶液边加热边搅拌至沸腾，使胶完全溶解，并在微沸状态下维持8～10min，然后除去表面泡沫。

3. 过滤　趁热用消毒的100目不锈钢过滤网过滤，以除去杂质，得料液备用。

4. 调配　将果汁、酸味剂、香精和其他剩余的配料用70～80℃水溶解，搅拌5min。当

料液温度降至70℃左右，在搅拌条件下先加入事先溶解好的柠檬酸、乳酸钙溶液，调节pH至3.5～4.0，根据需要加入适量的香精和色素，以进行调香和调色。

5. 灌装、封口　调配好的胶液，立即灌装至经消毒的容器中并及时封口，不能停留。

6. 杀菌　应在封口后的1h内杀菌，初温不低于55℃。杀菌公式：温度85℃，果冻重15～80g时杀菌时间7～15min；果冻重80～125g杀菌时间15～18min；果冻重125～200g杀菌时间20～30min。

7. 冷却　杀菌后的果冻立即冷却降温至40℃左右，以便能最大限度地保持食品的色泽和风味。

8. 干燥　用50～60℃的热风干燥，以便使果冻杯（盒）外表的水分蒸发掉，避免在包装袋中产生水蒸气，防止产品在贮藏销售过程中长霉。

9. 检查包装　检验合格的果冻，经包装后即为成品。

五、结果与分析

成品质量要求果冻应具有品种应有的色泽和风味，酸甜适口，无异味。凝胶果冻呈凝胶状，脱离包装容器后，能基本保持原有的形态，组织柔软适中；可吸果冻呈半流体凝胶状，能够用吸管或吸嘴直接吸食，脱离包装容器后，呈不定状；果冻中添加的果肉或其他使用固体原料应具有正常的组织形态；无任何杂质。

原料消耗记录于表1-3-11。

表1-3-11　果冻制作原料消耗记录

果冻种类	实验日期	原料重量/kg	不合格重量/kg	每杯净重/g	每吨成品原料消耗量/kg	备注
杯状果冻						
果肉果冻						
吸吸果冻						

注：写出计算过程。

六、思考题

1. 常见的果冻分为哪些种类？
2. 果冻加工的基本原理是什么？
3. 果冻加工的关键操作点有哪些？

参　考　文　献

祝战斌.2011. 果蔬加工技术［M］. 北京：化学工业出版社.

丁武.2012. 食品工艺学综合实验［M］. 北京：中国林业出版社.

（程超　湖北民族学院）

实验八　中式泡菜的制作

一、实验目的

掌握中式泡菜的定义，了解中式泡菜与其他泡菜的差异，掌握中式泡菜生产工艺，掌握中式泡菜制作各工艺操作要点及成品质量要求，掌握控制泡菜成品质量的措施。

二、实验原理

《泡菜》(SB/T10756—2012) 中明确指出中式泡菜简称泡菜，是以新鲜蔬菜等为主要原料，添加或不添加辅料，经食用盐或食用盐水泡渍发酵等工艺加工而成的蔬菜制品。其加工原理是利用泡菜坛造成的坛内厌氧状态，配制适宜乳酸菌发酵的低浓度盐水（6%～8%），对新鲜蔬菜进行腌制。大量生成的乳酸降低了制品及盐水 pH，抑制了有害微生物生长，提高了制品的保藏性。此外发酵过程中还有少量乙醇及微量醋酸的生成，给制品带来爽口的酸味和乙醇的香气，同时各种有机酸又可与乙醇生成具有芳香气味的酯，加之添加配料的味道，给泡菜增添了特有的香气和滋味。

三、实验材料与仪器设备

白菜、豇豆、萝卜、甘蓝等组织紧密、质地脆嫩、肉质肥厚而不易软化的蔬菜均可。

食盐、白砂糖、辣椒、生姜、白酒或黄酒、香料包（花椒、茴香、八角、胡椒等）、泡菜坛、不锈钢刀、砧板、盆、不锈钢锅等。

四、实验步骤

（一）工艺流程

原料⟶预处理（清洗、切分，去除粗皮、老筋等）⟶配制盐水（食盐 5%～8%，糖 2%左右，香料若干，煮沸后降温至 30℃待用）⟶装坛发酵（原料压紧，食盐水淹没原料，坛口密封）⟶发酵管理（发酵最适温度 20～25℃，用 20%食盐水做坛盐水，保持坛沿清洁）⟶成品

（二）操作要点

1. 原料选择　组织紧密、质地嫩脆、肉质肥厚不易发软、富含一定糖分的幼嫩蔬菜均可做泡菜原料。

2. 清洗、预处理　将蔬菜用清水洗净，剔除不适宜加工的部分，如粗皮、老筋、须根及腐烂斑点；块型过大的应适当切分，稍加晾晒或沥干明水备用，避免将生水带入泡菜坛中引起败坏。

3. 盐水（泡菜水）配制　水最好使用井水、泉水等饮用水，若水质硬度较低可加入 0.05%的氯化钙溶液。一般配制与原料等重的 5%～8%食盐水，煮沸后用纱布过滤。再按盐水量加入 1%白砂糖、3%尖红辣椒、5%生姜、0.1%八角、0.05%花椒、1.5%白酒，还可按各地嗜好加入其他香料如山苍子等，将香料用纱布包好，为缩短泡制时间，常加入 3%～5%陈泡菜水，以加速泡菜发酵过程。

4. 装坛发酵　取无砂眼或裂缝的坛子洗净，沥干明水，放入半坛原料压紧，加入香料袋，再放入原料至离坛口5～8cm，注入泡菜水，使原料被泡菜水淹没，盖上坛盖，注入清洁的坛沿水或20%食盐水，将泡菜坛置于阴凉处发酵，发酵最适温度20～25℃。

5. 泡菜管理　为了防止泡菜变质，泡菜管理必须注意以下几点：

（1）保持坛沿清洁，经常更换坛盐水，或使用20%食盐水作为坛沿水，揭坛盖时要轻，勿将坛沿水带入坛内。

（2）取食泡菜时，用清洁的筷子取食，取出的泡菜不要再放回坛中，以免污染。

（3）如遇长膜生霉花，加入少量白酒，或苦瓜、紫苏、红皮萝卜或大蒜头，以减轻或阻止长膜生花。

（4）泡菜制成后，一面取食，一面加入新鲜原料，适当补充盐水，保持坛内一定的容量。

五、结果与分析

成品质量要求：清洁卫生，色泽美观，香气浓郁，质地清脆，组织细嫩，咸酸适度。

原料消耗记录于表1-3-12。

表1-3-12　中式泡菜制作原料消耗记录

实验日期	原料重量/kg	不合格重量/kg	每坛净重/g	每吨成品原料消耗量/kg	备注

注：写出计算过程。

六、思考题

1. 讨论中式泡菜与其他泡菜如韩式泡菜的区别。
2. 论述泡菜生产的基本原理。
3. 泡菜生产的关键操作技术及其注意事项有哪些？

参　考　文　献

祝战斌．2011. 果蔬加工技术［M］．北京：化学工业出版社．
丁武．2012. 食品工艺学综合实验［M］．北京：中国林业出版社．

（程超　湖北民族学院）

实验九　韩国泡菜的制作

一、实验目的

通过实验使学生熟识和掌握韩国泡菜（大白菜泡菜为例）制作的工艺流程和技术要求。

二、实验原理

韩国泡菜是在作为主原料的腌制蔬菜中混入各种调料（如辣椒粉、大蒜、生姜、大葱及白萝卜等），在低温下通过乳酸的生成而发酵的食品。它不但味美、爽口，还具有丰富的营养。韩国泡菜种类繁多，但无论以什么蔬菜作为主料，其制作工艺和技术要求基本都一致。

三、实验材料与仪器设备

大白菜、白萝卜、韭菜、洋葱、大葱、小葱、生姜、大蒜、糯米粉、辣椒粉、鲜虾酱、碘盐、白砂糖、韩国香料、菜刀、切板、腌制容器。

四、实验步骤

（一）工艺流程

选择原料⟶腌制主料⟶加工配料⟶调制调料⟶涂抹发酵⟶成品

（二）操作要点

1. 选择原料　无论是主料还是辅料，都要选择色泽鲜艳、无病虫危害的新鲜蔬菜。用作主料的大白菜叶子应嫩绿、青翠，无腐叶、烂叶、黄叶。辅料中的白萝卜应表皮光滑，有较少坑洼不平的地方，质润清脆、水分适中。韭菜的粗细、颜色纯正，无烂叶。大葱、小葱都应保持色泽葱绿、新鲜挺拔。生姜和大蒜最好是当年的新姜和新蒜。同样，制作配料用的鲜虾酱和辣椒粉也应保证品质纯正、新鲜、无异味。

2. 腌制主料

（1）主料处理　将大白菜最外层的菜帮和菜叶剥去，去除腐败、发黄的菜叶以及有霉变的地方，然后将菜根切下，再将其根部向上立于面板上。用菜刀由根部向叶顶方向竖着切至白菜1/3处，用手轻轻将白菜分开，之后再将其合上后放在洁净的容器内。如果每次腌制的白菜较多，也可直接将其整齐码放在用于腌制的容器内。

（2）配制盐水　向干净的容器中放入清洁的自来水，水的多少要依据白菜的多少而定，原则是能将放在容器中的白菜浸没。水放好后就可以向里面加盐，边放边搅拌，以使盐尽快地在水中溶解。盐水浓度为2%～4%较为适宜。

（3）腌制主料　将配制好的盐水均匀地浇在白菜上（若盐水中有多余的杂质，在浇盐水前需要过滤）。当盐水基本漫过码放好的白菜时就可以了，此时用面板压着白菜，一般需要腌制12h。

3. 加工配料　白萝卜、韭菜、洋葱、大葱等配料，洗净、择净后，按照各自不同的需要，加工成段、丝、泥、酱等。

（1）白萝卜　冲洗、刷净表面，在洁净的面板上用刀去皮，挖去坑洼处，切除根部和尖部。先切片，再切丝，放在干净的容器中备用。

（2）韭菜　先择净，即去除腐皮，掐去发黄、枯萎、腐败的叶尖，浸泡在清水中，数分钟后用手轻轻搓洗，捞出放置于洁净容器中。再倒入清水，放入韭菜，进行第一遍漂洗，倒水，再漂洗一次，然后切成2cm的小段，放在干净的容器中备用。

（3）洋葱　去除最外层皮，放清水中洗净，用刀切块、切片、切丝，最后切成碎末，放在干净的容器中备用。

（4）大葱　择去外层皮，掐去腐叶和黄叶，清水洗净，切成小段后再切成细丝，放在干净的容器中备用。

（5）小葱　择净洗净后切成1cm的小段放在干净的容器中备用。

(6) 生姜　洗净，去皮，清洗，切成薄片，切丝，再切细末，放在干净的容器中备用。

(7) 大蒜　剥去外层皮，洗净，切成碎末放在干净的容器中备用。

(8) 糯米粉　放入烧开沸水中，熬成稀糊状放在一旁备用。

(9) 鲜虾酱　购买成品或自己用绞肉机制作。

所有配料制完后，放于4℃的冰箱中，等主料腌制好后进行调料的制作。

4. 调制调料　调料的配制直接影响泡菜的口感，是至关重要的环节。事先准备好配制的容器，保证洁净无污染且方便搅拌。先倒入白萝卜丝和大葱丝，再放入韭菜段和小葱段，之后放入洋葱泥、生姜泥、大蒜泥，接着放入鲜虾酱和适量白砂糖，进行第一次搅拌，搅拌均匀后加入碘盐、韩国香料，进行第二次搅拌，然后铺平，将辣椒粉均匀撒在上面，倒入糯米糊，进行第三次搅拌。搅拌后可以品尝，再适当补充配料，至满意为止。配料多少的控制上根据个人喜好而定。

表1-3-13给出的数据仅供参考（以腌制10kg泡菜为例）。

表1-3-13　韩国泡菜配料

用料	用量/kg	用料	用量/kg
大白菜	6.8	大蒜	0.3
白萝卜	1.5	糯米粉	0.02
韭菜	0.16	鲜虾酱	0.23
洋葱	0.12	辣椒粉	0.36
大葱	0.11	碘盐	0.07
小葱	0.13	白砂糖	0.15
生姜	0.12	韩国香料	0.02

5. 涂抹发酵　清洗腌制好的白菜，择去泡烂的菜叶，放入干净的清水中，在清水中涮洗，用刀将其一分为二，再用新的清水涮洗2次，清洗后将其取出，用手攥紧，尽可能将白菜中多余水分挤出，然后放入空的容器控水30min左右。然后整齐码放于洁净托盘上。从内侧菜心向外帮一层层涂抹调料，每一根菜叶的内外都要均匀地抹到。抹完后，将其向里折过来，整齐码放在托盘内。放入用于发酵和存放的容器，每一层码好后均匀铺一些调料，全部码放完毕后盖上盖子，在−2～0℃环境下发酵，一般7d后可取出食用。

五、结果与分析

1. 各组对制作的大白菜泡菜进行感官评价，将结果记录于1-3-14。

表1-3-14　大白菜泡菜感官评价

评价指标	评分标准	分值	得分	总分
颜色	应有辣椒导致的红色	20分		
香味	有发酵的正常香味，无腐臭味	20分		
滋味	具有辣味、咸味和酸味等丰富口感，且有清脆且耐嚼的感觉	40分		

2. 根据感官评价结果，分析大白菜泡菜制作过程中的关键步骤对品质的影响。

六、思考题

1. 根据所学知识，简要回答制作原料中糖、含氮物质、水分、维生素和 pH 的变化趋势。

2. 韩国泡菜发酵过程中菌种种类和来源是什么？

3. 韩国泡菜采用低温发酵的原因是什么？

4. 试述影响韩国泡菜品质的主要因素和控制手段。

参 考 文 献

苏扬．2010. 韩国泡菜的制法及其风味化学原理探讨［J］．中国调味品（8）：71-74.

李鹏．2008. 韩国泡菜的生产工艺及质量控制［J］．农产品加工（7）：61-65.

（傅虹飞　西北农林科技大学）

实验十　雪里红的制作

一、实验目的

通过实验使学生熟识和掌握雪里红咸菜的腌制工艺流程及其加工技术。

二、实验原理

雪里红，又名雪里蕻、雪菜、春不老，是十字花科植物芥菜的嫩茎叶，一般制作成腌菜食用。雪里红腌制品主要是利用了食盐溶液的高渗透压作用、微生物的发酵作用和蛋白质分解的生物化学作用等，其中发酵过程主要利用乳酸菌产生乳酸、乙酸、丙酸等有机酸，这些产物赋予发酵制品柔和酸味，发酵过程产生酸性环境可抑制腐败菌与病原菌生长。发酵能改善产品营养价值，赋予特殊风味。

三、实验材料与仪器设备

雪里红、食盐、食用碱、食用级硫酸锌、蒸煮锅、腌制器皿等。

四、实验步骤

（一）工艺流程

原料⟶清洗⟶护色⟶装坛⟶腌制⟶成品

（二）操作要点

1. 原料选择　选择较嫩的雪里红叶片。

2. 清洗　将雪里红的烂、黄菜叶择去，用清水清洗，去除表面不洁物。

3. 护色　将雪里红在温度为 95℃的水中热烫 2min，用 0.05%碳酸钠溶液浸泡 30min 预处理后，再经过浓度为 0.03%硫酸锌护绿液浸泡 2h 的方法进行护绿。

4. 装坛　将雪里红放入洁净的腌制器皿中。

5. 腌制　采用6%食盐浸泡腌制，加水密封腌制器皿，在常温（室温18～25℃）进行发酵，一般自然发酵时间为25d。

6. 成品　观察雪里红的腌制成熟度，取出后用清水冲洗后即可食用。

五、结果与分析

1. 各组对制作的雪里红进行感官评价，评价结果记录于表1-3-15。

表1-3-15　雪里红感官评价

评价指标	评分标准	分值	得分	总分
颜色	颜色均匀，明亮的黄绿色	20分		
香味	有发酵的正常香味，无腐臭味	20分		
滋味	酸咸适中，且有清脆且耐嚼的感觉	40分		

2. 根据感官评价结果，比较雪里红和大白菜泡菜制作的异同。

六、思考题

1. 是不是所有的蔬菜都适合腌制食用?
2. 查阅文献，比较雪里红自然发酵与接种发酵腌制风味的异同点。
3. 查阅文献资料，归纳雪里红中亚硝酸盐的分析测定方法。
4. 试述影响雪里红品质的主要因素和控制手段。

参　考　文　献

吴浪，徐俐.2011. 乳酸菌发酵对雪里蕻挥发性物质及品质的影响［J］. 食品科学（23）：250-255.

樊琛，杨磊，曾庆华，等.2013. 不同处理方式对雪里蕻护绿效果的影响［J］. 安徽农业科学（9）：250-255.

（傅虹飞　西北农林科技大学）

实验十一　熏肉的制作

一、实验目的

通过实验使学生了解中式熏肉的种类，熟识和掌握熏肉的加工原理、加工工艺过程。

二、实验原理

中式烟熏肉有北京熏猪肉、湖北恩施熏肉、柴沟堡熏肉、李连贵熏肉等多种肉制品。不同种类熏肉的原料选择不同，配方也不同。肉制品的熏制是利用木材、木屑、茶叶、甘蔗皮、红糖等材料不完全燃烧而产生的烟熏热，使肉制品增添特有的烟熏风味，提高产品质量的一种加工方法。本实验以湖北恩施熏肉为例进行说明。熏肉又名土腊肉、贡肉，是湖北省恩施地区的传统特产。

三、实验材料与仪器设备

鲜猪肉、食盐、熏房、烟熏材料。

四、实验步骤

（一）工艺流程

原料选择⟶修坯⟶腌制⟶熏烤⟶成品

配方：鲜猪肉 100kg、盐 2.8kg。

（二）操作要点

1. **原料选择**　选用肉质新鲜、干净、无污物的鲜猪肉。

2. **修坯**　割去三腺（甲状腺、肾上腺、病变淋巴腺），除去血槽肉、平胫骨等，切成 1.5～2.5kg 的肉块。

3. **腌制**　肉坯采用干腌法，上盐腌制，共上 3 次盐，翻 4 次堆。每 100kg 肉坯用盐 2～3kg，第一次上出水盐，用盐 1～2kg，用盐要均匀，肉坯平放，堆码整齐；隔天第二次上大盐，用盐 2～3kg。边翻堆，边上盐，注意大骨用盐量稍多一些，堆码的高度以不超过 1.5m 为宜；隔 4～5d 第三次上盐，用盐 1～2kg；此后 3～4d 后即可入熏烤房。

4. **熏烤**　把经过腌制的肉成排吊挂在熏房内，肉坯离地 1～2m，用燃料熏烤。熏烤时视熏房大小将燃料（柴棒）分成若干堆，先用文火，逐渐加大，后在火堆上加柏树枝，用谷壳盖上；再根据所需香味的不同，酌情加核桃壳、花生壳及油菜籽壳等，待再产生火烟，即可烟熏（用哪种燃料烟熏，成品就具有哪种燃料的香味）。熏房温度保持在 40℃，经 6～7d 即成。注意不能选用松、杉、漆树枝和叶，也不能用木梓壳、桐梓壳、漆子壳进行烟熏，因为这些燃料含有不良气味，影响产品风味。

五、结果与分析

要求实事求是地对本人的实验结果进行清晰的叙述，实验失败的必须详细分析可能的原因；实验结果涉及数据的内容必须准确，不得使用“大概”“约多少”等不确定词；能够用本课程的理论原理对实验结果进行分析讨论；并能够将相关学科的知识应用于结果分析中。

实验结果记录于表 1-3-16。

表 1-3-16　熏肉的感官评价

评价指标	评价描述
有无红斑点	
色泽（表面、内部）	
膘厚	
肉质	
风味	

成品质量要求：熏肉出熏房后，要求外表色泽棕黄带黑，肉质干燥。重点检查前后腿，此部位因肉厚，难以腌透熏香。检查时，将竹签插入肉内，拔出嗅其气味（清香无异味）。切开瘦肉，肉质为深玫瑰色，肥肉为白色或略带浅黄色。

一级：无异味，无红斑点，无虫蛀、鼠咬。膘厚7cm以上，不带蹄、尾。腌制成熟，肉质坚实，皮色棕黄。

二级：稍有红斑点，膘厚5cm以上，其他要求同一级。

三级：稍有红斑点，膘厚3cm以上，其他要求同一级。

六、思考题

1. 熏肉加工过程中影响其风味的因素有哪些？
2. 简述熏肉制品的加工原理。
3. 熏肉加工中烟熏的主要作用有哪些？
4. 烟熏材料主要有哪些？熏烟中对肉制品质量影响较大的有哪几种？其作用是什么？

参 考 文 献

岳晓禹，马丽卿．2009. 熏腊肉制品配方与工艺［M］．北京：化学工业出版社．
于新，赵春苏，刘丽．2012. 酱腌腊肉制品加工技术［M］．北京：化学工业出版社．
于新，李小华．2011. 肉制品加工技术与配方［M］．北京：中国纺织出版社．

（刘海梅　鲁东大学）

实验十二　烧鸡的制作

一、实验目的

通过实验使学生熟识和掌握烧鸡的加工原理、加工工艺过程。

二、实验原理

烧鸡是禽类酱卤制品。酱卤制品是原料肉加调味料和香辛料，以水为介质，加热煮制而成的熟肉类制品。白煮肉类是酱卤肉类未经酱制或卤制的一个特例。酱卤肉制品生产工艺因品种不同而不同，但主要加工方法的特点有两个方面：一是调味，二是煮制。

三、实验材料与仪器设备

肉仔鸡、食盐、饴糖、味精、菜油、葱、肉蔻、草果、砂仁、良姜、姜、陈皮、丁香、豆蔻、白芷、腌缸、夹层锅、冰箱、烟熏机、真空包装机、水分活度测定仪、温度计、秤、天平等。

四、实验步骤

（一）工艺流程

原料选择⟶宰杀、清理⟶整形⟶烫皮涂糖⟶油炸⟶煮制⟶真空包装⟶杀菌⟶冷却⟶产品

配方：净膛鸡50kg、肉蔻50g、草果50g、砂仁20g、良姜70g、陈皮20g、丁香20g、豆蔻50g、白芷80g、食盐4.5kg、饴糖50g、味精20g、葱800g、姜1kg、菜油20kg。

（二）操作要点

1. 原料选择　选择健康无病6～24月龄、体重1.00～1.25kg的鸡，最好是雏鸡和肥母鸡。

2. 宰杀　宰杀前禁食12～24h，采用颈部宰杀法，刀口要小，充分放血后在64℃热水中浸烫煺毛，在清水中洗净细毛，搓掉表皮，使鸡胴体洁白；在颈根部开一小口，取出嗉囊，排除口腔内污物，腹下开膛，将全部内脏掏出，用清水冲洗干净，斩去鸡爪、割去肛门，冲洗干净。

3. 整形　把鸡放在加工台上，腹部朝上，左手稳住鸡身，将两脚爪从腹部开口处插入鸡的腹腔中，然后使鸡腿的膝关节卡入另一鸡腿的膝关节内侧；然后使其背部朝上，将鸡右翅膀从颈部开口处插入鸡的口腔，另一翅膀翅尖后转紧靠翅根。整形后使鸡体成为两头尖的半圆形，用清水洗净吊挂沥水。

4. 烫皮涂糖　将整形后的鸡用铁钩钩着鸡脖，用沸水淋烫2～4次，待鸡水分晾干后再涂糖液。以饴糖或蜂蜜与水为3∶7的比例配制成上色液。糖液配制好后，用刷子将糖液在鸡全身均匀地涂抹3～4次，刷糖液时，每刷一次要等晾干后，再刷第二次。

5. 油炸　将涂好糖液的鸡放入加热到150～180℃的植物油中，翻炸约1min，待鸡体呈均匀的橘黄色时捞出。油炸时，动作要轻，鸡皮不能破。

6. 煮制　将各种香辛料用纱布包好入锅，然后将鸡体整齐码好，加入老卤，老卤不足时补充清水，使液面高出鸡体表层2cm左右。若无老卤，香辛料需加倍。卤煮时，需保持鸡浸没于卤液之下。之后于90～95℃保温，一般母鸡4.0～5.0h、公鸡2.0～4.0h、雏鸡1.5～2.0h，具体时间视季节、鸡龄、体重等因素而定，熟制后立即出锅。该过程应小心操作，确保鸡的造型不散不破。若产品即时食用，则不必进行后期的杀菌工艺，若需要有一定保质期在市场销售，则需进行后期操作。

7. 包装　根据产品要求进行整只袋装或半只袋装，然后真空封口。

8. 杀菌　产品可进行巴氏杀菌，于2～4℃贮藏，也可采用高压杀菌，达到在常温下有一定保质期的要求。杀菌参数需根据产品的大小、保质期要求、生产卫生条件、贮藏销售环境而定。

五、结果与分析

要求实事求是地对本人的实验结果进行清晰的叙述，实验失败的必须详细分析可能的原因；实验结果涉及数据的内容必须准确，不得使用“大概”“约多少”等不确定词；能够用本课程的理论原理对实验结果进行分析讨论；并能够将相关学科的知识应用于结果分析中。感官评价结果记录于表1-3-17。

表1-3-17　烧鸡的感官评价

评价指标	评价描述
色泽	
鸡体完整性	
鸡皮破裂程度	
肉质软嫩程度	
风味	
滋味	

六、思考题

1. 烧鸡加工中影响风味的因素有哪些?
2. 简述酱卤制品的加工原理。
3. 烧鸡加工的关键工艺是什么?有何注意事项?
4. 肉在煮制过程中发生哪些变化?

参 考 文 献

周光宏.2008.畜产品加工学[M].北京:中国农业出版社.
马丽珍,刘金福.2011.食品工艺学实验[M].北京:化学工业出版社.
展跃平.2008.肉制品加工技术[M].北京:化学工业出版社.

(刘海梅 鲁东大学)

实验十三 香肠的制作

一、实验目的

通过实验使学生熟识和掌握香肠制作的工艺流程、工艺参数及其加工技术。

二、实验原理

腊肠俗称香肠,是指以猪肉为主要原料,经切绞成丁,配以辅料,灌入动物肠衣,经晾晒或烘焙而成的肉制品。

三、实验材料与仪器设备

肠衣、小针、猪后臀肉、精盐、白砂糖、酱油、白酒、味精、亚硝酸钠。

四、实验步骤

(一) 工艺流程

原料肉选择⟶切肉丁⟶拌料腌制⟶灌制⟶刺孔、漂洗⟶日晒或烘烤⟶成熟⟶成品

配方:广式香肠为原料肉 10kg、精盐 0.32kg、白砂糖 0.7kg、酱油 0.1L、白酒 0.2L、味精 20g、亚硝酸钠 1g(用少量水溶解后使用)。

(二) 操作要点

1. 原料选择 多采用新鲜的猪肉,以肥瘦比 3∶7 的后臀肉为宜。

2. 肠衣的制备 若选用盐渍肠衣或干肠衣,用温水浸泡,清洗后即可。

3. 原料肉预处理 瘦肉绞成 0.5～1.0cm 见方的肉丁,肥肉用切丁机或手工切成 1cm 见方的肉丁后用 35～40℃热水漂洗去浮油,沥干水备用。

4. 腌制、灌肠 将绞切后的肉、其他辅料及 1L 水搅拌均匀,腌制 30min 后即可灌入肠衣,按要求长度打结。

5. 刺孔、漂洗　用排针刺孔排气后，置于温水中将肠体漂洗干净。

6. 日晒或烘烤　将漂洗干净的肠悬挂于日光下晒 4～5d 至肠衣干缩并紧贴肉馅时进行烘烤。若遇阴天，可直接进行烘烤。烘烤温度 50℃左右，时间 36～48h。

7. 成熟　将日晒和（或）烘烤后的肠悬挂于通风透气的成熟间，20d 左右即可产生腊肠独有的风味即为成品。成品率为 65%左右。

五、结果与分析

香肠质量评价方法：按表 1-3-18 和表 1-3-19 进行香肠的质量评价。

表 1-3-18　香肠感官指标与分级

项目	一级	二级
色泽	切面肉馅有光泽，肌肉灰红至玫瑰红色，脂肪白色或稍带红色	部分肉馅有光泽，肌肉深灰或咖啡色，脂肪发黄
外观	肠衣干燥完整，紧贴肉馅，无黏液、霉点，坚实有弹性	肠衣干燥完整，紧贴肉馅，无黏液、霉点，坚实有弹性
组织状态	切面坚实	切面齐，有裂隙，周缘部分有软化现象
气味	具有香肠特有的风味	脂肪有轻度酸味，有时肉馅带酸味

表 1-3-19　香肠的感官指标评价

项目	品质要求	最高评分	品质评价结果			
			给分			情况说明
			1	2	3	
色泽	切面肉馅有光泽，肌肉灰红至玫瑰红色，脂肪白色或稍带红色	20 分				
外观	肠衣干燥完整，紧贴肉馅，无黏液、霉点，坚实有弹性	20 分				
组织状态	切面坚实	30 分				
气味	具有香肠特有的风味	30 分				

六、思考题

1. 刺孔和漂洗的目的分别是什么？
2. 成熟的原理是什么？

参　考　文　献

潘道东．2012. 畜产食品工艺学实验指导［M］．北京：科学出版社．

（曹锦轩　宁波大学）

实验十四　松花蛋的制作

一、实验目的

学习掌握松花蛋的加工原理和工艺，进一步理解其产品特点和工艺要求。

二、实验原理

松花蛋的制作原理是利用碱性溶液能使蛋中蛋白质凝胶的特性，使之变成富有弹性的固体。松花蛋食法简单、美味可口、风味独特、营养丰富，每100g可食松花蛋中，氨基酸总量高达32mg，为鲜鸭蛋的11倍，而且氨基酸种类多达20种。

三、实验材料与仪器设备

鲜鸭蛋或鲜鸡蛋、生石灰、纯碱、茶叶、红茶末、食盐、硫酸铜、硫酸锌、酚酞、盐酸、烧碱、氯化钡、液体石蜡、固体石蜡、黄土、稻壳、植物灰、天平、酸式滴定管、滴定架、三角烧瓶、量筒、胶手套、刮泥刀、陶缸、台秤或杆秤、照蛋器等。

四、实验步骤

（一）工艺流程

原料蛋选择⟶选配料⟶熬料（冲料）⟶装缸⟶灌料泡蛋⟶质检⟶出缸⟶洗晾蛋⟶质检分级⟶包蛋⟶成品

（二）操作要点

1. **原料选择**　加工松花蛋的原料蛋须经照蛋和敲蛋逐个严格的挑选。加工松花蛋的主要原料是鲜鸭蛋，有些地区也用鲜鸡蛋。为保证松花蛋的质量，加工前必须通过照光和敲验，对鲜蛋进行逐个检验和挑选，剔除破损蛋、裂纹蛋、散黄蛋、热伤蛋、贴皮蛋等各种次劣蛋，选择新鲜、干净、无水湿、无粪污的质量合格蛋。还要按蛋重或大小进行分级，以便按级进行投料加工，保证其成熟期一致。

（1）照蛋　加工松花蛋的原料蛋用灯光透视时，气室要小，整个蛋内容物呈均匀一致的微红色，蛋黄不见或略见暗影，胚珠无发育现象。转动蛋时，可略见蛋黄也随之转动。次蛋，如破损蛋、热伤蛋等均不宜加工松花蛋。

（2）敲蛋　经过照蛋挑选出来的合格鲜蛋，还需检查蛋壳完整与否，厚薄程度以及结构有无异常。裂纹蛋、钢壳蛋、沙壳蛋、油壳蛋都不能作为松花蛋加工的原料。此外，敲蛋时，还根据蛋的大小进行分级。

2. **配料**　鸭蛋800枚，重约60kg，水50kg，纯碱（碳酸钠）3.3kg，生石灰14kg，氧化铅（黄丹粉）150g，食盐2kg，红茶末1kg，柏树枝250g。

配料标准随地区和季节的不同而有所差异，主要是生石灰和纯碱的用量有所不同。由于夏季的鸭蛋不及春、秋季的质量高，蛋下缸后不久，蛋黄就会上浮、变质，所以生石灰和纯碱的用量要适当加大，从而加速松花蛋的成熟。

先将碱、盐放入缸内，将熬好的茶汁倒入缸内，搅拌均匀，再分批投入生石灰，及时搅拌，使其反应完全。待料液温度降至 50℃左右将黄丹粉或硫酸铜（锌）化水倒入缸内，捞出不溶石灰块并补加等量石灰，冷却后备用。

3. 熬料或冲料　配料方法有熬料和冲料两种。

（1）熬料法　熬料法分为两种，一种是先把纯碱、食盐、茶叶、松柏枝、清水倒入锅内，加热煮沸，然后倒入盛有黄丹粉和石灰的缸内，搅拌均匀，冷却后待用；另一种方法是把茶叶熬成茶汁后，把茶叶捞出，再将纯碱、食盐、黄丹粉同时放入搅匀，然后冲入放有石灰、草木灰的容器中，待其作用完成后，搅拌均匀，并将石灰渣和不溶化的石块捞出，冷却后待用。

（2）冲料法　冲料法是先把纯碱、茶叶放在缸底，后将定量的开水倒入缸内，随即放入黄丹粉，经搅拌溶解后，再投放石灰，最后加入食盐，搅拌均匀，使之充分作用，冷却后待用。

无论熬料还是冲料，各种原料都要按配料标准预先准确称量，配制好的料液或汤料都必须保持清洁，不准再掺入生水。

4. 料液碱度的检验　料液中的氢氧化钠含量要求达到 4%～5%，若浓度过高应加水稀释，若浓度过低应加烧碱提高料液的氢氧化钠浓度。用刻度吸管吸取澄清料液 4mL，注入 250mL 的三角瓶中；加水 100mL，加 10%氯化钡溶液 10mL 摇匀，静置片刻；加 0.5%酚酞指示剂 3 滴，用 0.1mol/L 盐酸标准溶液滴定至粉红色恰好消退为止。消耗 0.1mol/L 盐酸标准溶液的毫升数即相当于氢氧化钠的百分含量。

5. 装缸、灌料泡制　将检验合格的蛋装入缸内，用竹篦盖住，将检验合格冷却的料液在不停地搅拌下徐徐倒入缸内，使蛋全部浸泡在料液中。灌料后，室温要保持在 20～25℃，最低不能低于 15℃，最高不能超过 30℃。

6. 成熟　灌料后要保持室温在 16～28℃，最适温度为 20～25℃。浸泡时间为 25～40d。灌料后即进入腌制过程，腌制开始至松花蛋成熟，这一阶段的技术管理工作同成品质量的关系颇为密切。首先是严格掌握室内和缸内温度，一般控制在 20～24℃。灌料数天后（春秋季 10～13d，夏季 6～7d，冬季 8～10d），室内温度可提高到 25～27℃，以便加速料液向蛋内渗透，促进成熟。待浸渍 15d 左右，温度可稍降低，以减缓料液进入蛋内，使变化过程缓和。其次是勤观察，勤检查。必须有专人负责，每天检查蛋的变化、温度高低、汤料多少等，并随时记录，以便能发现问题及时解决。在此期间要进行 3～4 次检查。

第一次检查时间为鲜蛋下缸后 7d。用灯光透视时，蛋黄贴蛋壳一边，类似鲜蛋的红搭壳、黑搭壳，蛋白呈阴暗状，说明凝固良好。剥开，可见蛋已凝固，但颜色未变。如还像鲜蛋一样，说明料性太淡，要及时补料。如整个蛋大部分发黑，说明料性过浓，必须提早出缸。

第二次检查时间为鲜蛋下缸后 15d 左右，可以剥壳检查，此时蛋白已经凝固，蛋白表面光洁，褐中带青，全部上色，蛋黄已变成褐绿色。

第三次检查时间为鲜蛋下缸后 20d 左右，剥壳检查，蛋白凝固很光洁，不粘壳，呈墨绿色和棕褐色，蛋黄呈绿褐色，蛋黄中线呈淡黄色溏心。此时如发现蛋白烂头和粘壳现象，说明料液太浓，必须提早出缸。如发现蛋白软化，不坚实，表示料性较弱，宜推迟出缸时间。溏心松花蛋成熟时间一般为 21～25d，气温高，时间短些，气温低则时间稍长，经检查已成熟的松花蛋可以出缸。

7. 出缸　蛋白凝固硬实有弹性，色泽为茶红色，蛋黄有 1/3～1/2 凝固，溏心颜色不再有鲜蛋的黄色时即可出缸。

出缸后将松花蛋用清水洗净晾干（应避光），剔除破、次、劣质蛋，然后用残料拌和新鲜的泥土调成料泥，包裹在蛋上，然后再裹上一层谷壳，放入纸箱或竹筐中，室温下贮藏。也可用涂膜剂涂膜，装入纸箱或用小盒包装好在室温下避光贮藏。保存期间要注意不使料泥干裂，甚至脱落，否则会引起松花蛋变质。

五、结果与分析

破、次、劣质松花蛋的评价方法：

1. 观　即观察松花蛋的壳色和完整程度，剔除蛋壳黑斑过多蛋和裂纹蛋。

2. 颠　即将松花蛋放在手中抛颠起数次，好蛋有轻微弹性，反之则无。

3. 摇晃　即用手摇法，用拇指、中指捏住松花蛋的两端，在耳边上下摇动，若听不出声响则说明是好蛋，若听到内部有水流的上下撞击声，即为水响蛋，若听到只有一端发出水荡声则说明是烂头蛋。

4. 弹　用手指轻弹松花蛋两端，若发出柔软的“特、特”的声音则为好蛋，若发出比较生硬的“得、得”声即为劣蛋（包括水响蛋、烂头蛋等）。

5. 透视　用灯光透视，如照出松花蛋大部分呈黑色（墨绿色），蛋的小头呈棕色，而且稳定不动者，即为好蛋。如蛋内有水泡阴影来回转动，即为水响蛋。如蛋内全部呈黄褐色，并有轻微移动现象，即为未成熟的松花蛋。如蛋的小头蛋白过红，即为碱伤蛋。

6. 品尝　随机抽取样品松花蛋剥壳检验，先观察外形、色泽、硬度等情况。再用刀纵向剖开，观察其内部的蛋黄、蛋白的色泽、状态。最后用鼻嗅、嘴尝，评定其气味、口味。了解松花蛋的质量，总结加工经验。出缸前取数枚松花蛋，用手颠抛，蛋回到手心时有震动感。用灯光透视蛋内呈灰黑色。剥壳检查蛋白凝固、光滑、不粘壳，呈墨绿色，蛋黄中央呈溏心即可出缸。

松花蛋的质量评价按表 1-3-20 进行。

表 1-3-20　松花蛋的感官指标评价

项目	品质要求	最高评分	品质评价结果			
			给分			情况说明
			1	2	3	
蛋壳外观	蛋壳完整、壳色无黑斑和裂纹	20 分				
组织状态	用手颠抛，蛋回到手心时有震动感	20 分				
切面颜色	蛋白呈带松针的墨绿色、均匀微透明，蛋黄中央呈溏心	30 分				
口味	具有松花蛋特有的滋味，没有强烈的碱味	30 分				

六、思考题

1. 使用氢氧化钠的目的是什么？

2. 松花蛋中松花形成的原理是什么?

参考文献

潘道东．2012. 畜产食品工艺学实验指导［M］．北京：科学出版社．

（曹锦轩　宁波大学）

实验十五　咸蛋的制作

一、实验目的

通过实验，学生应了解裹灰法和盐泥涂布法加工咸蛋的工艺流程；掌握咸蛋腌制的基本原理和主要操作要点；掌握裹灰法和盐泥涂布法腌制咸蛋的关键技术；比较裹灰法和盐泥涂布法腌制咸蛋的优缺点。

二、实验原理

咸蛋主要是将鸭蛋或鸡蛋用食盐腌制，在腌制过程中，通过食盐透过蛋壳的气孔、蛋壳膜、蛋白膜和蛋黄膜逐渐向蛋白及蛋黄渗透、扩散，使蛋获得一定防腐能力，改善风味的一类盐腌制品。

三、实验材料与仪器设备

鸭蛋或鸡蛋、食盐、稻草灰、黄泥、水、缸或坛、照蛋器。

四、实验步骤

（一）裹灰法腌制咸蛋

1. 工艺流程

新鲜禽蛋⟶拣选、分级
稻草灰⟶配料、打浆
（合并）⟶提浆、裹灰⟶装缸、密封⟶成熟、贮存⟶成品

2. 操作要点

（1）配料、打浆　鸭蛋或鸡蛋 100 枚、草木灰 2kg、食盐 0.6kg、水 1.3kg。打浆前，先将食盐倒入水中溶解，然后将盐水全部倒入打浆机中，加入 2/3 用量的稻草灰充分搅拌约 10min，再将余下的稻草灰分两次加入并搅拌均匀，制成稻草灰浓浆。

（2）提浆、裹灰　将选好的蛋用手在灰浆中翻转 1 次，使蛋壳表面均匀粘上一层约 2mm 厚的灰浆，然后将蛋置于干稻草灰中裹草灰，裹灰的厚度约 2mm。裹灰后将灰料用手捏紧，使其表面平整、均匀一致。

3. 装缸、密封　裹灰、捏灰后的蛋尽快装缸密封。装缸时，应轻拿轻放，叠放应牢固、整齐，防止因操作不慎使蛋外的灰料脱落或将蛋碰裂而影响产品品质。

4. 成熟与密封　咸蛋的成熟期在夏季为 20～30d，春、秋季为 40～50d。咸蛋成熟后，一般应置于库温 25℃以下，空气相对湿度 85％～90％的库房中贮存。

（二）盐泥涂布法腌制咸蛋

1. 工艺流程

新鲜鸭蛋或鸡蛋⟶拣选⟶配料、拌盐泥⟶涂盐泥⟶装缸、密封⟶成熟⟶成品

2. 操作要点

（1）配料、拌盐泥　鸭蛋或鸡蛋100枚、食盐0.8kg、干黄土0.9kg、冷开水0.4kg。将食盐放入容器中用冷开水溶解，然后加入经晒干、粉碎的黄土，搅拌成糊浆状，也可用湿黄泥调配。盐泥浆浓稠程度以取一枚蛋放入泥浆中，若蛋1/2沉入泥浆、1/2浮于泥浆上面为适度。

（2）涂盐泥、装缸、密封　将拣选合格的蛋放于盐泥浆中，每次3～5枚，使蛋壳全部粘满盐泥，然后取出放入缸或塑料袋中，最后将剩余的盐泥浆倒在蛋上，盖好盖子封口，存放20～40d即为成品。

五、结果与分析

1. 质量鉴定方法

（1）透视检验　抽取腌制好的咸蛋，洗净后放到照蛋器上，用灯光透视检验。腌制好的咸蛋透视时，澄清透光，蛋白清澈如水，蛋黄鲜红并靠近蛋壳；将蛋转动时，蛋黄随之转动。

（2）摇振检验　将咸蛋握在手中，放在耳边轻轻摇动。成熟的咸蛋摇动时会感到蛋白流动，并有拍水的声响。

（3）破壳检验　将咸蛋洗净后打开蛋壳，倒入盘内，观察其组织状态。成熟好的咸蛋，蛋白与蛋黄分明，蛋白呈水样，无色透明，蛋黄坚实、呈珠红色。

（4）煮制剖视　品质好的咸蛋，煮熟后蛋壳完整，煮蛋的水洁净透明。用刀将煮熟的咸蛋纵切开，观察其组织状态。品质优的咸蛋，蛋白鲜嫩洁白，蛋黄坚实、呈珠红色，蛋黄边缘有露水状油珠；品尝时咸淡适中，鲜美可口，蛋黄发沙。

2. 实验结果与分析　将实验结果与分析记录于表1-3-21。

表1-3-21　咸蛋制作实验结果与分析

<table>
<tr><th colspan="2">腌制方式</th><th>裹灰法腌制</th><th>盐泥涂布法腌制</th></tr>
<tr><td colspan="2">工艺流程</td><td></td><td></td></tr>
<tr><td colspan="2">工艺参数描述</td><td></td><td></td></tr>
<tr><td rowspan="5">产品品质描述</td><td>透视检验</td><td></td><td></td></tr>
<tr><td>摇振检验</td><td></td><td></td></tr>
<tr><td>破壳检验</td><td></td><td></td></tr>
<tr><td>煮制剖视</td><td></td><td></td></tr>
<tr><td>实验失败原因分析</td><td></td><td></td></tr>
<tr><td rowspan="2">结果分析</td><td>实验注意事项</td><td></td><td></td></tr>
<tr><td>改善产品质量的思路和措施</td><td></td><td></td></tr>
</table>

六、思考题

1. 腌制咸蛋的机理是什么？
2. 食盐腌制咸蛋的过程中蛋发生了哪些变化？
3. 裹灰法和盐泥涂布法腌制咸蛋的品质区别有哪些？
4. 裹灰法和盐泥涂布法腌制咸蛋时在质量控制方面应分别注意哪几点？

参 考 文 献

周光宏，张兰威，李洪军，等.2002. 畜产食品加工学［M］. 北京：中国农业大学出版社.

（周志　湖北民族学院）

实验十六　糟蛋的制作

一、实验目的

通过实验，了解浙江平湖糟蛋和四川叙府糟蛋制作的工艺流程；掌握糟蛋加工保藏的基本原理及其品质形成的机理；掌握糟蛋加工的主要操作要点和关键技术；比较平湖糟蛋和叙府糟蛋品质的优缺点。

二、实验原理

糟蛋是鲜蛋在糟渍过程中，蛋内容物与糯米酒糟中醇、酸、糖等物质发生一系列物理和化学反应而形成的蛋糟制品。酒糟中的酒精有防腐作用，并能使蛋白、蛋黄发生变性凝固，使产品产生浓郁醇香味；酒糟中的糖类使糟蛋略带甜味；酒糟中的酸和醇通过酯化作用使制品形成芳香风味；加入的食盐具有脱水、防腐、调味、帮助蛋白凝固和使蛋黄起油的作用。

三、实验材料与仪器设备

鸭蛋、糯米、酒药（又称酒曲，包括绍药、甜药和糠药 3 种）、食盐、红砂糖、陈皮、花椒、水、盆、坛等。

四、实验步骤

（一）平湖糟蛋的制作

平湖糟蛋原产于浙江省平湖县，至今有 200 多年的历史。该产品蛋白呈乳白色胶冻状，蛋黄为橘红色半凝固体，蛋质柔软；食之沙甜可口，滋味醇和鲜美，香味浓郁。

1. 工艺流程

新鲜鸭蛋→拣选→酿酒制糟→击蛋破壳→装坛糟渍→封坛成熟→成品

2. 操作要点

（1）酿酒制糟　按 100 枚蛋用糯米 9.0～9.5kg 的投料量称取糯米，洗净，放入缸中用冷水浸泡 24h 左右，然后将米蒸熟，蒸饭的程度以出饭率 150％左右为宜，要求饭粒松散，无白心，透而不烂。蒸熟后的饭粒随即用清水冲淋降温至30℃时沥干明水，然后将酒药与饭粒拌匀（每50kg糯米所蒸成的饭粒，加绍药0.3kg和甜药0.16kg），盛装于清洁干燥的缸内，盖好缸盖，在35℃条件下保温20～30h，即可出酒糟。成熟后的酒糟色白、味略甜、香气浓郁，乙醇含量可达15%左右。

（2）击蛋破壳　将拣选的鲜蛋洗净、晾干，取蛋放在左手掌中，右手持竹片从蛋的大头部轻轻敲击至蛋的小头为止，使蛋壳产生轻微的裂纹，便于酒糟中的醇、酸、糖等成分的渗入。击蛋时用力轻重要适当，做到壳破而膜不破。

（3）装坛糟渍　装坛时按鸭蛋100枚、酒糟12kg、食盐1.8kg的用料比例进行。将坛洗净后用蒸汽消毒灭菌，晾凉后备用。先将坛底铺一层成熟的酒糟，再将蛋依次排紧（蛋大头向上，竖直摆放），然后按一层酒糟一层蛋的方式装坛，最上一层应再铺一层酒糟，酒糟上最后撒上一层盐。

（4）封坛成熟　传统的封坛方法是用猪血将2张牛皮纸粘上，密封坛口，外面再用箬竹叶包在牛皮纸上后用麻线扎紧。从蛋入坛到糟蛋成熟约需5个月，其间应逐月抽样检查以保证糟蛋的质量。

（二）叙府糟蛋的制作

叙府糟蛋原产于四川省宜宾市，至今有100多年历史。该产品蛋型饱满完整，蛋白呈黄红色，蛋黄红色油亮，滋味甘美，醇香浓郁，回味悠长。

1. 工艺流程

新鲜鸭蛋⟶预处理⟶配料装坛⟶翻坛去壳⟶白酒浸泡⟶加料装坛⟶再次翻坛⟶成品

2. 操作要点

（1）预处理　包括选蛋、洗蛋、酒糟酿制和击蛋破壳等工序。这些工序与加工平湖糟蛋相应工序的做法相同。

（2）配料装坛　按鲜鸭蛋10kg、甜酒糟5kg、红砂糖1kg、白酒1kg、食盐1.5kg，陈皮、花椒适量的用料比例进行。将坛洗净后用蒸汽消毒灭菌，晾凉后备用。先将上述辅料混匀，在坛底铺一层拌有辅料的酒糟，再将蛋依次排紧（蛋大头向上，竖直摆放），然后按一层酒糟一层蛋的方式装坛，最上一层应再铺一层酒糟，酒糟上最后撒上一层盐。

（3）翻坛去壳　在糟渍3个月左右，将蛋取出剥净蛋壳。剥壳时注意不要将蛋壳膜剥破。

（4）白酒浸泡　将去壳的蛋放入白酒坛中浸泡约2d。此时蛋白、蛋黄全部凝固，蛋壳膜稍有膨胀而不破裂。

（5）加料装坛　装坛时除用原来拌有辅料的酒糟外，另加红砂糖0.1kg、食盐0.05kg、陈皮2.5g、花椒2.5g、熬糖0.2kg（红砂糖加水熬至起糖丝为止）。将上述辅料充分混匀后与蛋一起，按一层糟一层蛋的方法装坛密封，置于阴凉干燥处保存。

（6）再次翻坛　糟渍至4个月左右，需再次翻坛。即将上层蛋移到下层，下层蛋移到上层，然后密封贮存。从加工开始到糟蛋成熟需10～12个月。

五、结果与分析

糟渍过程中的变化情况，平湖糟蛋应每1个月取样描述一次，叙府糟蛋应每2个月取样描述一次。主要从蛋壳裂缝的变化情况、蛋壳与蛋壳膜及蛋白膜的分离情况、蛋白和蛋黄的呈色情况和凝胶状况以及产品的风味等方面描述，结果记录于表 1-3-22。

表 1-3-22　糟蛋制作实验结果与分析

产品类别		平湖糟蛋	叙府糟蛋
工艺流程			
工艺参数描述			
糟渍过程中的变化	第一个月/第二个月		
	第二个月/第四个月		
	第三个月/第六个月		
	第四个月/第八个月		
	第五个月/第十个月		
产品质量描述			
结果分析	实验失败原因分析		
	实验注意事项		
	改善产品质量的思路和措施		

六、思考题

1. 糟蛋品质形成的机理是什么？
2. 糟蛋加工保藏的原理是什么？
3. 平湖糟蛋和叙府糟蛋的品质区别有哪些？
4. 平湖糟蛋和叙府糟蛋加工时在质量控制方面应分别注意哪几点？

参　考　文　献

周光宏，张兰威，李洪军，等 . 2002. 畜产食品加工学［M］. 北京：中国农业大学出版社 .

（周志　湖北民族学院）

第四章　食品焙烤工艺实验

实验一　蛋糕的制作

一、实验目的

通过实验使学生熟识和掌握蛋糕制作的工艺流程、工艺参数及其加工技术。

二、实验原理

将鸡蛋和面粉通过搅拌混匀，同时混入空气使蛋糕变得膨松，通过烘烤使蛋糕成熟并固定蛋糕的膨松结构，使蛋糕松软可口。

三、实验材料与仪器设备

鸡蛋 6 200g、水 450g、泡打粉 40g、白砂糖 2 500g、奶粉 150g、低筋粉 2 300g、色拉油 800g、淀粉 400g、装饰蛋黄 200g、食盐 40g、蛋糕起泡剂 240g、不锈钢容器、打蛋机、天平、烤箱。

四、实验步骤

（一）工艺流程

鸡蛋去壳⟶搅拌面粉等原料⟶搅拌起泡剂⟶加奶和油⟶均分、铺盘⟶烘烤⟶冷却

（二）操作要点

（1）将去壳的鸡蛋、白砂糖中速搅拌 3min 至糖化。

（2）加入过筛的低粉、淀粉、泡打粉、食盐慢速搅拌 1min。

（3）加入蛋糕起泡剂快速搅拌 5min 将蛋糊打发（用手勾起流速很慢）。

（4）将奶粉溶解于水中慢速搅拌 1min，加入油慢速搅拌 2min。

（5）将蛋糕糊平均分成 5 份，每份 2 500g，倒入烤盘铺平，挤上蛋黄用筷子画成虎皮状入炉烘烤。

（6）烘烤温度 220℃/170℃，时间 18min。

（7）冷却整形：长 6.5cm、宽 6.0cm、厚 3.0cm。

五、结果与分析

1. 实验结果记录于表 1-4-1。

表 1-4-1　蛋糕制作原料消耗记录

实验日期	原料重量/kg	不合格重量/kg	每个蛋糕重量/g	每个蛋糕能量/kJ	备注

2. 根据市场原料价格计算每个蛋糕的成本价格。

六、思考题

1. 泡打粉的主要成分是什么？加入有何作用？
2. 蛋糕起泡剂的主要成分是什么物质？
3. 搅拌速度过快对蛋糕的品质有何影响？

参 考 文 献

马涛. 2007. 焙烤工艺学［M］. 北京：化学工业出版社.
张国志. 2006. 焙烤食品加工机械［M］. 北京：化学工业出版社.

（谭正林　湖北经济学院）

实验二　酥性饼干的制作

一、实验目的

掌握酥性饼干生产的制作原理、工艺流程和制作方法，掌握酥性饼干的特性和有关食品添加剂的作用及使用方法，加强理论知识和实际操作的联系。

二、实验原理

酥性饼干油糖与面粉比为1∶2，油糖含量较高，属于一般甜性饼干。

酥性饼干是面粉在其反水化的条件下被调制成面团，该面团具有可塑性良好、黏弹性有限、操作中面皮结合有力、不黏辊筒和模型、半成品有良好的花纹且保持能力强、不收缩变形、烘烤后有一定胀发力的特性，最后经成型、烘烤后得到产品。反水化作用、配料次序和加淀粉是酥性饼干制作中的重点。

1. 酥性面团调制　酥性面团俗称“冷粉”（调粉结束后温度较低）。

（1）面团形成的机制　面粉、糖、油的不同作用。

（2）反水化作用　阻碍吸水胀润形成面筋的一种作用。

（3）作用物　糖和油。可塑性增强。

2. 配料次序　使面粉在一定浓度的糖浆及油脂存在下吸水胀润，限制其面筋形成程度。先将糖、油等辅料混匀，再加面粉，否则达不到控制使之有限胀润的目的。且调制过程中不再加水，特别是在快要调制完成时不能加水，否则形成的面筋增多，且易造成面团发黏无法操作。

3. 淀粉的作用　稀释面筋的作用，可控制面筋形成。

三、实验材料与仪器设备

糕点粉（0.5kg）、白砂糖（0.25kg）、食用油（0.25kg）、淀粉（80g）、起酥油（25g）、全脂奶粉（15g）、泡打粉（5g）、食用碳酸氢铵（15g）、鸡蛋（50g）、食盐（0.6g）、水

(60mL)、烤炉、面盆、烤盘、帆布手套、台秤等。

四、实验步骤

(一) 工艺流程

称重→预处理→混合→面团调制→辊压→成型→烘烤→冷却→整理→包装

(二) 操作要点

1. 过筛　将制作的面粉过筛，结块的要压碎。

2. 配料　按照配方将各种物料称好，先加入鸡蛋、白砂糖与水充分搅拌使糖溶化，再加入食用油、起酥油、盐、食用碳酸氢铵、泡打粉等，于搅拌机中搅拌均匀，最后加入混合均匀的面粉、奶粉、淀粉等，搅拌3～5min，搅匀为止，不宜多搅。

3. 辊压　将搅好的面团放置3～5min后，置于烤盘上，用面轧筒将面团碾压成薄片，然后折叠为4层，再进行碾压，2～3次，最后压成厚度为2～3mm均匀薄片。

4. 成型　用饼干模子压制饼干坯，并将头子（面团用饼干模具分割成型后剩余的碎面）与饼干坯分离，再进行碾压和成型。

5. 装盘　将烤盘放入指定位置。生坯摆放不可太密，间距应均匀。

6. 烘烤、出炉　放入预热到220～240℃的烤箱中，烘烤3～5min，至饼干表面呈微红色后出炉。

7. 冷却　烤盘出炉后应迅速用刮刀将饼干铲下，并置于冷却架上进行冷却。

五、结果与分析

1. 感官指标

(1) 色泽　表面、边缘和底部均呈均匀的浅黄色到金黄色，无阴影，无焦边，有油润感。

(2) 形态　块形齐整，薄厚一致，花纹清晰，不缺角，不变形，不扭曲。

(3) 组织结构　组织细腻，有细密而均匀的小气孔，无杂质。

(4) 气味和滋味　甜味纯正，酥松香脆，无异味，口感酥化。

2. 实验结果　记录于表1-4-2。

表1-4-2　酥性饼干感官评价

实验日期	色泽	形态	组织结构	气味和滋味	综合评价	备注

3. 根据实验生产的饼干质量，分析实验成败的原因。

六、思考题

1. 酥性糕点加工中应注意哪些问题?

2. 为什么不能用高筋面粉制作酥性糕点?

3. 影响酥性饼干组织状态的因素有哪些?

4. 酥性饼干机的成型原理是什么?

参　考　文　献

陈凤莲．2009. 小米酥性饼干的配方研究［J］．食品研究与开发，30（6）：78-81.
李里特．2000. 烘焙食品工艺学［M］．北京：中国轻工业出版社．
马涛．2008. 饼干生产工艺与配方［M］．北京：中国轻工业出版社．
蔡晓雯．2011. 烘烤食品加工技术［M］．北京：科学出版社．

（李海芹　王茂增　河北工程大学）

实验三　韧性饼干的制作

一、实验目的

掌握韧性饼干制作的基本原理、工艺流程及操作要点，加强理论知识和实际操作的联系。

二、实验原理

面粉在其蛋白质充分水化的条件下被调制成面团，经辊轧的机械作用形成具有较强延伸性、适度的弹性、柔软而光滑并具有一定的可塑性的面带，经成型、烘烤后得到产品。水化作用、冲印成型、面团温度和含水量是韧性饼干制作中的关键控制点。

1. 水化作用　面筋蛋白质吸水胀润，形成面筋网络结构的作用。

2. 冲印成型　冲印成型面团加水量大于辊印面团，否则辊压成片时会因黏弹性和结合力过低而易断片、头子分离困难等无法操作。

3. 韧性面团调制　韧性面团俗称“热粉”（调制完毕时温度较酥性面团高），要求面团延伸性强、弹性适度、有一定程度的可塑性、柔软而光滑。

4. 面团温度　韧性面团的温度要求较高，一般在38～40℃，为达到该温度，在冬天常使用85～95℃的热糖浆直接冲入面粉中，以此来提高温度，同时可使面筋蛋白质变性凝固，降低面筋形成量，面团弹性也降低，有利于第二步调粉的完成。

5. 面团加水量　这类面团，糖、油用量少，面粉易吸水形成面筋。加水量稍大，调制的面团稍软，可以使弹性降低，延伸性增强，可缩短调粉时间，且面质光洁度好，不易断裂。一般面团含水量应在8%～21%。

三、实验材料与仪器设备

面粉（4 000g）、白砂糖（600g）、食用油（400mL）、奶粉（200g）、食盐（20g）、香兰素（5g）、碳酸氢钠（20g）、碳酸氢铵（泡打粉，20g）、饼干机、和面机、烤箱、烤盘、天平和烧杯等。

四、实验步骤

（一）工艺流程

原辅料预处理⟶调粉⟶辊轧⟶成型⟶烘烤⟶冷却⟶包装⟶成品

（二）操作要点

1. 原辅料预处理　将糖、奶粉、食盐、香兰素、碳酸氢钠、碳酸氢铵等原料加水

800mL 溶化。

2. 调粉　将面粉、辅料溶液、食用油和 200mL 水倒入和面机中，和至面团手握柔软适中、表面光滑油润、有一定可塑性而不黏手即可。

3. 辊轧　将和好后的面团放入饼干机的辊轧机，多次折叠、反复并旋转 90°辊轧至面带表面光泽、形态完整即可。

4. 成型　通过饼干机压模将面带成型。

5. 烘烤　将饼干放入刷好油的烤盘中，入烤箱 180～220℃烘烤 8～10min。

6. 冷却、包装　将烤熟的饼干从烤箱中取出，冷却至常温，包装后即为成品。

五、结果与分析

1. 感官指标

（1）形态　外形完整、花纹清晰、厚薄基本均匀、不收缩、不变形、不起泡、不得有较大或较多的凹底。

（2）色泽　呈棕黄色或金黄色或该品种应有的色泽，色泽基本均匀，表面略带光泽，无白粉、无过焦、过白的现象。

（3）组织结构　内部结构紧密，有明显的层次，无杂质。

（4）滋味与口感　具有该品种应有的香味，无异味。口感松脆细腻，不黏牙。

2. 实验结果　记录于表 1-4-3。

表 1-4-3　韧性饼干感官评价

实验日期	色泽	形态	组织结构	气味和滋味	综合评价	备注

3. 根据你的饼干质量，分析实验成败的原因。

六、思考题

1. 面团调制时需要注意哪些问题？
2. 韧性饼干的成型原理是什么？
3. 韧性饼干和酥性饼干有哪些区别？
4. 韧性饼干的发展趋势是什么？

参 考 文 献

李里特．2000. 烘焙食品工艺学［M］．北京：中国轻工业出版社．

李梦琴．2008. 高蛋白韧性饼干的研制［J］．粮油加工（11）：106-108.

王敏．2002. 影响韧性饼干断裂现象的因素［J］．粮油加工与食品机械（2）：43-44.

李殿鑫，戴远威，姜文联．2012. 香椿韧性饼干的研制［J］．安徽农业科学（34）：16795-16798.

（李海芹　王茂增　河北工程大学）

实验四　苏打饼干的制作

一、实验目的

掌握苏打饼干制作的原理和一般过程，了解苏打饼干的制作要点。

二、实验原理

苏打饼干是以面粉为主要材料，酵母为发酵剂，加入疏松剂及其他辅料，经发酵、成型、烘烤制成的内部组织疏松、层次分明且具有酵母发酵食品香味的一类饼干。其中影响面团中酵母发酵的因素、辊轧是苏打饼干制作中的控制要点，一般采用二次发酵。

1. 影响面团中酵母发酵的因素

（1）*面团温度*　温度控制是很重要的，与面筋形成有关；与面筋的酶解有关；与酵母的生长有关。发酵适温为28～32℃；第二次发酵则主要是发酵产气，故温度可控制较高，在28～33℃（应避免产酸菌污染）。

（2）*加水量*　加水量少，面团硬，发酵慢，成品不疏松；加水量多，面团过软，发酵快，面团体积大，但弹性过低，抗胀力弱，制品反更僵硬，因此加水量应适当，应根据粉质和发酵程度来确定。

（3）*用盐量*　盐可增加面筋弹性和韧性，可提高面团的膨胀力，也是淀粉酶的活化剂，提高淀粉糖化率，抑制杂菌污染，但也同样会抑制酵母繁殖，使用量不宜过高，一般为1.8％～2.0％。

食盐常分两次加入，第二次调粉用30％，另70％的量在油酥中加入。

（4）*加糖量*　少量糖会促进酵母繁殖和发酵，用量大则抑制酵母发酵，一般可在第一次发酵时加0.5％～1.5％的饴糖。

（5）*用油量*　油脂主要使制品酥松和表面油润有光泽，但对酵母生长有强烈抑制作用，液体油较固体脂更甚，因此苏打饼干中常用猪油和固体起酥油。若用量过高可在辊轧时将油、盐和部分面粉制成油酥加入。

2. 苏打饼干生产必须经辊轧操作

（1）通过合理的辊轧和转向，使调粉时因无定向的运动所产生的不均衡张力得到消除，可导致面片弹性减弱不变形（保型性好），便于冲印成型。

（2）通过辊轧使调粉时面团包含的空气均匀地分布，尤其是发酵面团中过剩的二氧化碳气体排出，使面带结构均匀而细腻，烘烤后无大孔洞，并且由于不断的折叠操作，使面带产生层次，制品有较好的胀发度和松脆性。从外观来看，一个重要的特征就是由于多次辊轧会使表面有光泽，形态完整，冲印后花纹保持能力增强，色泽均匀。

三、实验材料与仪器设备

面粉（100kg）、小苏打（1kg）、干酵母（2kg）、食盐（1.5kg）、植物油（14kg）、远红外电烤箱、发酵箱、搅拌机和压面机等。

四、实验步骤

（一）工艺流程

原辅料预处理⟶第一次调粉⟶第一次发酵⟶第二次调粉⟶第二次发酵⟶辊压⟶成型⟶烘烤⟶冷却⟶整理⟶包装⟶成品

（二）操作要点

1. 第一次调粉与发酵　首先把面粉过筛备用。取总发酵量50%的面粉放入搅拌机中，加入酵母和水，搅拌4min左右，然后放置在温度为28℃、相对湿度为75%～80%的环境中发酵5h。

2. 第二次调粉与发酵　在第一次发酵好的面团中加入剩余的面粉，再加入油脂、精盐和水等辅料，最后加入小苏打，在搅拌机中搅拌5min左右，置于温度为28℃、相对湿度为75%～80%的环境中发酵2～4h。

3. 压面与包油酥　将油脂和精盐混合均匀，制成油酥备用。把发酵好的面团放到压面机中先压7次、折叠4次，包入油酥，再压6次、折叠4次。将面团压至纯滑，形成数层均匀的油酥层便可。

4. 成型与烘烤　把面团压成2mm厚的面块，然后切成大小均匀的长条状，放进烤盘中，再在面片上打上分布均匀的针孔，放到烘炉中进行烘烤。

烘烤初期把底火调为250℃、面火为220℃，中期把面火逐渐升高至250℃、底火逐渐降低至220℃，最后阶段把底火和面火都降至200℃，烘烤大约10min，至饼干呈金黄色。

5. 冷却与包装　待烘烤好的饼干完全冷却后，再进行包装。

五、结果与分析

1. 感官指标

（1）色泽　表面呈乳白色至浅黄色，起泡处颜色略深，底部金黄色。

（2）形态　片形整齐，表面有小气泡和针眼状小孔，油酥不外露，表面无生粉。

（3）组织结构　夹酥均匀，层次多而分明，无杂质，无油污。

（4）滋味与口感　口感酥、松、脆，具有发酵香味和本品种固有的风味，无异味。

2. 实验结果　记录于表1-4-4。

表1-4-4　苏打饼干感官评价

实验日期	色泽	形态	组织结构	气味和滋味	综合评价	备注

3. 根据你的饼干质量，分析实验成败的原因。

六、思考题

1. 苏打饼干加工中应注意哪些问题？
2. 一次发酵和二次发酵苏打饼干有什么区别？今后的发展趋势是什么？
3. 苏打饼干为什么在辊轧时加入油酥？
4. 苏打饼干的成型原理是什么？

参　考　文　献

韩明，曾庆孝，杜丽华，等.2005. 玉米苏打饼干的工艺研究［J］. 粮油加工与食品机械（1）：71-72.
张清秀.2006. 玉米苏打饼干的制作［J］. 农产品加工（1）：35-36.
李道龙.1997. 苏打饼干的制作技术（上）［J］. 食品工业（6）：18-20.
卢智.2012. 锌强化苏打饼干的加工工艺研究［J］. 食品工程（2）：19-20.
刘焕云，李敬，丁凤娟.2007. 荞麦保健梳打饼干的工艺研究［J］. 粮油食品（6）：126-128.

（李海芹　王茂增　河北工程大学）

实验五　面包的制作

一、实验目的

通过实验使学生熟识和掌握面包制作的工艺流程、工艺参数及其加工技术。

二、实验原理

在一定的温度下经发酵，面团中的酵母利用糖和含氮化合物迅速繁殖，同时产生大量二氧化碳，使面团体积增大、结构疏松、多孔且质地柔软。

三、实验材料与仪器设备

高筋粉（2 500g）、酵母（20g）、面包改良剂（12g）、奶粉（100g）、黄油（250g）、鸡蛋（200g）、白砂糖（500g）、冰水（1 300g）、食盐（25g）、全蛋（150g）、芝麻（28g）、豆沙（280g）、醒发箱、烤箱、天平、烧杯、面盆等。

四、实验步骤

（一）工艺流程

制作老面⟶扩展面筋⟶面团分割、醒发⟶烘烤

（二）操作要点

1. 制作老面　将过筛的高筋粉、酵母、冰水各取其 2/3 快速搅拌 5min 成团作为老面，放入温度约 35℃，相对湿度 75%的发酵室醒发 40min。

2. 扩展面筋　将剩余 1/3 的高筋粉、酵母、冰水以及面包改良剂、食盐、奶粉、鸡蛋、白砂糖连同老面放入和面机内慢速搅拌 5min，加入黄油慢速搅拌 15min 至面筋扩展。

3. 面团分割、醒发　将面团分割为每团 30g，搓圆，包入 20g 豆沙擀开，用刀片画 4 条线，横着卷起打个结入烤盘 24 个/盘，入温度为 38℃、相对湿度 75%的醒发室内醒发 120～150min。

4. 烘烤　将醒发好的红豆包刷上全蛋，撒上芝麻入炉烘烤，温度 210℃/190℃，时间 10min。

五、结果与分析

1. 将实验结果记录于表 1-4-5。

表 1-4-5　面包制作原料消耗记录

实验日期	原料重量/kg	不合格重量/kg	每个面包重量/g	每个面包能量/kJ	备注

2. 根据市场原料价格计算每个面包的成本价格。

六、思考题

1. 面包改良剂的主要成分是什么？加入有何作用？
2. 面筋是什么物质？
3. 搅拌速度过快对面包的品质有何影响？
4. 面团发酵的目的是什么？

参　考　文　献

马涛．2007. 焙烤工艺学［M］．北京：化学工业出版社．
张国志．2006. 焙烤食品加工机械［M］．北京：化学工业出版社．

（谭正林　湖北经济学院）

实验六　月饼的制作

一、实验目的

通过实验使学生熟识和掌握月饼制作的工艺流程、工艺参数及其加工技术。

二、实验原理

将糖浆与油、面粉混合，用枧水中和转化糖浆的酸度，经烘烤包装制成成品。

三、实验材料与仪器设备

低筋粉（550g）、糖浆（350g）、枧水（7g）、花生油（175g）、月饼馅料（2 000g）、天平、磨具、烤箱。

四、实验步骤

（一）工艺流程

原料混合搅拌⟶分割、包馅⟶成型⟶烘烤⟶冷却⟶包装

（二）操作要点

1. 混合、搅拌　将糖浆和枧水混合搅拌均匀，再把花生油分多次加入并搅拌均匀，最后加入低筋粉搅拌均匀。

2. 分割、包馅　将拌好的月饼皮分成 20g 一个小块，月饼馅料分割成 100g 一个小块，进行包馅。

3. 成型　将包好的月饼放入打饼机进行成型。

4. 烘烤　温度为 210℃/170℃，时间为 25min。

5. 冷却和包装　烘烤后出炉，待冷却后再进行包装。

五、结果与分析

1. 将实验结果记录于表 1-4-6。

表 1-4-6　月饼制作原料消耗记录

实验日期	原料重量/kg	不合格重量/g	每个月饼重量/g	每个月饼能量/kJ	备注

2. 根据市场原料价格计算每个月饼的成本价格。

六、思考题

1. 枧水的主要成分是什么？加入有何作用？
2. 如果使用高筋粉制作月饼对其质量有何影响？
3. 不同焙烤温度对月饼的品质、色泽有何影响？

参　考　文　献

赵征．2009. 食品工艺学实验技术［M］. 北京：化学工业出版社．

（谭正林　湖北经济学院）

第五章　饮料工艺实验

实验一　橙汁饮料的制作

一、实验目的

通过实验了解橙汁的制作方法，进一步掌握其制作原理，掌握橙汁饮料的配制方法。

二、实验原理

橙汁是指采用物理方法以橙果实为原料，可以使用少量白砂糖或酸味剂调整风味加工制成的可发酵但未发酵的汁液。橙汁饮料是指在橙汁或浓缩橙汁中加入水、白砂糖和（或）甜味剂、酸味剂等，经过脱气、均质、杀菌及灌装等加工工艺调制而成的饮料，可以加入柑橘类的囊胞，果汁含量（质量分数）不低于10%。

三、实验材料与仪器设备

甜橙、白砂糖、阿斯巴甜、甜蜜素、柠檬酸、苹果酸、羧甲基纤维素钠（CMC-Na）、异抗坏血酸钠、香精、山梨酸钾、食醋、柑橘榨汁机、高压均质机或胶体磨、纱布、温度计、折光计等。

四、实验步骤

（一）原橙汁的制作

1. 工艺流程

原料选择⟶清洗、分级⟶榨汁⟶过滤⟶调整⟶均质⟶脱气、脱油⟶巴氏杀菌⟶灌装⟶冷却⟶成品

2. 操作要点

（1）原料选择　用于橙汁加工的果实要求出汁率高，少核，果汁色泽鲜艳，气味芳香，风味浓郁，含糖量高，酸甜适度，无明显的苦、麻等异味，且有较好的浊度和稳定性，成熟度在九成以上。原料的园艺性状要求丰产、稳产、抗逆性强，易于栽培，生产成本低，早、中、晚熟品种配套，连续供应7个月以上。目前我国适合加工橙汁的甜橙品种主要有哈姆林、早金、锦橙、梨橙、特罗维塔、雪柑、冰糖橙、化州橙、大红甜橙、夏橙等。

（2）清洗、分级　先用清水或0.2%～0.3%高锰酸钾溶液浸泡20min，然后冲洗去果皮上的污物，捞起沥干。清洗后用分级机按大小分级备用。

（3）榨汁　甜橙经严格分级后用FMC压榨机。如无压榨机可用简易榨汁机或手工去皮取汁。榨汁前果实应去皮、去络、去囊衣，最好能除去种子，以免果汁带苦味。然后用普通榨汁机榨取汁液。

（4）过滤　将果浆放入20目振动筛中分离出果实碎片、种子等杂物，或用3～4层纱布过滤。榨汁机一般均附有果汁粗滤器，榨出的果汁经粗滤后能立即排除果渣及种子，因此，

无需另设粗滤器。

（5）调整　测定原汁的可溶性固形物含量和含酸量，将可溶性固形物含量调整至13%～17%，含酸量调至0.8%～1.2%。

（6）均质　均质是橙汁的必要工艺。高压均质机压力为18～19MPa，在此压力下果汁中所含粗大悬浮粒受压破碎，均匀稳定分布于汁液中。也可用胶体磨均质。

（7）脱气　甜橙榨汁时往往混入不少空气，溶解在果汁中的氧气会降低罐藏汁中的抗坏血酸含量，并使果汁风味变劣。因此，生产上一般都要进行脱气处理，以降低果汁中氧的含量。可采用真空脱气装置脱气（装罐后要进行杀菌处理），也可采取加热排气法，即用热交换器快速加热果汁至95℃维持30s（装罐后不再杀菌）。

（8）杀菌、灌装　采用巴氏杀菌，在15～20s内升温至93～95℃，保持15～20s，降温至90℃，趁热保温在85℃以上灌装于预消毒的容器中。

（9）冷却　装罐（瓶）后的产品应迅速冷却至38℃。

3. **注意事项**　甜橙果皮和种子中含有苦味物质，影响果汁风味，加工取汁工艺较复杂，一般可在去除果皮和种子后榨汁。橙汁属热敏感性果汁，加工和贮藏中易受热氧化，从而引起果汁风味和色泽变化。因此，加工中应尽量缩短果汁受热时间，成品贮存温度不能过高。

（二）10%橙汁饮料的配制

1. 工艺流程

原橙汁⟶调配⟶均质⟶灭菌⟶灌装⟶冷却⟶成品

参考配方见表1-5-1。

表1-5-1　橙汁饮料制作参考配方

原辅料名称	用量
鲜橙汁	100kg
白砂糖	40kg
甜蜜素	0.4kg
阿斯巴甜	0.4kg
柠檬酸	1.2kg
苹果酸	0.4kg
CMC-Na	3～5kg
异抗坏血酸钠	0.5kg
山梨酸钾	0.5kg
橙香精	0.05%
食醋	0.005%
净化水加至	1 000kg

2. **操作要点**

（1）调配　在调配缸中将白砂糖溶化后，加入用水调好的橙汁溶液、苯甲酸钠、酸味剂、甜味剂、香精等溶液，用水定容至所需刻度，搅拌均匀。

（2）均质　将调配好的料液加入均质机，在 20MPa 下进行均质。

（3）杀菌、灌装、冷却　将均质后的料液泵入灭菌机中，在 93～95℃下保持 30s 灭菌。

（4）灌装、冷却　灭菌后的饮料趁热装瓶，立即封盖，倒置 5～10min，迅速冷却至 40℃以下，即为成品。

五、结果与分析

产品在制作完成后进行感官评价，将评价结果填入表 1-5-2，并分析造成产品质量缺陷的原因及应采取的预防控制措施。

表 1-5-2　橙汁饮料产品质量评价表

分析	指标			
	色泽	滋味和气味	组织状态	杂质
质量标准	应具有橙汁应有的色泽，允许有轻微褐变	具有橙汁应有的香气及滋味，无异味	呈均匀液状，允许有果肉或囊胞沉淀	无肉眼可见外来杂质
对自己作品的评价				
分析造成产品质量缺陷的原因及应采取的预防控制措施				

六、思考题

1. 果汁常见的杀菌方法有哪些？
2. 果汁常见的质量问题有哪些？如何解决？
3. 甜橙在榨汁前应如何应去皮、去络、去囊衣？
4. 查资料，写出果肉果粒橙汁的加工工艺。

参　考　文　献

王泽华.2004. 橙汁与橘汁的加工方法［J］. 中国种业（2）：51.

赵晋府.2009. 食品工艺学［M］. 北京：中国轻工业出版社.

（王大红　武汉职业技术学院）

实验二　苹果汁饮料的制作

一、实验目的

掌握混浊型果汁饮料的加工方法。

二、实验原理

苹果经过破碎、榨汁后成原果汁，再经过脱气、均质、糖酸调配后成悬浮物颗粒细小而均匀的混浊型苹果汁饮料。苹果中含有多酚氧化酶，在破碎时添加抗坏血酸防止苹果中的多酚化合物氧化褐变。

三、实验材料与仪器设备

苹果、白砂糖、柠檬酸、苹果酸、抗坏血酸、破碎机、螺旋榨汁机、均质机、真空脱气机、水浴锅、玻璃瓶、压盖机（或旋盖机）等。

四、实验步骤

（一）工艺流程

原料⟶选果⟶清洗⟶破碎⟶榨汁⟶加热⟶均质⟶调配⟶灌装⟶杀菌⟶冷却⟶成品

（二）操作要点

1. 选果　剔除腐烂、病虫害、严重机械损伤等不合格的苹果。

2. 清洗　苹果浸泡后用流动水洗净。有局部病虫害、机械损伤的不合格苹果，用不锈钢刀修削干净，并清洗。合格的苹果切瓣去果心。如果去皮榨汁，要先削皮再修整。

3. 破碎　用不锈钢破碎机将苹果破碎成碎块，及时把碎块的苹果送入榨汁机。为防止多酚氧化酶引起褐变，破碎时可添加抗坏血酸护色。

4. 榨汁　用螺旋压榨机把破碎后的苹果榨出苹果汁。

5. 加热　榨出的苹果汁不宜存放，立即在水浴锅上加热灭酶，温度85℃，然后冷却到65℃。

6. 均质　以100～120kg/cm^{2}的压力进行均质。有条件的，在均质前宜先以80kPa以上真空脱气。

7. 调和　向上述果汁中加入70白利度的糖浆，调整果汁糖度为12～16白利度，再加入适量柠檬酸使成品含酸量为0.2%～0.6%。

8. 灌装与密封　将调和好的苹果汁装入玻璃瓶内。装瓶前果汁温度一般不低于70℃。使用金属罐时用封罐机密封；使用瓶装，根据不同瓶子的要求用压盖机或旋盖机密封。密封前果汁温度不低于65～70℃。

9. 杀菌　密封后的果汁在85℃的热水中杀菌，杀菌时间根据杀菌效果决定，一般在10min左右为宜。

10. 冷却　杀菌后的苹果汁立即转入冷水中快速冷却至常温。在使用玻璃瓶包装时，冷却水的温度不要太低，防止炸瓶。

五、结果与分析

产品在制作完成后进行感官评价，将评价的结果取平均值填入表1-5-3，并分析造成产品质量缺陷的原因及应采取的预防控制措施。

表 1-5-3　苹果汁饮料产品质量评价表

分析	指标			
	色泽	滋味和气味	组织状态	杂质
质量标准	应具有与苹果相符的色泽，且均匀一致	具有苹果应有的滋、气味。香气协调，滋味柔和，酸甜适口，无异味	混浊度均匀一致	无肉眼可见外来杂质
对自己作品的评价				
分析造成产品质量缺陷的原因及应采取的预防控制措施				

六、思考题

1. 苹果中果胶含量较高，影响出汁率，在苹果汁加工过程中，如何提高产品出汁率？
2. 在苹果汁加工过程中，如何防止果汁褐变？
3. 查资料，写出澄清型苹果汁的加工工艺。

参　考　文　献

许路村.1999. 40°Bx 混浊苹果汁加工工艺 [J]. 中国果菜 (3)：24.
赵晋府.2009. 食品工艺学 [M]. 北京：中国轻工业出版社.

（王大红　武汉职业技术学院）

实验三　混合果蔬汁饮料的制作

一、实验目的

通过实验使学生熟识和掌握混合果蔬汁饮料的调配原则及其制作的工艺流程及工艺参数，掌握混合果蔬汁生产过程中的操作要点。

二、实验原理

混合果蔬汁是利用不同种类的果蔬原料取汁，并以一定的配合比例进行混合，进而制成的一种果蔬汁产品。

三、实验材料与仪器设备

苹果、番茄、胡萝卜、白砂糖、柠檬酸、食盐、海藻酸钠、羧甲基纤维素钠、黄原胶、打浆机、测糖仪、温度计、杀菌锅等。

四、实验步骤

（一）工艺流程

苹果⟶清洗⟶去皮、去核⟶切块⟶打浆⟶榨汁⟶苹果汁
番茄⟶清洗⟶热烫⟶去皮⟶切块⟶打浆⟶榨汁⟶番茄汁
胡萝卜⟶清洗⟶去皮⟶切块⟶热烫⟶打浆⟶榨汁⟶胡萝卜汁
调配⟶均质⟶脱气⟶装瓶⟶杀菌⟶冷却⟶成品

（二）操作要点

1. 果蔬制汁

（1）苹果汁　取适度成熟、无腐烂及病虫害的苹果，洗净去皮、去核，切成边长 2cm 大小块状，将块状苹果及时放到 0.1%食盐水中护色。将苹果块放入 90℃热水中处理 2～6min，然后按料液比 1∶1 打浆，用 100 目尼龙布过滤。

（2）胡萝卜汁　取适度成熟、无腐烂及病虫害的胡萝卜，洗净，去皮，切成 3～4mm 薄片，投入含 0.5%柠檬酸的水中，蒸煮 5～8min。捞出后迅速冷却洗净。按料液比 1∶1 打浆，用 100 目尼龙布过滤。

（3）番茄汁　取适度成熟、无腐烂及病虫害的番茄，洗净。在 90～95℃下烫漂 2min。热烫后切成 5mm 厚的条状。按料液比 1∶1 打浆，用 100 目尼龙布过滤。

2. 配比　将苹果汁、胡萝卜汁、番茄汁按照一定比例混合。苹果汁 22%、番茄汁 9%、胡萝卜汁 17%；其他配料为蔗糖 10%、柠檬酸 0.15%；可选择加入复合稳定剂：海藻酸钠 1.2g/L、羧甲基纤维素钠（CMC-Na）0.4g/L、黄原胶 0.4g/L。

3. 调配　将蔗糖溶化后过滤待用。柠檬酸、稳定剂等配料分别溶解制成溶液，过滤后边缓慢搅拌边加入糖液中，然后将调和糖液与过滤后的果汁混合，补充纯净水至最终产品浓度。

4. 均质与脱气　将调配好的料液均质，再经热力脱气（100℃/5min），除去料液中氧气与异味，避免在后续阶段发生氧化反应。

5. 灌装、杀菌与冷却　均质好的料液定量灌装，封盖后采用 90℃杀菌 10min，然后冷却至室温。

五、结果与分析

产品质量指标：橙红色，光泽度好；具有浓郁苹果、胡萝卜、番茄芳香，香气协调；酸甜适口，口感细腻；均匀一致，无分层沉淀；可溶性固形物含量 12%～14%，总酸含量（以柠檬酸计）0.3%～0.4%，pH3.9 左右。

将实验结果记录于表 1-5-4、表 1-5-5 中。

表 1-5-4　果蔬汁调配记录

调配时间	配料品名及重量/kg	糖度（折射率）	pH

表 1-5-5　混合果蔬汁饮料成品品质记录

毛重/g	净重/g	果汁含量/%	可溶性固形物含量/%	总酸含量/%	pH	色泽	滋味和气味	杂质	综合评定

六、思考题

1. 简述果蔬原料热烫（预煮）的目的与方法。
2. 使果蔬汁饮料澄清的方法及原理是什么？
3. 简述果蔬汁饮料配制的原则和步骤。

参　考　文　献

蔺毅峰. 2006. 食品工艺学实验与检验技术［M］. 北京：中国轻工业出版社.
赵晋府. 2007. 食品工艺学［M］. 北京：中国轻工业出版社.
祝占斌. 2008. 果蔬加工技术［M］. 北京：化学工业出版社.
李秀娟. 2008. 食品加工技术［M］. 北京：化学工业出版社.

（陆柏益　浙江大学）

实验四　配制型含乳饮料的制作

一、实验目的

通过实验使学生熟识和掌握配制型含乳饮料制作的工艺流程及其加工方法。

二、实验原理

配制型含乳饮料是用一种用柠檬酸或果汁将牛乳的 pH 调整到酪蛋白的等电点以下（pH3.8～4.2）而制成的一种乳饮料，其风味俱佳，且富有营养。

三、实验材料与仪器设备

乳粉、蔗糖、柠檬酸钠、柠檬酸、稳定剂（最适宜的是果胶与其他稳定剂的混合物，如海藻酸丙二醇酯、耐酸性羧甲基纤维素等）、色素、香料、水、天平、量杯、煤气灶、锅、胶体磨、冷热缸、均质机、灌装机。

四、实验步骤

（一）工艺流程

原辅料处理→混合（蔗糖、稳定剂）→酸化→调和→均质→灌装→杀菌→冷却

（二）操作要点

1. 原辅料处理

（1）配方　乳粉 3%～12%，蔗糖 12%，柠檬酸钠 0.5%，柠檬酸适量（根据调 pH 至

3.8～4.2 的实际使用量确定)，稳定剂 0.35%～0.6%，色素适量，香料适量，水加至 100%。

(2) 乳粉的复原　用大约一半的 50℃左右的软化水来溶解乳粉，确保乳粉完全溶解。

(3) 稳定剂的溶解　一般将稳定剂与为其质量 5～10 倍的量的蔗糖预先干混，然后在高速搅拌下（2 500～3 000r/min)，将稳定剂和蔗糖的混合物加入到 70～80℃软化水中充分溶解，并经胶体磨分散均匀。

2. 混合　将溶解好的稳定剂与复原乳混合。

3. 酸化　调酸过程是配制型含乳饮料生产中最关键的步骤，成品的品质取决于调酸过程。调酸前先将牛乳的温度降至 20℃以下。为保证酸溶液与牛乳充分均匀地混合，配料罐应配备高速搅拌器，同时酸味剂用软化水稀释成 10%～20%溶液，缓慢地加入或泵入混料罐，通过喷洒器以液滴形式迅速、均匀地分散于混合料液中。加酸液浓度太高或过快，会使酸化过程形成的酪蛋白颗粒粗大，产品易出现沉淀现象。为了避免局部酸度偏差过大，可在酸化前在酸液中加入一些缓冲盐类如柠檬酸钠等。为保证酪蛋白颗粒的稳定性，在升温及均质前，应先将牛乳的 pH 降低至 4.0 以下。

4. 调和　酸化过程结束后，将香精、复合微量元素及维生素加入到酸化的牛乳中，同时对产品进行标准化定容。

5. 均质　为了提高乳饮料的稳定性必须进行均质，均质前应进行过滤，过滤后预热至 65～85℃，均质压力为 10～15MPa。

6. 灌装　用塑料包装瓶进行灌装。

7. 杀菌、冷却　装罐后在实验室可进行 72℃、15s 巴氏杀菌，杀菌后立即冷却至室温。

五、结果与分析

1. 按指定的配方制作配制型含乳饮料，并按表 1-5-6 进行记录。

表 1-5-6　配制型含乳饮料具体配方

项目	乳粉	蔗糖	稳定剂	柠檬酸	柠檬酸钠
质量/g					

配制型含乳饮料最终 pH：测定按上述配方制的饮料 pH 并记录。

2. 按表 1-5-7 进行配制型含乳饮料的品质评价。

表 1-5-7　配制型含乳饮料的品质评价

项目	品质要求	最高评分	品质评价结果			
			给分			情况说明
			1	2	3	
均质	无沉淀、分层	20 分				
香味	有牛奶和果汁的香气	20 分				
颜色	乳白色	30 分				
口味	酸甜可口，口感浓厚，具有该类产品的特有风味	30 分				

六、思考题

1. 如果产品出现沉淀、分层现象，其原因是什么？
2. 如果产品口感过于稀薄，其原因是什么？
3. 影响产品品质的主要原因有哪些？
4. 为什么酸化过程中要加柠檬酸钠？

参 考 文 献

马兆瑞，秦立虎．2010. 现代乳制品加工技术［M］．北京：中国轻工业出版社．

（廖国周　云南农业大学）

实验五　发酵型含乳饮料的制作

一、实验目的

通过实验使学生理解发酵型含乳饮料的定义和分类，熟识和掌握发酵型含乳饮料制作的工艺流程、工艺参数及其加工技术。

二、实验原理

发酵型含乳饮料是以鲜牛乳为原料，经乳酸菌培养发酵制得的乳液中，加入水、糖液等调制而制成的具有相应风味的活性或非活性乳酸菌饮料。

三、实验材料与仪器设备

原料乳、全脂奶粉、直投式酸奶发酵剂（丹麦汉森公司）、白砂糖、稳定剂、安赛蜜、山梨酸钾、柠檬酸、乳酸、香兰素（香精）、氢氧化钠（0.1mol/L）、酚酞指示剂、碱式滴定管（25mL）、滴定架、混料缸、高压均质机、恒温培养箱、高速搅拌机、温度计、pH计、电磁炉、灭菌锅、小型灌装机。

四、实验步骤

（一）发酵乳的制备

1. 工艺流程

全脂奶粉⟶溶解⟶标准化
原料乳 } ⟶均质⟶灭菌⟶冷却⟶接种⟶发酵⟶冷却⟶发酵乳

2. 操作要点

（1）*原料乳验收及预处理*　原料乳的酸度要求在18°T以下，杂菌数不得超过5×10^5cfu/mL，总干物质含量不得低于11.5%。特别注意不能使用病畜乳（比如乳房炎乳和含有抗生素、杀菌剂的牛乳）。将原料乳经纱布（4层，用沸水煮15min）滤入干净容器中。

（2）*标准化*　对原料乳的脂肪含量进行调整使其达到所要求的标准（一般脂肪含量为

3.1%，质量分数），如果原料乳的脂肪含量偏低，可将全脂奶粉配制成复原乳加入原料乳中，使原料乳的脂肪含量达到要求。

（3）*均质*　用于制作发酵乳的原料乳必须经过均质处理，使乳脂肪分散均匀，避免脂肪上浮现象的发生。原料乳经标准化以后，预热至60℃左右，然后在均质机中进行均质处理。一级均质压力控制在15～20MPa和二级均质压力控制在3.5～5.0MPa，或者都采用18～20MPa的均质压力。

（4）*灭菌*　将均质后的原料乳置于水浴上加热杀菌，杀菌温度要求为90～95℃，时间15min。经过灭菌后，原料乳中的杂菌基本上被杀灭，确保发酵过程中乳酸菌的正常生长和繁殖。

（5）*冷却*　将杀菌处理以后的原料乳移置于冷却水中迅速冷却至45℃左右，待接种。

（6）*接种*　取发酵乳质量0.02%的直投式酸奶发酵剂干粉，接入冷却至42℃左右的原料乳中，充分搅拌、混匀后，倒入经过灭菌的不锈钢容器中，等待发酵。

（7）*发酵*　将装有含乳酸菌牛乳的容器置于42℃恒温培养箱中发酵培养3～4h，达到凝固状态时即可终止发酵。

发酵终点可以按照如下条件进行判断：滴定酸度达到80°T以上；pH低于4.6；原料乳变得黏稠，流动性很差。

（8）*冷却*　发酵结束，应立即移入4℃左右的冰箱中，贮藏2～4h，即得到发酵乳。

（二）发酵型含乳饮料的制备

1. 工艺流程

白砂糖＋山梨酸钾＋安赛蜜＋稳定剂⟶杀菌⟶冷却
发酵乳⟶破乳
柠檬酸＋乳酸＋香兰素
（以上三者）⟶混合配制⟶预热⟶均质⟶灌装⟶杀菌⟶冷却⟶成品

产品配方：发酵乳35%、白砂糖4%、山梨酸钾0.03%、安赛蜜0.1%、稳定剂0.7%、柠檬酸0.15%、乳酸0.1%、香兰素0.003%。

2. 操作要点

（1）*破乳处理*　将制得的发酵乳在高速搅拌器中搅拌破乳10min，然后称取所需的发酵乳液，备用。

（2）*混合调配*

①将白砂糖、山梨酸钾、安赛蜜和稳定剂混合均匀，加入70～80℃的热水中，在高速匀浆机中匀浆剪切15～20min，使胶体溶解充分，然后进行巴氏杀菌（杀菌温度为60～63℃，时间为25～30min），杀菌后立即冷却至30℃左右，备用。

②将发酵乳液与上述胶液混合均匀，然后将稀释好的酸液（柠檬酸和乳酸）缓慢加入混合料液中，充分搅拌，将整个溶液的pH调整为3.8～4.2（加酸时温度不宜过高或过低，一般以30℃以下较为适宜），最后加入香兰素。

（3）*预热、均质*　将上述料液预热至50℃左右，然后在均质机中进行均质处理，采用18～20MPa的均质压力。

（4）*灌装、杀菌*　将均质后的料液先灌装至塑料瓶中，再进行巴氏杀菌，一般采用95～98℃、20～30min的杀菌条件。

（5）*冷却*　杀菌后立即放入冷水中冷却至室温，即得到成品。

3. 注意事项

（1）选择优质、新鲜的原料乳，必要时要对原料乳的新鲜度进行检验。

（2）发酵过程中严格无菌操作，尽量避免杂菌的污染。

五、结果与分析

品尝各组制作的发酵型含乳饮料，按照表 1-5-8 进行评价。

表 1-5-8　发酵型含乳饮料感官评价

评价指标	质量标准	分值	得分	总分
色泽	乳白色或乳黄色	20 分		
香气	具有本品应有的芳香气味，无异香	20 分		
滋味	酸甜适口，无异味	40 分		
组织表态	呈均匀、细腻的乳浊液，允许有少量沉淀，无气泡、无异物，无分层现象	20 分		

六、思考题

1. 根据发酵型含乳饮料的配方计算出原辅料的添加量。
2. 简述发酵型含乳饮料含制作中各种配料的作用及添加方法。
3. 检验制作的发酵型含乳饮料的品质是否达到要求，若未达到，分析其原因。
4. 如何解决发酵型含乳饮料分层的问题？

参　考　文　献

蔡健，常锋 . 2008. 乳品加工技术［M］. 北京：化学工业出版社 .

李晓东 . 2013. 乳品加工实验［M］. 北京：中国林业出版社 .

李凤林，崔福顺 . 2007. 乳及发酵乳制品工艺学［M］. 北京：中国轻工业出版社 .

（刘骞　东北农业大学）

实验六　花生牛奶饮料的制作

一、实验目的

通过实验使学生熟识和掌握花生牛奶饮料制作的工艺流程、工艺参数及其加工技术。

二、实验原理

花生牛奶饮料是以植物花生仁为原料，经加工、调配后，再经高压杀菌或无菌包装制得的乳状饮料。

三、实验材料与仪器设备

花生、全脂奶粉、白砂糖、香精、瓜尔豆胶、卡拉胶、蔗糖脂肪酸酯、高压均质机、磨浆机、胶体磨、恒温干燥箱、温度计、电磁炉、灭菌锅、小型灌装机。

四、实验步骤

（一）工艺流程

原料花生⟶烘炒⟶脱皮⟶浸泡⟶磨浆⟶分离⟶配料⟶煮浆⟶均质⟶灌装⟶杀菌⟶冷却⟶成品

（二）操作要点

1. 原料花生的选择　选用新鲜、饱满的花生，剔除杂质和变质，特别是霉变颗粒。

2. 烘炒　用恒温干燥箱将花生仁在100℃左右温度下烘烤15～20min，以钝化花生仁中的脂肪氧化酶，防止出现豆腥味，同时高温烘烤花生，有利于脱皮，还可赋于花生牛乳特殊的香味。

3. 脱皮　用木压板搓揉花生，人工脱去花生衣，以防止花生皮上的色素和单宁等在浸泡过程中附于花生仁上，使饮料色泽加深、口感发涩。

4. 浸泡　将脱皮、经水冲洗干净的花生仁1kg浸入到30℃的饱和氯化钠溶液中1min，然后再将花生仁放入80℃的0.5%碳酸氢钠水溶液中，经20min后取出，沥干，再用清水冲洗附着在花生仁表面的碱液。

5. 磨浆　用干花生仁重量15倍的热水（温度为70～90℃）浸泡花生仁，先经磨浆机粗磨，磨浆机间隙以0.5mm为佳；然后送入胶体磨进行细磨，即可生产出悬浮粒度均匀的花生浆。

6. 分离　将料液通过300目过滤网布滤去渣。浆渣浸泡在80℃的水中，经过搅拌后再研磨、甩渣、经滤布分离，该过程重复2次。

7. 配料　将多次滤液均匀混合，即为花生乳液。花生牛奶饮料的产品为花生浆12%、白砂糖7.5%、甜蜜素0.05%、卡拉胶0.08%、瓜尔豆胶0.08%、蔗糖脂肪酸酯0.1%、全脂奶粉2%（采用胶体磨细磨均匀）、香精适量。

8. 煮浆　将已配料的花生乳液放入不锈钢容器内加热煮制，温度到达80℃后，液面产生泡沫，应撇去部分泡沫，以保证质量。当温度达到94～96℃时，液面翻滚，维持1～2min即可。注意煮浆不要过久，以免蛋白质变性，产生沉淀、分层。

9. 均质　料液温度高于75℃，一级均质压力控制在15～20MPa、二级均质压力控制在3.5～5.0MPa，或者都采用19～24MPa的均质压力。均质后料液中蛋白质和脂肪微粒得到细化，乳液与复合稳定剂充分融合，花生乳品稳定。

10. 灌装　将均质后的料液先灌装至塑料瓶中，再进行巴氏杀菌，一般采用85℃、20～30min的杀菌条件。

11. 冷却　杀菌后立即放入冷水中冷却至室温，即得到成品。

（三）注意事项

1. 选择优质、新鲜的花生仁，无霉变。

2. 花生仁烘焙时要避免温度过高，高温会使油脂分解，将花生的外表烤焦，并使碎花生炭化，使花生产生一股烟味。

五、结果与分析

品尝各组制作的花生牛奶饮料，按照表1-5-9进行评价。

表 1-5-9 花生牛奶饮料感官评价

评价指标	质量标准	分值	得分	总分
色泽	呈乳白色或乳黄色	20分		
香气	具有清甜醇厚的花生香味，无异香	20分		
滋味	甜度适中，无异味	40分		
组织表态	呈均匀、细腻的乳浊液，无分层现象，静置后允许花生仁沉淀及分层	20分		

六、思考题

1. 根据花生牛奶饮料的配方计算出原辅料的添加量。
2. 估算一下花生牛奶饮料的成本。
3. 检验制作的花生牛奶饮料的品质是否达到要求，若未达到，分析其原因。
4. 如何提高花生牛奶饮料的稳定性？

参考文献

陈仪男，陈健凯，陈忠贤 . 2008. 花生牛奶饮料的稳定性工艺研究［J］. 漳州职业技术学院学报，10（1）：13-16.

谢继志 . 1999. 液态乳制品科学与技术［M］. 北京：中国轻工业出版社 .

Dickinson E. 2001. Milk protein interfacial layers and the relationship to emulsion stability and rheology [J]. Colloids and Surfaces B：Biointerfaces，20（3）：197-210.

（刘骞 东北农业大学）

实验七 茶饮料的制作

一、实验目的

掌握茶饮料生产的工艺流程，理解茶饮料生产的工艺要点及其原理。

二、实验原理

茶饮料是用水浸泡茶叶，经抽提、过滤、澄清等工艺制成的茶汤或在茶汤中加入水、糖液、酸味剂、食用香精、果汁或植（谷）物抽提液等调制加工而成的制品。根据《茶饮料》（GB/T 21733—2008），茶饮料分为6类：①茶汤饮料，将茶汤（或浓缩液）直接灌装到容器中的制品；②复合茶饮料，以茶叶和植（谷）物的水提液或其浓缩液、干粉为原料，加工制成的，具有茶与植（谷）物混合风味的液体饮料；③果汁茶饮料和果味茶饮料，以茶叶的水提取液或其浓缩液、干粉为原料，加入果汁、食糖或（和）其他甜味剂、食用果味香精等的一种或几种调制而成的液体饮料；④奶茶饮料和奶茶味饮料，以茶叶的水提取液或其浓缩液、干粉为原料，加入乳或乳制品、食糖或（和）其他甜味剂、食用奶味香精的一种或几种调配而成的液体饮料；⑤碳酸茶饮料，以茶叶的水提取液或其浓缩液、干粉为原料，加入二氧化碳气、食糖或（和）其他甜味剂、食用香精等调制而成的液体饮料；⑥其他调味茶饮料。

水是茶饮料的主要组成部分，其品质对茶饮料影响甚大。一般说，水中的钙、镁、铁、氯等离子影响茶汤的色泽和滋味，会使茶饮料发生混浊。当水中的铁离子含量大于 5mg/L 时，茶汤将显黑色并带有苦涩的味道；氯离子含量高时会使茶汤带腐臭味。茶叶中的多酚类物质与多种金属离子可以反应，并可生成多种颜色。因此自来水不能直接用来生产茶饮料，需进行适当的前处理。生产品质较佳的茶饮料必须用去除离子的纯净水，pH 在 6.7～7.2，铁离子小于 2mg/L，永久硬度的化学物质含量要小于 3mg/L。

茶饮料加工过程中，茶汤中的茶多酚与咖啡碱及水溶性蛋白质容易络合生成大分子白色沉淀物或混浊物，俗称“茶乳酪”，这种现象被称为“冷后混”。解决茶饮料“冷后混”的方法有几种，目前普遍采用的是物理法，即将茶汤冷却后用高速离心机除去或用超滤法滤去，以提高茶叶汤汁的澄净度。此外，还可在茶汤中添加酶制剂，使茶饮料中大分子降解以达到除混去沉的目的，也可在茶汤中加入胶体物质使其在液体中起分离大分子、减少络合的作用。

本实验利用大多数实验室都具备的条件制备茶汤饮料，让学生理解和掌握茶饮料生产工艺流程及其原理。

三、实验材料与仪器设备

普通绿茶叶、碳酸氢钠、D-异抗坏血酸钠、白砂糖（一级）、去离子水、耐热 PET 瓶或玻璃饮料瓶、不锈钢锅（大于 3L）、尼龙滤布（100 目、250 目）、电炉、电热恒温水浴锅、换热器、大容量离心机、植物粉碎机、量筒（1L）、电子天平。

四、实验步骤

（一）工艺流程

茶叶⟶粉碎⟶浸提⟶初滤⟶细滤⟶护色⟶冷却⟶澄清⟶调配⟶热灌装⟶封盖⟶杀菌⟶冷却⟶检验⟶成品

（二）操作要点

1. 茶叶粉碎　茶叶以三四级炒青绿茶为主，要求当年加工新茶且品质未劣变。将绿茶叶粉碎至粒径为 40～60 目（茶叶粒径太大，则茶叶中的有效成分容易萃取出来；粒径太小，则会为后续的过滤工序带来困难）。

2. 浸提　在不锈钢锅中加入 2L 去离子水，放入水浴锅中加热至 60～70℃。称取 30g 已粉碎的茶叶加入不锈钢锅，在 60～70℃下萃取 20min。为了提高萃取率，也可将滤渣加入适当的去离子水，进行二次浸提。水要求为去离子水，可避免水中金属离子与茶多酚络合，生成沉淀或异常颜色物质。

3. 初滤　将茶汤用 100 目尼龙布过滤，除去浸提液中的茶渣及杂质。

4. 细滤　将茶汤进一步用 250 目尼龙布过滤，除去浸提液中的细小微粒。

5. 护色　在过滤后的浸提液迅速加入茶汤重量 0.02%的 D-异抗坏血酸钠。D-异抗坏血酸钠要求预先用去离子水溶解，配制成 10g/L 溶液备用。

6. 冷却　茶汤经换热器迅速降温至 19℃。如实验室无条件，亦可采用低温水浴冷却。

7. 澄清　将冷却后的茶汤经离心机 4 000r/min 离心，除去“茶乳酪”及不溶性杂质，得到澄清透明茶汤。有条件的实验室亦可采用超滤设备进行茶汤的过滤澄清。

8. **调配**　将茶汤称重，按质量百分比依次加入4%白砂糖、0.025%碳酸氢钠。调节最终饮料含有500mg/L以上的茶多酚［茶多酚测定采用《茶饮料》（GB/T 21733—2008）］。对茶汤的色香味进行评价，若有不足，应再加入相应的辅料补足。

9. **热灌装、封盖**　将调配好的饮料加热至90℃左右，趁热加入饮料瓶中，尽量减少顶隙（茶汤距离瓶口高度小于1mm），拧紧瓶盖。

10. **杀菌、冷却**　将灌装好的饮料瓶倒置，放入90℃的水浴锅中加热15min后，迅速放置于流水中冷却至40℃左右取出。

11. **检验**　根据绿茶饮料产品标准，对其进行感官指标和理化指标检测。

五、结果与分析

1. 根据工艺流程，进行物料衡算，计算结果记录于表1-5-10。

表1-5-10　物料衡算表

物料	重量/kg	备注
茶叶		
茶粉		
去离子水1（用于浸提）		
茶汤		
D-异抗坏血酸钠		配制成一定浓度，加入量为茶汤重量的0.02%
白砂糖		配制成一定浓度，加入量为茶汤重量的4%
碳酸氢钠		配制成一定浓度，加入量为茶汤重量的0.025%
去离子水2（用于调配）		调配茶汤浓度，使茶多酚含量达到500mg/kg以上，咖啡碱60mg/kg以上

2. 根据《茶饮料》（GB/T 21733—2008），成品绿茶饮料应有绿茶特有色泽、香气和滋味，允许有少量茶成分导致的混浊或沉淀，无肉眼可见的外来杂质；茶多酚含量≥500mg/kg，咖啡碱含量≥60mg/kg。结果记录于表1-5-11。

表1-5-11　绿茶饮料检验

检测指标		标准	检测情况
感官指标	颜色	绿色至黄色	
	香气	绿茶特有香气	
	滋味	绿茶特有滋味	
理化指标	茶多酚含量	≥500mg/kg	
	咖啡碱	≥60mg/kg	

六、思考题

1. 绿茶饮料生产中，对浸提用水有什么要求？
2. 绿茶饮料生产中，经常发现会有白色沉淀物或混浊物产生，这是什么原因引起的？
3. 绿茶饮料常用哪些澄清方法？各有什么优缺点？

4. 绿茶饮料生产中，采用哪些措施保护绿茶颜色？

参考文献

饶铃．2010. 绿茶饮料的制备研究［D］．无锡：江南大学．
黄文，王益，胡必忠．2001. 绿茶饮料的加工研制［J］．食品科学（1）：46-49.

（肖俊松　北京工商大学）

实验八　玉米浆饮料的制作

一、实验目的

了解食品悬浮稳定性的影响因素，掌握增加食品悬浮稳定性的一般方法。

二、实验原理

甜玉米为玉米的亚种，含有丰富的蛋白质、不饱和脂肪酸及各种维生素和微量元素，并含有较多的可溶性糖类，具有良好的口感，适合制作玉米浆饮料。

甜玉米浆是一类淀粉和蛋白质含量都很高的饮品。淀粉和蛋白质都是大分子物质，其分散在水介质中制得的饮料属悬浮液水溶胶，是一种典型的热力学不稳定体系，产品在生产过程中和货架存放期内易发生胶凝结块和沉淀分层现象，严重地制约了甜玉米浆的开发和发展。甜玉米浆生产工艺过程中，需采用多种方法，增强其稳定性。

三、实验材料与仪器设备

甜玉米、蔗糖、黄原胶、羧甲基纤维素（CMC）、海藻酸钠、单甘酯、蔗糖酯、玉米香精、耐热 PET 瓶或玻璃饮料瓶、打浆机、胶体磨、高压均质机、高压灭菌锅、不锈钢刀、筛子（120 目）。

四、实验步骤

（一）工艺流程

稳定剂⟶混合均匀⟶化胶
↓
甜玉米⟶筛选⟶预处理⟶预煮⟶打浆⟶过滤⟶调配⟶均质⟶灌装、封口⟶灭菌⟶冷却⟶检验⟶成品

（二）操作要点

1. **原料要求**　选择颗粒饱满、无病虫害、无腐烂的新鲜玉米作为原料。一般在甜玉米七成熟时采收。此时，玉米颗粒饱满柔嫩，组织不萎缩，各种营养成分含量高，高聚物含量较少，低聚糖、还原糖含量高，不溶性粗纤维较少，适口性好。采收后若当天不能加工，应尽快装袋密封，冷冻保鲜贮藏。此阶段，甜玉米生命活动旺盛，聚合反应加剧，糖分转化快，品质容易劣变。

2. **预处理**　用锋利的不锈钢刀将玉米粒刮下，用手揉搓脱去玉米皮，经冷冻的玉米粒

解冻后更易去皮，用清水漂洗去除皮屑。

3. 预煮　将甜玉米放入 90～95℃的水中煮 15min。

4. 打浆　将 500g 甜玉米加入 1.5L 去离子水中，用打浆机打浆 10min，然后用 120 目的筛子分离浆渣，液汁再经胶体磨细磨 2 遍。如无打浆机，可用植物组织捣碎机替代。

5. 化胶　将卡拉胶、黄原胶和结冷胶按质量比 56∶29∶15 的比例混合，在 80℃下溶解为一定浓度的胶体溶液。

6. 调配　单甘酯、六偏磷酸钠分别用去离子水溶解，配制成一定浓度的溶液。往玉米浆中加入复合胶体溶液、单甘酯溶液和六偏磷酸钠溶液，使其最终浓度达到 0.95g/L、0.3g/L 和 0.1g/L，每升加入 4g 蔗糖，加入少量玉米香精。

7. 均质　玉米浆经过高压均质后形成均匀的分散液。均质压力、均质次数和均质温度对均质效果有非常大的影响，直接影响着玉米饮料体系的稳定性和口感。本实验中，均质压力为 30MPa，均质温度为 40℃，均质次数为 2 次。

8. 灌装　采用热灌装法。料液加热至 80℃，灌装至玻璃瓶或耐热 PET 瓶中，液面高度距离瓶口小于 1mm，趁热封口。

9. 灭菌　高压蒸汽灭菌，灭菌温度为 121℃，时间为 25min。灭菌完成后，用自来水冲洗冷却。

10. 检验　冷却后，抽样观察和检测产品感官和理化指标。

五、结果与分析

1. 根据工艺流程，进行物料衡算。计算结果记录于表 1-5-12。

表 1-5-12　玉米浆饮料制作物料衡算表

物料	重量/kg	备注
玉米棒子（筛选前）		
玉米棒子（筛选后）		
玉米粒（去皮前）		
玉米粒（去皮后）		
玉米浆（过滤前）		玉米粒经过打浆机打浆后重量
玉米浆（过滤后）		玉米浆经 120 目筛子过滤、胶体磨细磨之后重量
卡拉胶		3 种胶按质量比 56∶29∶15 的比例混合，在 80℃下溶解为一定浓度的胶体溶液，加入玉米浆后总浓度为 0.95g/L
黄原胶		
结冷胶		
单甘酯		配制成一定浓度溶液，调配后浓度 0.3g/L
六偏磷酸钠		配制成一定浓度溶液，调配后浓度 0.1g/L
玉米香精		酌量加入
玉米浆（调配后）		玉米浆经过调配，均质后重量
每瓶饮料重量		
每瓶玉米浆重量		
每吨饮料所需原料		

2. 根据表 1-5-13 标准，对成品进行质量检测。

表 1-5-13　玉米浆检测指标

检测指标		质量标准	检测结果
感官指标	色泽	呈柔和的金黄色，晶莹透明	
	滋味和气味	具有玉米特有的滋味和气味，酸甜可口，柔和细腻，无异味	
	组织状态	均匀的乳状液，久置后允许少量分离与沉淀，但摇晃后呈均匀状态；无肉眼可见外来杂质	
理化指标	糖类	≤9%	
	膳食纤维	≤3%	
	蛋白质	≤2%	
	脂肪	≤3%	
	可溶性固形物	≥6%	
	pH	6.2～6.8	
卫生指标	细菌总数	≤100 个/mL	
	大肠菌群	≤6 个/mL	
	致病菌	不得检出	

六、思考题

1. 在本实验中，采用了哪些方法增强玉米浆饮料的稳定性？
2. 根据斯托克斯公式解释本实验中增强玉米浆饮料稳定性方法的原理。
3. 甜玉米预煮有什么作用？
4. 添加单甘酯有什么作用？

参　考　文　献

秦令祥，唐艳红，赵森，等.2012. 甜玉米浓浆饮料的研制［J］. 农产品加工·学刊（7）：151-152.
周红芳.2012. 全糯玉米饮料工艺及稳定性的研究［D］. 齐齐哈尔：齐齐哈尔大学.

（肖俊松　北京工商大学）

实验九　运动饮料的制作

一、实验目的

通过实验使学生熟识和掌握运动饮料制作的工艺流程、工艺参数及其加工技术。

二、实验原理

运动饮料是指营养素的组分和含量能适应运动员或参加体育锻炼、体力劳动人群的生理特点、特殊营养需求的软饮料。

运动饮料的制作以补充体液（水分）为主要目的。在成分方面应有足够的各种无机盐和维生素。糖度以5～6白利度为宜，色素可利用维生素的黄色。在口味方面应设法掩盖由于加入无机盐所带来的盐味，并具有清凉感。一般常用葡萄、柑橘、柠檬等类型的香精。

三、实验材料与仪器设备

蔗糖3%、葡萄糖3%、果糖2%、柠檬酸0.08%、甜叶菊0.01%、氯化钾0.008%（以钾计0.005%）、氯化钠0.1%（以钠计0.04%）、氯化镁0.02%（以镁计0.002%）、乳酸钙0.03%（以钙计0.004%）、维生素类（维生素C、维生素B_1、维生素B_2）0.02%、食用香精0.05%，其余为纯净水。

烧杯、玻璃棒、电炉、天平、温度计、封罐机、杀菌锅。

四、实验步骤

（一）工艺流程

白砂糖→溶解→过滤
葡萄糖→溶解→过滤
果　糖→溶解→过滤
无机盐→溶解→过滤
柠檬酸→溶解
甜叶菊→溶解→过滤
维生素→溶解
食用香精→溶解→过滤

（以上各项合并）→混匀→过滤→计量→灌装→检验→贴标→入库

（二）操作要点

1. **溶解甜味料**　将甜味料放入纯净水中，搅拌并逐渐升温至85℃，待甜味料全部溶解后，保温20min，然后过滤、冷却。

2. **溶解其他**　将柠檬酸、维生素、氯化钾、氯化钠、乳酸钙、氯化镁依次放入纯净水中，逐个溶解，待完全溶解后过滤。

3. **混匀**　将两者混合，加入食用香精，以纯净水定容，并搅拌均匀。

4. **杀菌**　将成品溶液进行高温瞬时杀菌，温度控制在120℃，时间控制在15s。

5. **冷却灌装**　冷却后于25℃常温灌装。

五、结果与分析

成品质量要求：饮料色泽浅黄、澄清透明、酸甜适口。每罐原料消耗记录于表1-5-14。

表1-5-14　运动饮料制作每罐原料消耗记录

每罐成品净重/g	可溶性固形物含量/%	蔗糖/g	果糖/g	葡萄糖/g	氯化钾/g	氯化钠/g	乳酸钙/g	氯化镁/g	维生素C/g	维生素B_1/g	维生素B_2/g	柠檬酸	备注

六、思考题

1. 为什么大量运动后需要喝运动饮料？

2. 高血压患者运动后能否喝运动饮料？

3. 高血糖患者运动后能否喝运动饮料？

4. 如何制作不同口味的运动饮料？

参考文献

蒲彪，胡小松.2009.饮料工艺学［M］.北京：中国农业大学出版社.

丛峰松，林志新，王宏江，等.2006.功能性运动饮料的制备方法：中国，200510028467.8.02-08.

莫慧平.2001.饮料生产技术［M］.北京：中国轻工业出版社.

李勇.2006.现代软饮料生产技术［M］.北京：化学工业出版社.

（朱彩平　陕西师范大学）

实验十　碳酸饮料的制作

一、实验目的

通过实验使学生熟识和掌握碳酸饮料制作的工艺流程、工艺参数及其加工技术。

二、实验原理

碳酸饮料是指在一定条件下充入二氧化碳气体的饮料，不包括由发酵法自身产生的二氧化碳气体饮料，其中二氧化碳气体容量（20℃）应不低于1.5倍。通常由水、甜味剂、酸味剂、香精香料、色素、二氧化碳气体及其他原辅料组成，俗称汽水。碳酸饮料因含有二氧化碳气体，能将人体内的热量带走，产生清凉爽快的感觉，还有助于消除疲劳，且能开胃、助消化，是一种良好的清热解渴的健身饮料。

三、实验材料与仪器设备

白砂糖、香精、苯甲酸钠、糖精钠、柠檬酸、二氧化碳、活性炭、砂棒、夹层锅、杀菌锅、灌装机、贴标机。

四、实验步骤

（一）工艺流程

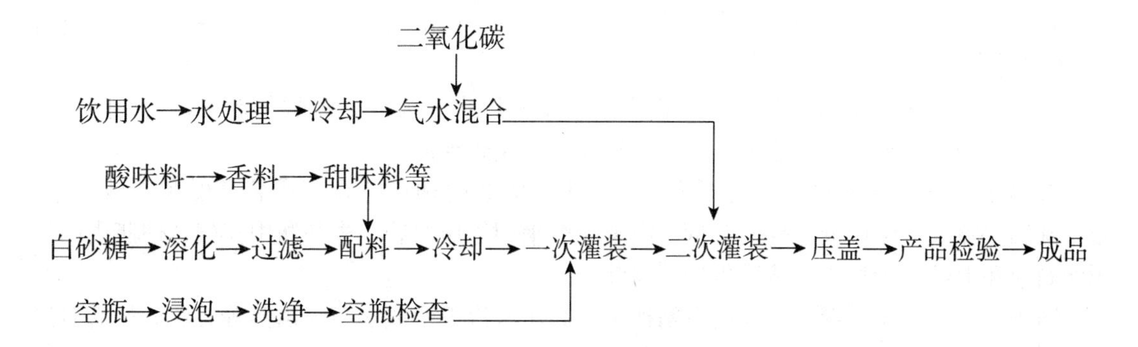

（二）操作要点

1. 水处理

（1）除盐　自来水经过电渗析机处理（也可用离子交换器或反渗透方法，对水进行软化剂除盐处理）。将水中的杂质和溶解度小的固体物质大部分除去。除盐率在90%左右。

（2）杀菌　除盐处理后的水用泵加压进入活性炭过滤器，以去除水中不良味道，再经过砂棒过滤进一步除去水中的悬浮物和杂质，砂棒过滤也有除菌的作用。最后流经紫外线杀菌器，冷却剂成为品质优良的饮料水。

2. 原糖浆的制备

（1）化糖　把定量的白砂糖加入定量的水中溶解制得糖浆，称为化糖。化糖方法分为冷溶法和热溶法。

冷溶法搅拌时不宜过于激烈，以免卷入太多空气，使糖浆受到来自空气的污染。待完全溶化，过滤去除杂质，即成为具有一定浓度的糖浆。糖液一般配成45～65白利度。

热溶法一般采用不锈钢夹层锅，并伴有搅拌器，锅底部有放料管。生产时将糖和水按一定量配比，用蒸汽（不得直接用火加热，锅底局部过热，会造成糖浆焦煳）加热至沸点，同时不断搅拌，在加热时，表面有凝固物浮出，必须用筛子除去。将糖浆煮沸5min，便于杀菌，其浓度一般为65白利度。

（2）糖浆过滤　砂糖加水溶解后，必须进行过滤，过滤方法有自然过滤和加压过滤两种。

自然过滤采用锤形厚绒布过滤袋，内加纸浆滤层，操作简单，但滤速过慢，工厂不宜使用。

加压过滤采用不锈钢板框压滤设备，每块滤板上配有细帆布，糖浆经溶化后，用泵加压通过滤板，去除杂质得到澄清透明的糖浆。

生产中如果遇到较差的白砂糖，必须采用活性炭做净化处理后方可使用，以免导致饮料产生絮状物、沉淀物，或产生异味。

3. 果味糖浆的制备

（1）防腐剂　原糖浆中加入防腐剂，一般为苯甲酸钠。

（2）果汁　榨取任何果汁，必须将榨出的果汁立即进行瞬时巴氏杀菌以破坏果胶酶，以免果汁混浊。

（3）香精　香精用量不宜过大，过量会导致不透明及香味过重的现象。

4. 糖浆的配合　原糖浆在一定量时，在不断搅拌下，将辅料按顺序逐一加入，其顺序为原糖浆⟶25%苯甲酸钠⟶糖精钠溶液⟶50%柠檬酸溶液⟶果汁⟶香精⟶色素（热水溶化）⟶定容。

5. 碳酸化　制作碳酸饮料，须严格控制水温和压力。为提高碳酸化效果，需要降低水温，排净水中及二氧化碳容器中的空气，提高二氧化碳纯度。

6. 灌装　灌装前需将瓶清洗干净，并消毒。灌装时须保持合理灌装高度和一致水平。瓶子顶端空隙处应保持最低空气含量。灌装一般采用等压灌装，先往瓶中充气，使瓶内的气压与料液和上部气压相等，然后再进行灌装。

压盖前，对瓶盖消毒，可采用酒精擦洗、高压蒸汽灭菌或水蒸气熏蒸等方法。然后对灌装好的瓶子进行压盖，要注意密封不漏气，但又不能太紧而损坏瓶嘴。

7. 贴标　贴标前先检验成品汽水有无杂质、漏气、破瓶嘴、密封不严。

贴标要求美观、协调、牢固。

五、结果与分析

成品质量要求：有明显杀口感，色泽清亮，无固形物杂质、无沉淀（包括絮状物的产生和不正常的混浊现象）、无异味，开盖后气泡量合适。

每罐原料消耗记录于表 1-5-15。

表 1-5-15　碳酸饮料制作每罐原料消耗记录

每罐成品净重/g	可溶性固形物含量/%	白砂糖/g	香精/g	苯甲酸钠/g	糖精钠/g	柠檬酸/g	备注

六、思考题

1. 碳酸饮料有辣味是什么原因造成的?
2. 汽水放置几天后，变成乳白色胶体状态，形成糊状物，是什么原因造成的?
3. 汽水中有沉淀物，是什么原因引起的?
4. 碳酸化操作需要注意哪些问题?
5. 糖浆配合时为何需要按一定的顺序操作?

参　考　文　献

蒲彪，胡小松. 2009. 饮料工艺学 [M]. 北京：中国农业大学出版社.

朱珠，2012. 软饮料加工技术 [M]. 北京：化学工业出版社.

（朱彩平　陕西师范大学）

第六章 速冻工艺实验

实验一 速冻水饺的制作

一、实验目的

通过实验使学生熟悉和掌握速冻水饺制作的工艺流程、工艺参数及其加工技术。

二、实验原理

速冻饺子是以小麦粉或其他富含淀粉的原料加工成的面制皮，用肉、水产品、蛋、蔬菜等原料的一种或多种做馅，经成型、熟制或不熟制、速冻后产品中心温度低于－18℃的方便食品。水饺馅心和面皮内含有一定量的水分，如果冻结速率慢，表面水分会凝结成大块冰晶，逐步向内冻结，内部在形成冰晶的过程中会产生张力而使表面开裂。而速冻可使水饺内外同时降温，在短时间（通常为30min内）迅速通过最大冰晶生成带（－4～0℃），以有效避免水饺表皮开裂，从而保证产品质地的均匀性。即使长期贮存，其口感仍然料香味美。

三、实验材料与仪器设备

面粉、夹心肉、火腿肉、鸡蛋、猪肉、青椒等蔬菜、酱油等调味品、不锈钢盘、量筒、烧杯、擀面杖、锅、绞肉机、饺子成型机、微波炉、电磁炉、速冻冰柜、封口机等。

四、实验步骤

（一）工艺流程

原辅料预处理──→制馅
↓
面粉──→和面──→制面片──→机械或手工成型──→包馅──→速冻──→包装──→冻藏──→成品

（二）操作要点

1. 原辅料预处理　新鲜蔬菜要去根、坏叶、老叶，削掉霉烂部分，用流动水清洗干净，将颗粒大、个体长的蔬菜切成符合馅料要求的细碎状；鲜肉要用10mm孔径的绞肉机绞成碎粒，注意肥瘦合理搭配。

2. 配料制馅

（1）四喜水饺馅配方及制作

配方：夹心肉250g、大海米25g、豆油25g、大青椒100g、火腿肉100g、鸡蛋150g，酱油、葱花、麻油、姜末、精盐、红食用色素和花椒粉适量。

制法：①将火腿肉、青椒（去蒂、去籽）切碎。青椒丝在盐水中过一下，捞出挤去水分。把鸡蛋打开，蛋清和蛋黄分开，蛋清内放入少许红食用色素，分别用豆油炒熟、切碎。

②将肉绞碎，与切碎的海米、酱油、姜末、花椒粉和精盐一起倒入盆内，加适量水搅成糊状，再放入葱花、麻油拌和，最后将火腿末、蛋白、蛋黄、青椒末倒入，稍搅匀即成。然后置于5～7℃下冷却数小时。

（2）白菜肉馅配方及制作

配方：夹心猪肉300g、白菜或卷心菜500g、酱油10g、猪油50g、麻油50g、味精10g，料酒、葱、姜和精盐适量。

制法：①用绞肉机将洗净的夹心猪肉绞成肉酱，再用多功能食品加工机把白菜（或卷心菜）和葱、姜分别切成碎末。②用搅拌机先将各种调味料加入肉酱内拌匀，分3次按馅水比例6∶1加入水，再将菜末均匀拌入肉酱中即可，然后置于5～7℃下冷却数小时。

（3）鱼肉馅配方

配方：鱼肉1000g、味精5g、叉烧肉300g、胡椒粉4g、芫荽50g、花生油50g、湿陈皮3g、麻油20g、精盐20g、淀粉100g、白砂糖30g、清水300g。

制法：①将青鱼洗净劈开，去皮取肉，用干布吸干水分，切薄片再剁烂；叉烧肉切小粒，湿陈皮切粒；芫荽切碎；淀粉用水调好。②将鱼肉放入盆中加盐搅打起胶，边搅打边徐徐加水，起胶后再将叉烧肉粒、陈皮粒、芫荽、白砂糖、味精、胡椒粉、花生油、麻油、淀粉倒入拌匀起胶即成鱼肉馅。然后置于5～7℃下冷却数小时。

3. 和面制皮　按面、水比例2.5∶1加水，用和面机制成软硬适度的面团；冬季水温控制在25～35℃，可加温水进行调节，夏季水温控制在20～25℃，可加冰水进行调节；将和好的面团切成6～8kg重的小块，用手压入制皮机的面斗中，经过四道辊轧，撒粉适量，根据不同的品种要求选择相应的成型模出皮。

4. 包馅成型　机械成型采用饺子自动成型机成型。手工成型是将和好的面揉好后，搓成直径约1.5cm的圆条，模切成块，搓圆，擀成直径约5cm的薄片，左手以食指、中指、无名指，三指摊着一张小饺皮，右手拿着竹片，将肉馅挑到饺皮上然后对叠，用左手的大拇指及食指和右手的大拇指做一个造型，同时捏住饺皮的边缘，双手大拇指用力轻轻一捏即成。水饺表面无漏馅、开口现象，然后均匀摆放在垫有塑料膜的钢盘中。合理利用钢盘空间，饺子互相不依靠，且不靠钢盘边沿。整形好的饺子要及时送速冻车间进行冻结。

5. 速冻　成型的饺子均匀摆放整齐，相互之间不能挤压，分别送入速冻冰柜速冻30min，冻结温度为－34℃以下，冻结后的水饺中心温度必须达到为－18℃以下。

6. 包装和冻藏　速冻后的水饺制品送入低温包装车间用聚乙烯薄膜袋包装，每袋为400g，包装后应立即送入－18℃的冻藏库贮存。

五、结果与分析

速冻水饺贮藏2周后，取出，观察水饺的外观、色泽；待水烧开后将速冻水饺下入锅中，同时轻轻搅拌，等水再次沸腾时马上改小火，同时加入少量凉水，然后再小火盖焖2～3min，开盖，用笊篱捞出，观察汤的混浊程度，进一步观察水饺的外观、色泽，品尝水饺并进行感官评价。

评分小组由6人组成，每人每次检验具有代表性的速冻水饺和煮熟水饺各10只，6人品质评分的算术平均值为该批饺子的品质评分结果。速冻水饺的感官评分标准见表1-6-1。

表 1-6-1　速冻水饺的感官评分标准

工序	项目	扣分内容	扣分值
速冻后（40分）	色泽（10分）	白色、奶白色	0～2分
		奶黄色	3～7分
		土黄色、灰色	8～10分
	开裂程度（30分）	未开裂	0分
		饺嘴开裂	1分/个
		水饺腹部开裂	3分/个
煮熟后（60分）	外观（10分）	白色、奶白色、表面光滑明洁	0～2分
		奶黄色、表面粗糙	3～7分
		灰色、表面粗糙	8～10分
	口感（30分）	爽口、细腻、有咬劲、适口性好	0分
		稍粘牙、较粗糙	0～10分
		咬劲太大、口感硬、粘牙、粗糙	11～20分
		口感较烂	20～30分
	饺子汤特性（10分）	清晰、无沉淀	0～2分
		较清晰、沉淀少	3～7分
		混浊、沉淀多	8～10分
	耐煮性（10分）煮1.5min后续煮3min	饺子表面完好，或轻微起泡，口感正常	0～2分
		饺子表面严重起泡，颜色变深	3～7分
		饺子破皮，口感黏烂	8～10分

六、思考题

1. 造成速冻水饺开裂的因素有哪些?
2. 如何对速冻水饺进行感官评价?
3. 为什么整形好的饺子要及时送速冻车间进行冻结?
4. 制作速冻水饺面皮的面粉该如何选择?
5. 和面制作面皮时，为什么要严格控制水温?

参 考 文 献

张钟 . 2012. 食品工艺学实验 [M] . 郑州：郑州大学出版社 .
张国治 . 2008. 速冻及冻干食品加工技术 [M] . 北京：化学工业出版社 .
葛文光 . 2002. 新版方便食品配方 [M] . 北京：中国轻工业出版社 .

（饶胜其　扬州大学）

实验二　速冻汤圆的制作

一、实验目的

通过实验使学生熟悉和掌握速冻汤圆制作的工艺流程、工艺参数及其加工技术。

二、实验原理

速冻汤圆是将白砂糖、芝麻（核桃仁或花生仁）等主辅料前处理后，与其他配料按照一定的配比混合加工制成馅心，并通过和面、制剂子、包馅、速冻（－34℃以下）、包装和冻藏而制成的且速冻后产品中心温度低于－18℃的球形方便食品。速冻能最大限度地保留汤圆的质构和口感，同时延长产品的保质期。

三、实验材料与仪器设备

糯米粉、白砂糖、芝麻、核桃仁、花生仁、速冻油、猪板油、猪肉、大葱、黄酱、味精、精盐、麻油、赤豆、花生油、碱水、玫瑰糖、面粉、单甘酯、聚乙烯薄膜袋、粉碎仪、和面机、刨肉机、绞肉机、烤炉、炒锅、电磁炉、磨浆机、速冻冰柜等。

四、实验步骤

（一）工艺流程

原辅料预处理→制馅
↓
糯米→淘洗→浸泡→磨粉→制剂子→包馅→速冻→包装→成品

（二）操作要点

1. 原辅料处理

（1）*白砂糖的加工处理*　白砂糖需通过粉碎机进行粉碎，其粉碎粒度尽可能小。

（2）*芝麻、核桃仁和花生仁处理*　均需炒熟后碾成碎末。

（3）*速冻油处理*　对速冻油进行冷冻，使其温度不高于5℃。冷冻后的速冻油，经刨肉机刨成细片，再经绞肉机进行搅碎。

2. 配料制馅

（1）*宁波芝麻猪油汤圆馅心配方及制作*

配方：黑芝麻600g、猪板油215g、白砂糖425g。

制法：将黑芝麻600g用水洗净、沥干，放入锅中，用小火炒熟，冷却后研磨成粉状，过筛，得芝麻粉约500g。将猪板油215g洗净后去膜，用绞肉机绞碎，放入盆中，加白砂糖425g、芝麻粉500g拌匀、揉透，搓成猪油芝麻馅100个。

（2）*肉馅配方及制作*

配方：猪肉0.5kg、大葱1.5kg、黄酱500g、味精75g、精盐75g、麻油250g。

制法：猪肉洗净，用绞肉机绞成肉糜；大葱洗净切成葱花，用黄酱、麻油、味精、精盐调匀即成。可供260个汤圆用。

（3）*豆沙馅配方及制作*

配方：赤豆500g、花生油250g、白砂糖750g、碱水12.5g、玫瑰糖50g、面粉90g。

制法：①将赤豆先挑去沙石、杂质，再用清水洗净。②将赤豆放盆内加清水，浸10min后加碱水，用蒸箱蒸约2h至豆烂取出。③将豆沙箩架放在铝桶上，再将熟热赤豆放入箩中擦洗，先用碗擦（以免烫手），边擦边用清水冲沙，待豆凉些直接用手擦，擦到沙完全滤掉皮为止。④将桶内的水和沙放入布袋中（袋底部为四方形）压干水分备用。⑤将大锅烧至稍热，放入少量花生油、白砂糖及压干水分的豆沙进行炒沙（注意勿煳锅），待开锅后改用小火以免豆沙溅出伤人。炒至锅内稍稠时将花生油徐徐放入，边加油边炒至花生油放完，一般要炒 2h 左右。炒好后放入玫瑰糖，在均匀放入面粉，取出少量试一下，以晾凉后不黏手为准。⑥豆沙盛入盘中凉透后，放入冰箱内存放备用。

3. **和面、制剂子**　按配比及和面机的容量，准确称取糯米粉的重量及添加剂重量；将称量后的单甘酯用 90℃的水烫成手感细腻无粒状的糊状物；干面粉倒入搅拌机后，把烫好的单甘酯经部分水稀释后加入搅拌机，再继续加入适量的水进行搅拌，在面搅好 5～6min 后加入绞碎后的速冻油再搅拌 4～5min 即可；将制作好的面团用机器或人工揉透制成剂子。

4. **包馅**　将每个剂子捏成酒盅状，放入馅心，收口搓圆即为汤圆；将半成型汤圆及时手工整形，使其外观光洁呈圆球状，表面卫生应不沾馅且无杂物，无偏馅、漏馅的现象。

5. **速冻**　将汤圆送入－34℃以下速冻冰柜中速冻 20min；速冻后的汤圆，碰撞时声音清脆，手捏不碎、不变形，且中心温度不高于－18℃。

6. **包装和冻藏**　速冻后的汤圆立即用聚乙烯薄膜袋包装，每袋为 400g，并立即送－18℃冻藏库贮存。

五、结果与分析

速冻汤圆贮藏 2 周后，取出，观察汤圆的外观、色泽；待水烧开后将汤圆下入锅中，5min 后用笊篱捞出，观察汤的混浊程度，进一步观察汤圆的外观、色泽，品尝汤圆并进行感官评价。

评分小组由 6 人组成，每人每次检验具有代表性的速冻汤圆和煮熟汤圆各 10 只，6 人品质评分的算术平均值为该批汤圆的品质评分结果。速冻汤圆的感官评分标准见表 1-6-2。

表 1-6-2　速冻汤圆感官评分标准

项目	评分内容	分值
外观（20 分）	表面完整、光滑，无褶皱，无细纹，无变形	20～15 分
	较完整，较光滑，少数表面略显不平，有细小细纹，略有变形	15～10 分
	褶皱明显（超过表面积 50%），有明显细纹，有明显变形	10～5 分
	严重褶皱，表面凸凹不平；细纹明显，甚至开裂；严重变形	5～0 分
色泽（20 分）	白色、乳白色；色泽光亮、透明	20～15 分
	奶白色、浅黄白色；色泽一般	14～7 分
	杂黄、灰色、土黄以及其他不正常颜色；色泽暗淡	6～0 分
气味（20 分）	具有浓厚的糯米清香味，无其他异味	20～15 分
	略有糯米香味，糯香不足，无明显异味	14～7 分
	无明显糯香味，有异味	6～0 分
口感（20 分）	双扣，软硬适中且没有硬心，不粘牙，细腻，柔软有咬劲	20～15 分
	稍粘牙，稍硬或者稍软，较细腻，韧性一般	14～7 分
	粘牙，僵硬或软烂，粗糙	6～0 分
可接受性（20 分）	产品具有可接受的外观、色泽、气味和口感	20～10 分
	产品具有不可接受的外观、色泽、气味和口感	10～0 分

六、思考题

1. 汤圆的冻结速度过慢会给成品汤圆造成什么影响？
2. 在汤圆成型过程中，为什么要保持汤圆形态的完整性和一致性？
3. 汤圆制作过程中，如何有效防止速冻汤圆的开裂？
4. 在和面、制剂子时，实验中单甘酯的使用目的？
5. 影响速冻汤圆品质的主要因素有哪些？

参考文献

张钟.2012.食品工艺学实验［M］.郑州：郑州大学出版社.
张国治.2008.速冻及冻干食品加工技术［M］.北京：化学工业出版社.
葛文光.2002.新版方便食品配方［M］.北京：中国轻工业出版社.

（饶胜其　扬州大学）

实验三　速冻馒头的制作

一、实验目的

通过实验使学生熟悉和掌握速冻馒头制作的工艺流程、工艺参数及其加工技术。

二、实验原理

速冻馒头是以面粉、水和酵母为主要成分，通过面团调制、面团发酵、冷却、速冻（－34℃以下）、包装和冻藏等工序制作成的且速冻后产品中心温度低于－18℃的方便食品。速冻能最大限度地保留馒头的质构和口感，同时延长产品的保质期。

三、实验材料与仪器设备

面粉、酵母、乳化剂、蔗糖、和面机、恒温培养箱、蒸炉、压面机、馒头机、蒸笼、速冻冰箱等。

四、实验步骤

（一）工艺流程

酵母活化
↓
原料预处理⟶调制面团⟶面团发酵⟶切块成型⟶静置⟶醒发⟶汽蒸⟶冷却⟶急速冷冻⟶包装⟶冻藏

（二）操作要点

1. 原料选择　要求面粉面筋伸展性好，破损淀粉少，酶活性降低，吸水强，有利于面团的柔性和强度，且减少在冷冻贮藏过程中的生物化学变化。为了得到适合于速冻的面团性质，可在配料中添加奶粉、植物蛋白、油脂、乳化剂、蔗糖等辅助原料，来改善面团的形状。选用耐冻性好的酵母，如鲜酵母3.5%～5.5%，活性干酵母1.5%～2.5%。加水量较普通馒头较多，使面团比较柔软。

2. 面团调制　乳化剂和蔗糖经过处理使其溶解，酵母用温水活化15～30min。一次将所有原辅料加入和面机进行机械剪切，首先要慢速搅拌，使原辅料混合均匀，然后快速搅拌，使面团形成合适的网状结构。操作过程中严格控制水温，使面团温度在18～24℃较为理想。

3. 面团发酵　发酵温度保持在20～25℃，低温能使面团的冻结前尽可能降低酵母活性，还有利于成型。发酵时间一般为30min左右。短时间发酵既保证冻结期间酵母损害少，又增加了柔韧性。

4. 切块成型　根据成品的要求，将面坯切割成一定形状和重量的小块。若采用机械操作，需保证机械的清洁卫生；若人工操作，需注意操作人员的个人卫生及称量器具和台面的清洁消毒工作，防止交叉污染。成型过程速度要快，如果操作时间过长，面坯开始发酵，影响面筋质量。

5. 静置、醒发　成型后要静置5～10min，同时要注意馒头摆放整齐、端正，并留有一定空间。醒发是馒头生产的关键工序，目的在于进一步改善馒头的内部结构、色泽、面团的发酵程度。根据面团的大小和发酵的程度来调整醒发的条件。醒发温度控制在35～38℃较为适宜，空气相对湿度为70%～75%，醒发时间为20～30min。

6. 汽蒸　汽蒸是馒头生产的重要工序。影响馒头品质的因素有蒸汽压、蒸汽流量和汽蒸时间等。汽蒸时间由馒头的大小而定，一般为20～45min。

7. 冷却、冷冻　馒头刚出锅时表面温度达100℃，含水量较高。通过调节冷却速率和时间，使馒头中心点温度迅速降到室温，为后序的冷冻做准备。冷冻工序对成品质量至关重要，操作不当易出现冰晶颗大小不均、馒头未冻透、馒头冻裂等现象。本实验将馒头送入－34℃以下速冻冰柜中速冻20～30min。

8. 包装　冷冻后的馒头应立即包装，若长时间暴露在空气中，很容易失水，使成品变硬，也易引起微生物污染。将速冻后的馒头排放于包装袋中，封口包装。

9. 冻藏　冷冻库的温度要恒定在－18℃，若库温波动较大，易导致馒头重结晶、老化变质。冷冻库要严格保证环境条件和卫生标准。

五、结果与分析

速冻馒头面团要求制成品具有发酵体积大，柔软、湿润、均匀细腻的内部组织，表皮白、光滑，富有弹性、有嚼劲、不粘牙等特性。将速冻馒头贮藏2周后取出，观察馒头的外观、色泽；汽蒸15min后观察馒头的外观、色泽及撕开后的质构，品尝馒头并进行感官评价。

评分小组由6人组成，每人每次检验具有代表性的速冻馒头和煮熟馒头各10只，6人品质评分的算术平均值为该批馒头的品质评分结果。速冻馒头的具体评价方法参见李昌文的文献，感官评分标准见表1-6-3。

表 1-6-3　速冻馒头的感官评分标准

分类	项目	满分	标准
外观（35 分）	比容	20 分	2.3mL/g 满分，每减小 0.1mL/g 扣 1 分
	外观形态	15 分	表皮光滑，无冻裂现象，对称，挺：12～15 分；中等：9～12 分；表皮粗糙，冻裂多，有硬块，形状不对称：1～9 分
	色泽	10 分	白、乳白、奶白：8～10 分；中等：6～8 分；发灰、发暗：1～6 分
内部（65 分）	内部结构	15 分	纵剖面气孔小、均匀：12～15 分；中等：9～12 分；气孔大而不均匀：1～9 分
	柔软度	20 分	ΔH>2.0cm 时为 20 分，每减少 0.1cm 扣 1 分
	粘牙	15 分	咀嚼不粘牙：12～15 分；中等：9～12 分；咀嚼粘牙严重：1～9 分
	气味	5 分	具有清香，无异味：4～5 分；中等：3～4 分；有异味：1～3 分

馒头比容测定采用菜籽法，按下列方程式进行计算。

$$\lambda = V/m$$

式中　λ——馒头的比容，mL/g；

V——馒头的体积，mL；

m——馒头的质量，g。

柔软度采用砝码法测定。用刀切去馒头表皮，量出馒头高度 H_1，再用 200g 砝码置于馒头上，测量馒头受压时的最低高度 H_2，$\Delta H = H_1 - H_2$，即表示馒头的柔软度，数值越大说明馒头越柔软，柔软度的单位用厘米。

六、思考题

1. 和面时为什么要控制水温？
2. 面团为什么要进行发酵处理？
3. 面团发酵成熟的标志是什么？
4. 为什么冷冻馒头的速冻时间不宜过长？
5. 影响冷冻馒头质量的因素有哪些？

参　考　文　献

张国治 . 2008. 速冻及冻干食品加工技术 [M] . 北京：化学工业出版社 .

刘长虹 . 2011. 蒸制面食生产技术 [M] . 2 版 . 北京：化学工业出版社 .

李昌文，李小平 . 2009. 谷朊粉对速冻馒头品质影响的研究 [J] . 粮食加工 . 34 (6)：49-53.

（饶胜其　扬州大学）

实验四　速冻蔬菜的制作

一、实验目的

熟悉速冻果蔬产品的生产制作过程，掌握其制作工艺。

二、实验原理

果品腐败变质的主要原因是微生物（细菌、酵母和霉菌）的生长繁殖和果品内部酶活动引起的生化变化。因此抑制微生物及酶的活性是果品保藏的主要手段。试验表明，低温可以抑制微生物和酶的活性，一般细菌在－5～－10℃、酵母在－10～－12℃、霉菌在－15～－18℃下生长极为缓慢，故而控制温度在－10℃以下，可以有效抑制微生物的活性。但对于酶而言，不少酶耐冻性较强，如脂肪氧化酶、过氧化酶、果胶酶等在冻结的果品中仍继续活动，只有将温度控制在－18℃以下，酶的活性才受到较大的抑制。

通过快速冷冻，在短时间内排除果品的热量，温度迅速达到－18℃以下，使果品细胞内外形成大小均匀的冰结晶，从而控制微生物和酶的活性，大大降低果品内部的生化反应，较好地保持了果品的质地、结构及风味，达到长期保藏的目的。

三、实验材料与仪器设备

菠菜、芦笋、玉米粒、温度计、电炉、不锈钢锅、不锈钢盆、菜板、筛子、不锈钢刀、冰箱等。

四、实验步骤

（一）速冻菠菜

1. 工艺流程

原料选择⟶预处理（清洗⟶检验⟶清洗⟶沥干⟶分选⟶整理分级）⟶烫漂⟶预冷却⟶沥干⟶切段⟶装盘⟶冻结⟶干燥⟶包装⟶成品

2. 操作要点

（1）*原料选择* 选用叶大、肥厚、鲜嫩的菠菜，株形完整，无机械伤，无病虫害。

（2）*修整、清洗* 将根头须根去净，摘除枯叶、残叶，拣出散株、抽薹株，然后清洗干净。

（3）*烫漂、冷却* 先将根部放入沸水中烫漂30s左右，然后再将全株浸入烫漂30s左右。将烫漂后的菠菜立即投入冷水中冷却至10℃以下。

（4）*沥水、冻结* 用振动筛沥去水分，置于18cm×13cm长方形盒内，摊放整齐，每盒装530g。将菜根理齐后朝盒一头装好，然后再将盒外的茎叶向根部折回，整理成长方形的菜块，再将此菠菜块送入－35℃以下的速冻机冻结，至中心温度为－18℃。

（二）速冻豌豆粒

1. 工艺流程

原料验收⟶剥豆粒⟶分级⟶浸盐水⟶漂洗⟶拣豆⟶烫漂⟶冷却⟶沥水⟶冻结⟶包装⟶冻藏

2. 操作要点

（1）*原料要求* 选用白花品种，要求豆粒鲜嫩、饱满、均匀，呈鲜绿色，色泽一致。加工成熟度应选择乳熟期，过迟或过早都会影响品质。乳熟期的豌豆含糖量最高而淀粉含量最少，质地柔软，甜味适口，但这样的时间很短。如推迟采收，原料质量就要发生变化，所以一定要掌握适宜采收时间，并及时加工。

（2）*剥豆粒* 可采用人工或机器剥荚，机械剥荚应尽量避免机械损伤。

（3）分级　去荚后的豆粒按直径大小分成各种规格。按产品标准用筛分级，不要混淆。

（4）浸盐水　将豆粒放入2%的盐水中浸泡约30min，既可除虫又可分离老熟豆。先捞取上浮豌豆，下沉的老熟豆做次品处理。浸泡后的豆粒用流水冲洗干净。

（5）拣豆　将浮选漂洗后的豆粒倒在工作台上，剔除失色豆粒如花斑豆、黄白色豆、棕色豆等色泽不正常的豆粒，表面有破裂、有病虫害的豆粒也应剔除，同时也应剔除碎荚、草屑等杂质。

（6）烫漂　沸水烫漂1.5～3.0min，要适当翻动，使受热均匀，烫漂时间视豆粒的大小和成熟度而定，品质以口尝无豆腥味为宜。

（7）冷却、沥水　冷却后的豆粒立即投入冷水或冰水中冷却，慢慢搅拌，加速冷却。冷却后捞出沥干水分。

（8）冻结　冷却后将豌豆粒装盘，置于－18℃的低温下冻结。

（9）包装、冻藏　冻结后按各种规格包装，纸箱和塑料袋应注明规格，然后冻藏。

（三）速冻芦笋段

1. 工艺流程

原料验收⟶切割⟶分级⟶清洗⟶漂烫⟶冷却⟶沥水⟶速冻⟶装袋

2. 操作要点

（1）原料验收　选用不开花、不散头、无严重弯曲、无刀伤（机械伤）、无紫（白）根、无腐烂、长度在18～20cm、颜色为正常绿色的原料。原料放置在阴凉处。

（2）切割　将粗分级后的原料切至规定的长度。

（3）分级　根据不同长度再次认真分级。要求无串级、无混级。

（4）清洗　流动水气泡清洗机清洗，漂去残渣和异物。

（5）漂烫　将清洗好的产品直接投入到热水中，漂烫水温≥95℃。根据不同规格，以内部烫透，经检验酶失去活性但不烫烂为准。

（6）冷却　将烫好的芦笋立即放入常温水和冰水中冷却，使品温迅速降低。冷却后的品温应低于15℃。

（7）沥水　将冷却好的产品用振动筛振动沥水10～30s。

（8）速冻　将冷却后芦笋装盘，后置于－18℃的低温下冻结。

（9）装袋　将产品装塑料袋中。大包装袋要折口，小包装袋要封口。

（四）速冻甜玉米粒

1. 工艺流程

甜玉米⟶适时采收⟶剥皮、去花丝⟶挑选、修整、分级⟶清洗脱粒⟶漂烫⟶冷却⟶挑选⟶速冻⟶筛选⟶包装⟶冷藏

2. 操作要点

（1）适时采收　甜玉米的最佳采收期为乳熟期，即授粉后20d左右。

采收标准：玉米叶色浓绿，包叶为青绿色，花丝枯萎成茶褐色；籽粒饱满，颜色为黄色或淡黄色，色泽均匀，大小一致，排列整齐，无杂色粒、秃尖、缺粒和虫蛀现象，胚乳为黏稠乳状。要求在采收后2h内及时送到工厂加工。

（2）剥皮去花丝　甜玉米进厂后要在阴凉处散开放置，并立即剥皮加工，从采收到加工的时间不能超过6h，如果在该时间内不能及时加工完毕，则必须放进0℃左右的保鲜冷库内

做短期贮存。要人工剥除甜玉米苞叶，然后去除花丝。

（3）挑选、修整、分级　首先将过老、过嫩、过度虫蛀、籽粒极度不整齐及严重破损变形的甜玉米穗剔除。把有少量虫蛀、杂色粒及破损变形粒的甜玉米穗用刀挖出虫蛀粒、杂色粒和破损粒。然后按玉米穗直径分级，可根据不同的玉米品种分成 2～3 个等级，等级间的直径差定在 5mm 左右，这样可避免脱粒时削得不准或削得过度。

（4）清洗、脱粒　将经分级的玉米穗用流动清水洗净，用专用的玉米削粒机脱粒。调整削粒机上的刀口，以刀口刚好触及玉米穗轴为准。

（5）漂烫　脱粒后的玉米粒应立即进行漂烫，可用沸水或蒸汽进行。沸水漂烫一般多用夹层锅，蒸汽漂烫可用蒸车进行。加热温度为 95～100℃，漂烫时间为 5min 左右。

（6）冷却　漂烫后的玉米粒应立即进行冷却，否则会影响产品质量。一般采用分段冷却的方法，首先用凉水喷淋法，将 90℃左右的玉米粒的温度降到 25～30℃，然后在 0～5℃的水中浸泡冷却，使玉米粒中心的温度降低到 5℃以下。

（7）挑选　及时人工挑拣出穗轴屑、花丝、变色粒及其他杂质，以减轻包装前筛选的压力，并保证产品质量。

（8）速冻　玉米粒速冻使用流化床式速冻隧道进行。具体操作是将玉米粒平铺在传送网带上，传动带下的多台风机以 6～8m/s 的速度向上吹冷风，使玉米粒呈悬浮状态。机器的蒸发温度为－40～－34℃，冷空气温度为－30～－26℃，玉米粒的厚度为 30～38mm，冷冻 3～5min 使玉米粒中心温度达到－18℃即可。速冻完的玉米粒应互不粘连，表面无霜。

（9）筛选　对速冻后的玉米粒要进一步除去杂质、缺陷粒和碎粒，必要时可用 0.4cm 的筛子进行筛选。

（10）包装　速冻玉米粒应在－6℃的条件下进行包装。一般用聚乙烯塑料袋包装，根据需要包装成 250g/袋或 500g/袋。包装后封口，并同时在封口上打印生产日期，装箱后立即送往冷藏库冷藏。

（11）冷藏　冷藏库温要求在－18℃以下，空气相对湿度 95%～98%。冷藏库内的温度波动范围不能超过 2℃，码放时垛与垛要留有足够的空隙，以利空气流通和库温均匀稳定。

五、结果与分析

产品在制作完成后要进行感官评价，将评价结果填入表 1-6-4，并分析造成产品质量缺陷的原因及应采取的预防控制措施。

表 1-6-4　速冻蔬菜产品质量评价

材料	标准			
	色泽	滋味和气味	组织状态	杂质
菠菜	呈鲜绿色，整体色泽一致	具有本品种应有的滋味和气味，无异味	组织鲜嫩，无腐烂变质	呈鲜绿色，整体色泽一致
豌豆	呈鲜绿色、不带异色豆	具有本品种应有的滋味及气味，无异味	组织鲜嫩，豆粒饱满，无破碎豆，无硬粒豆，无病虫害	呈鲜绿色、异色豆

（续）

材料	标准			
	色泽	滋味和气味	组织状态	杂质
芦笋	白色或乳白色（解冻后颜色应无明显变化）	新鲜，有浓郁的芦笋香味，略甜，无异味及苦味	外观去皮良好，整洁，圆滑；组织细嫩，无纤维感或木质粗糙感	白色或乳白色（解冻后颜色应无明显变化）
玉米	浅黄色或金黄色	用开水急火煮3～5min后品尝，应具有该甜玉米品种特有的滋味和甜味，香脆爽口	籽粒大小均匀，无破碎粒，切口整齐	无花丝、苞叶及其他杂质；包装内无返霜现象
自己的作品				

六、思考题

1. 影响速冻果蔬质量的因素有哪些？
2. 如何提高速冻果蔬的质量？
3. 烫漂的作用有哪些？
4. 查文献资料，写出速冻草莓、速冻荔枝的生产工艺。

参　考　文　献

贾庄德．2007. 速冻甜玉米粒加工技术［M］．河北农业科技（4）：48.
潘铎．2003. 甜玉米的加工技术［M］．中国农业科技（1）：38-39.
徐春华，邱增娜，孙中华，等．2010. 有机冷冻菠菜生产技术［J］．中国果菜（12）：36-37.
佚名．2005. 速冻菠菜与速冻豇豆生产工艺［J］．保鲜与加工（3）：3.
丁晓文．2005. 绿芦笋速冻加工技术［J］．中国果菜（4）：42.
李泰荣，刘翠梅，郝冬青．2004. 速冻芦笋的加工工艺［J］．农村适用科技（2）：38.
吴锦涛．2005. 速冻豌豆的生产工艺［J］．云南农业（9）：18.
隆旺夫．2009. 青豌豆速冻和脱水加工［J］．致富天地（7）：38.

（王大红　武汉职业技术学院）

实验五　速冻鱼糜制品的制作

一、实验目的

通过实验使学生对典型传统的速冻鱼糜制品（鱼丸、鱼糕）的加工原理、加工过程有所了解，并熟练掌握其工艺操作要点。

二、实验原理

鱼糜制品是将鱼肉擂溃成糜状，加以调味成型的水产制品。鱼糜制品的种类较多，较典型传统的鱼糜制品主要有鱼丸和鱼糕。在鱼肉中加入一定量的食盐后，通过机械作用，使鱼肉的肌纤维进一步破坏，促进了鱼肉中盐溶性蛋白的溶解，使其与水混合发生水化作用并聚合形成黏性很强的肌动球蛋白溶胶，调味成型并加热后形成具有弹性的凝胶体，即形成各类鱼糜制品。

三、实验材料与仪器设备

新鲜鱼或冷冻鱼糜、食盐、淀粉、白砂糖、黄酒、味精、鸡蛋、葱、姜、胡椒粉、采肉机、绞肉机、精滤机、擂溃机、斩拌机、成型机、真空包装机、蒸锅、电磁炉、速冻机等。

四、实验步骤

（一）速冻鱼丸

1. 工艺流程

冷冻鱼糜⟶解冻
↓
原料鱼⟶去头、去内脏⟶洗涤⟶采肉⟶漂洗⟶脱水⟶精滤⟶擂溃或斩拌⟶成丸⟶冷却⟶速冻⟶包装⟶成品

2. 操作要点

（1）*原料鱼选择及前处理* 鱼糜制品的弹性与原料鱼的种类及新鲜程度有很大关系。为确保鱼丸的高品质，应选用凝胶形成能力较强、脂肪含量较低的白肉鱼，并选用鲜活鱼或具有较高鲜度的冰鲜鱼。将原料鱼进行去头、去鳞、去内脏后，用清水清洗血污、杂质。也可直接选用冷冻鱼糜为原料，先将冷冻鱼糜做半解冻处理，再用切削机将冻鱼糜切成薄片（2～3mm 厚）。

（2）*采肉* 用剖刀垂直从鱼头切下，沿脊椎骨水平向鱼尾剖成完整鱼肉后清洗。将鱼肉放入采肉机进料口中，鱼肉穿过采肉机滚筒的网孔眼进入滚筒内部，鱼骨、鱼刺和鱼皮留在滚筒表面，从而使鱼肉与骨刺、鱼皮得到分离。采肉机滚筒上网眼孔选择范围一般在3～5mm。

（3）*漂洗* 漂洗方法有清水漂洗和稀碱盐水漂洗两种，根据鱼类肌肉性质的不同进行选择。一般来说，漂洗用水量和次数与鱼糜质量成正比，用水量和次数视原料鱼的新鲜度及产品质量要求而定，鲜度好的原料可适当降低用水量和次数，甚至可不漂洗。漂洗时，要注意控制水温在 10℃以下。

（4）*脱水* 鱼肉经漂洗后含水量较多，必须进行脱水处理。鱼肉量较少时，可采用滤布进行过滤脱水。鱼肉量较多时，可采用压榨机或离心机进行脱水，但要注意离心时温度的控制，一般应控制在 10℃以内。

（5）*精滤* 用精滤机可除去鱼糜中的细碎鱼皮、碎骨头等杂质。网孔直径为 0.5～0.8mm。精滤分级过程中必须经常向冰槽中加冰，使鱼肉温度处于 10℃以内，以防止鱼肉变性。

（6）*擂溃* 擂溃是鱼糜制品生产的重要工序之一，分为空擂、盐擂和调味擂溃三个步骤。将鱼肉放入擂溃机或斩拌机中空擂 10min，以破坏鱼肉细胞纤维；之后降入 2%～3%的食盐进行盐擂 10min，促使盐溶性蛋白溶出，形成黏性很强的溶胶；再加入其他调料和添加

剂进行调味擂溃 10～20min。

在擂溃操作时，需要注意几点：①温度，擂溃过程中鱼糜温度会升高，因此在擂溃过程中，可加入适量碎冰，控制温度在 15℃以内，以防鱼肉变性，降低其凝胶性能；②空气，擂溃时混入过多空气会导致产品加热后膨胀，影响产品外观和弹性，最好采用真空擂溃机；③添加配料的次序，首先分数次加入食盐、糖等品质改良剂，擂溃一段时间后，再加入淀粉和其他调味料擂溃。

（7）成丸　现代大规模生产时均采用鱼丸成型机连续生产，丸子的大小可调节，一般为 5～15mm。将制丸机制成的丸子直接放入热水中，水温保持在 80～90℃，经 30～40min，用手指触摸感到富有弹性，即可捞起，沥干水，盛于不锈钢盘中。

（8）冷却　用鼓风机将热鱼丸冷却至室温，利于速冻。

（9）速冻　速冻室温度在－30℃以下，内部强制风循环，鱼丸冷却至室温后，放入速冻室，要求在 20min 以内，鱼丸中心温度冷至－18℃以下。速冻的优点是保护丸子原来的内部结构，防止大颗粒冰晶的出现，最大限度保持鱼丸固有的风味。

（10）包装　按要求将速冻好的鱼丸装入包装袋中，排气封口，装箱。装箱后的产品置于－18～－20℃的冷库中冷藏。

（二）速冻鱼糕

1. 工艺流程

猪肥膘肉⟶绞碎
↓
原料鱼⟶去头、去内脏⟶洗涤⟶采肉⟶漂洗⟶脱水⟶精滤⟶擂溃或斩拌⟶调配⟶铺板成型⟶蒸制⟶冷却⟶速冻⟶包装⟶成品

2. 操作要点

（1）原料鱼前处理、采肉、漂洗、精滤、擂溃等步骤与鱼丸的加工工艺基本相同。

（2）调配　一般情况下，为了使鱼糕具有软嫩顺滑的口感，通常会添加一定比例的猪肥膘肉到鱼糜中。

参考配方：鲜鱼 5 000g、猪肥膘肉 820g、食盐 70g、生姜水 1 600g（姜末∶水＝3∶100）、鸡蛋清 480g、淀粉 410g、味精 9g、白胡椒粉 9g、葱白末 18g、鸡蛋黄 310g。

对双色及三色鱼糕需对鱼糜进行着色调配，一般来说，通常通过加入鸡蛋黄制成黄色肉鱼糜，加入红米粉制成红色肉鱼糜，不添加任何配料即为白色肉鱼糜。将黄、红、白 3 种不同颜色的鱼肉糜分别置于三色成型机中的不同进料口中，供铺板成型用。

（3）铺板成型　小规模生产时通常将调配好的鱼糜倒在砧板上，用菜刀手工成型。目前，工业化生产基本上采用机械化成型，大大提高了生产效率，其原理是利用螺杆把调配好的鱼糜按鱼糕形状挤出，连续铺在木板上，再等距切断而成。一般控制鱼糕的厚度为 2～3cm。

（4）蒸制　将成型的鱼糕先在 45～50℃条件下保温约 20min，再快速升温至 90～100℃进行蒸制 20～30min。这样制得的鱼糕，其弹性将会大大提高。等蒸 25min 后开笼，在鱼糕的表面涂上调好的蛋黄液，然后再蒸 5min 即可出笼。

（5）冷却　将蒸制后的鱼糕立即放入 10～15℃的冷水中进行急速冷却，使鱼糕吸收加

热时失去的水分，防止干燥而发生皱皮和褐变等现象，可弥补因水分蒸发所减少的重量，并使鱼糕表面柔软光滑。冷却后的鱼糕中心温度较高，通常要放在冷却室内继续自然冷却，冷却室空气需要经净化处理，最后用紫外线杀菌灯对鱼糕表面进行杀菌。

（6）速冻　按照加工要求，将冷却后的鱼糕切割成不同形状和大小的产品，放入速冻柜中进行速冻。速冻室温度在－30℃以下，内部强制风循环，要求在20min以内，鱼糕中心温度冷至－18℃以下。

（7）包装　按要求将速冻好的鱼糕装入包装袋中，排气封口，装箱。装箱后的产品置于－18～－20℃的冷库中冷藏。

五、结果与分析

成品质量要求：

1. 鱼丸解冻后，外表光洁、不发黏，有弹性，具有鱼肉特有的香味，无异味，无杂质，煮汤清透，不混浊。

2. 鱼糕解冻后，外形整齐美观，肉质细嫩雪白，无骨刺感，富有弹性，具有鱼糕制品的特有风味，咸淡适中，味道鲜美。

记录实验相关数据，填入表1-6-5，并写出计算过程。

表1-6-5　速冻鱼糜制品制作原料消耗记录

实验日期	鱼肉原料重量/kg	辅料重量/kg	成品重量/kg	每袋净重/g	备注

若成品的质量达不到以上要求，试分析原因。

六、思考题

1. 擂溃在鱼糜制品加工中起到什么作用?
2. 简述鱼丸制品的加工工艺。
3. 简述鱼糕加工的关键控制工序。
4. 简述鱼糕弹性形成的机理及其影响因素。怎样提高鱼糕的弹性?

参　考　文　献

彭增起．2010. 水产品加工学［M］．北京：中国轻工业出版社．
马俪珍．2011. 食品工艺学实验［M］．北京：化学工业出版社．
汪志君．2012. 食品工艺学［M］．北京：中国质检出版社，中国标准出版社．
张钟．2012. 食品工艺学实验［M］．郑州：郑州大学出版社．
华君良．1998. 速冻鱼丸的工业化生产［J］．中国畜产与食品（3）：124-125.
罗登林，聂英，向进乐．2007. 鱼糕加工工艺的研究［J］．食品工业（5）：27-28.

（任丹丹　大连海洋大学）

实验六　速冻肉丸的制作

一、实验目的

通过实验使学生掌握速冻肉丸的加工方法及生产工艺。

二、实验原理

速冻肉丸是肉糜制品中最常见的一类产品，是以猪肉、牛肉、羊肉等为主要原料，辅以天然香辛料和添加剂，经漂洗、绞碎、腌制、成型、熟制、速冻等过程加工而成的传统肉制品。

三、实验材料与仪器设备

原料肉、食盐、大豆分离蛋白、淀粉、酱油、鸡蛋、黄酒、味精、葱、姜、胡椒粉、绞肉机、斩拌机、电子天平、蒸煮锅、电磁炉、成型机、包装机、速冻机等。

四、实验步骤

（一）工艺流程

原料肉⟶漂洗⟶绞碎⟶腌制⟶斩拌⟶成丸⟶熟制⟶速冻⟶包装⟶成品

（二）操作要点

1. 原料的选择　选择符合卫生标准的新鲜肉，除去肋膜、筋腱、猪皮、碎骨、软骨、淋巴等，清除污物。也可选择冷冻肉，将冷冻肉进行自然解冻至肉中心温度0℃即可。

2. 漂洗　漂洗的主要目的为除去肉中阻碍肉糜形成凝胶体的水溶性蛋白及其他对肉丸质量有影响的物质，如酶、血液、有色物质、脂肪、腥味物质、无机盐等，从而提高肉丸的感官品质。漂洗时，应在10℃下多次漂洗，漂洗水量为4倍原料肉质量。

3. 绞碎　原料肉漂洗后，切成3cm见方的小块，用绞肉机将瘦肉和肥膘分别绞碎。

4. 腌制　原料肉经绞碎后，把腌制配料与碎肉拌匀，在0～4℃下腌制2d，在腌制过程中搅拌2～3次。猪肉丸子配料参考：猪肉5kg、食盐125g、白砂糖60g、多聚磷酸盐15g、亚硝酸钠0.69g、料酒40g、味精10g、D-异抗坏血酸钠2g。

5. 斩拌　将腌制好的碎肉、调味料及辅料倒入斩拌机中进行斩拌，斩拌至肉浆呈均匀的黏稠状，时间不宜过长，控制在20min以内，温度控制在8℃以下。最后添加淀粉，使肉浆的微孔增加，形成网状结构，增加肉浆的可塑成型性。

6. 成型　将斩拌好的肉馅放入成型机中，调整好肉丸的质量、大小和成型速度。

7. 熟制　一般采用水煮法对肉丸进行熟化。在水煮时，要控制热水水温在120℃左右，使产品中心温度达到100℃，并维持2min以上，水煮时间不能太短，否则会导致产品夹生或杀菌不彻底，但也不能太长，否则会导致产品出油或开裂。也有一些产品，为了使肉丸具有金黄色的色泽，在水煮后增加油炸环节。将煮熟的肉丸放置在室温冷却一段时间，待冷风吹干肉丸表面的水分后，即可进行油炸，油炸的温度不宜过高，文火炸至肉丸表面呈金黄色即可捞出。熟制后的肉丸放在低温环境中冷却。

8. 速冻、包装　将肉丸平铺在不锈钢盘上，注意不要积压堆放，放入速冻机中速冻。速冻温度为−35℃，时间为30min，要求速冻后的中心温度达到−8℃以下。速冻完成后，将产品进行包装，入库。

五、结果与分析

成品质量要求：肉丸色泽均匀，不粘连，富有弹性。加热熟制后，丸子香味浓郁，具有咀嚼性。

记录实验相关数据，填入表1-6-6，并写出计算过程。

表1-6-6　速冻肉丸制作原料消耗记录

实验日期	肉原料重量/kg	辅料重量/kg	成品重量/kg	每袋净重/g	备注

若成品的质量达不到以上要求，试分析原因。

六、思考题

1. 肉丸在制作过程中为什么需要进行腌制？在腌制时应注意哪些问题？
2. 原料肉前处理时为什么需要漂洗？
3. 挑选两种市场上销售的不同类型的肉丸产品，推测其可能的生产工艺。
4. 影响肉丸弹性的因素有哪些？

参　考　文　献

周光宏．2002. 畜产品加工学［M］．北京：中国农业出版社．
孔保华．2008. 畜产品加工［M］．北京：中国农业科学技术出版社．
马俪珍．2011. 食品工艺学实验［M］．北京：化学工业出版社．
张钟．2012. 食品工艺学实验［M］．郑州：郑州大学出版社．

（任丹丹　大连海洋大学）

第七章　糖果工艺实验

实验一　硬质糖果的制作

一、实验目的

通过实验使学生熟识和掌握硬质糖果（椰子硬糖）的制作方法，明确其操作要点。

二、实验原理

硬质糖果是以白砂糖、淀粉糖浆为主料，色素、香精、酸度调节剂为辅料，经过溶糖、过滤、熬糖、调和、成型、冷却、包装而制成的一类口感硬、脆的糖果。

硬糖糖坯是由蔗糖、转化糖、糊精和麦芽糖等混合物而组成的非晶体结构。非晶体结构糖坯不稳定，有逐渐转变为晶体的特性。在糖果生产中经常采用的抗结晶物质是糊精和还原糖的混合物即淀粉糖浆，以提高糖溶液的溶解度和黏度，限制蔗糖分子重新排列而起的返砂，此外，转化糖也可作为抗结晶物质。非晶体结构糖坯没有固定的凝固点，在糖果生产中就是利用这一特性，进行加调味料、翻拌混合、冷却、拉条和成型等操作。

三、实验材料与仪器设备

白砂糖、淀粉糖浆、色素、香精、酸度调节剂（柠檬酸）、椰汁、椰子油、食盐、电子天平、电磁炉、烧杯、玻璃板、漏斗、加热锅、温度计、测糖仪、搅拌机、冷却台、成型机、包装机。

四、实验步骤

（一）工艺流程

香味料、着色剂、柠檬酸
↓
白砂糖、淀粉糖浆、椰汁、水⟶溶糖⟶过滤⟶熬糖⟶调和⟶冷却⟶成型⟶拣选⟶包装

（二）操作要点

1. 溶糖　白砂糖溶化的目的是将结晶状态的白砂糖变成糖的溶液状态。先将水与淀粉糖浆加热至一定温度时（90～95℃），再将白砂糖加入其中进行溶化。化糖的用水量以总干固物的30%～33%最为适宜。

化糖时加水量的计算：

$$W=0.3W_1-W_2$$

式中　W——实际加水量，kg；

W_1——配料中干固物的总重量，kg；

W_2——配料中水分总重量，kg。

2. 过滤　将溶液中的不溶性物质、杂质除去。

3. 熬糖　溶化后的糖液含水量在20%以上，在温度为108～160℃的加热锅中进行加热，不断搅拌。熬煮到一定时间，就要经常检查糖膏的浓度，具体操作：从锅中取出少许糖膏，放入约30℃的水中浸30s左右取出，当糖膏手感酥脆、颜色棕黄的时候，即达到规定浓度，这时停止加热。

4. 调和　经熬煮的糖液出锅后，在糖体温度为110℃还未失去其流动性时，将所有的着色剂、香料、酸及其他物料及时添加进糖体，在搅拌机中进行搅拌使其分散均匀。

5. 冷却　将糖体置于冷却台上进行降温，使糖液温度降低到便于成型的状态（浇注成型的硬糖则是先浇注，后冷却，终了温度40℃左右），一般冲压成型的硬糖冷却到80～90℃。

6. 成型　大部分硬糖是浇注成型与冲压成型，但也有滚压成型和剪切成型。在成型机中进行。

7. 拣选　将成型过程中不符合标准的糖块挑选出来。

8. 包装　在包装机中进行包装。

五、结果与分析

成品质量要求：糖果外形完整，边缘整齐，大小均匀；色泽光亮、鲜明；香气纯正，口味浓淡适中，无异味；糖体坚硬而脆，不粘牙、不粘纸，无肉眼可见杂质。

将感官评价结果记录于表1-7-1。

表1-7-1　硬质糖果感官评价

感官指标	形态	色泽	滋味	香味	质地	杂质	总评

注：要求实事求是地对实验结果进行清晰的描述，实验失败的必须详细分析可能的原因。

六、思考题

1. 可能导致硬质糖果发烊与返砂的原因都有哪些？

2. 为什么对于冲压成型的硬糖糖坯，冷却温度要达到80～90℃？

3. 溶糖过程中若加水量过多，会造成什么样的结果？

4. 配料中如含较高含量的淀粉糖浆与糊精，在化糖时常会产生很多的泡沫，尤其在温度达到沸点时更为严重，怎样才能较好的控制泡沫的产生？

参考文献

刘宝家，李素梅，柳东，等.1998.食品加工技术、工艺和配方大全（下）[M].北京：科学技术文献出版社.

刘宝家，李素梅，柳东，等.1998.食品加工技术、工艺和配方大全续集4（下）[M].北京：科学技术文献出版社.

（徐永霞　渤海大学）

实验二　代可可脂巧克力的制作

一、实验目的

通过实验使学生熟悉和掌握代可可脂巧克力的工艺流程、工艺参数及其加工技术。

二、实验原理

代可可脂巧克力是以白砂糖和（或）甜味料、代可可脂为主要原料，添加或不添加可可制品（可可脂、可可液块或可可粉）、乳制品及食品添加剂，经特定工艺制成的在常温下保持固体或半固体状态，并具有巧克力风味及性状的食品。在加工过程中，一般利用精磨机和精炼机将配料充分混合均匀并达到所需的细度，然后利用温度对可可脂晶型的影响，通过调温使物料产生最高比例的β晶型。

三、实验材料与仪器设备

代可可脂、白砂糖、可可粉、脱脂奶、卵磷脂、香兰素、水浴锅、精磨搅拌机、电子天平、精炼机、保温缸、不锈钢锅、模盘。

四、实验步骤

（一）工艺流程

配料⟶精磨⟶精炼⟶保温⟶调温⟶成型⟶包装⟶成品

（二）操作要点

1. 原料预处理　制作巧克力的原料，在投料精磨前一般都需要预处理，使原料适应工艺要求。将代可可脂加热使之熔化，温度一般不超过60℃；白砂糖预先磨成糖粉，然后再投料，以此来缩短精磨的时间，并使酱料均匀。然后按照配方，将代可可脂33%、白砂糖44%、可可粉8%、脱脂奶15%投入不锈钢锅中，混合均匀。

2. 精磨　将混合好的酱料投入精磨机中进行精磨，要求酱料精磨后，控制细度在20～25μm，不要过细；精磨时控制温度在40～50℃。

3. 精炼　将精磨后的酱料投入精炼机中，加入适量卵磷脂和香兰素，精炼一般需要24～72h，可按照不同的产品要求灵活掌握；精炼温度为45～60℃。

4. 保温　经过精磨精炼后的巧克力酱料温度较高，为了给调温阶段的生产工艺创造必要的条件而需要进行保温操作。将精炼后的酱料放入保温缸中，调节保温缸维持温度在35～40℃。

5. 调温　使液态的巧克力酱变成固态的巧克力糖果，最好要经过调温阶段，未经调温或调温不好，会使制品质量低劣。

调温的第一阶段，使保温酱料从35～40℃冷却至29℃，可可脂产生晶核，并逐渐转变为其他晶型；调温的第二阶段，物料从29℃继续冷却至27℃，部分不稳定晶型转变为稳定晶型，数量增多，黏度增大；调温的第三阶段，物料从27℃回升至29～30℃，其目的在于使低于29℃以下不稳定的晶型溶化，只保留稳定的晶型即β晶型。同时，物料黏度降低，适于成型工序的要求。

6. 成型　巧克力酱料调温后，应及时成型。将酱料定量浇注在有一定形状的模型中（浇模成型），模盘温度 25～30℃为宜，浇模后需适当振动来排除酱料中的气泡，使组织变得紧密，然后经过冷却使之硬化收缩，凝固成具有良好光泽、一定形状和一定重量的固体。

7. 包装　巧克力成型脱模后，即可进行包装。

五、结果与分析

成品质量要求：巧克力块形端正，边缘整齐，无缺角裂缝，表面光滑，剖面紧密，无 1mm 以上孔洞；口感细腻滑润；色泽光亮，呈棕色或浅棕色；香气纯正，具有可可和乳香风味，口味和顺适中，无异味；无正常视力可见的外来杂质。

将感官评价结果记录于表 1-7-2。

表 1-7-2　代可可脂巧克力感官评价

感官指标	形态	质地	色泽	气味	滋味	杂质	总评

注：要求实事求是地对实验结果进行清晰的描述，实验失败的必须详细分析可能的原因。

六、思考题

1. 在巧克力配方中所含的卵磷脂起到什么作用？
2. 为何选择在精炼阶段加入卵磷脂和香兰素，而不是在原料预混时就添加？
3. 怎样避免巧克力表面形成糖霜？
4. 巧克力制作中精磨的作用有哪些？请简要说明。

参　考　文　献

刘宝家，李素梅，柳东，等 . 1998. 食品加工技术、工艺和配方大全续集 4（下）[M]. 北京：中国科学技术出版社 .

（徐永霞　渤海大学）

实验三　凝胶糖果的制作

一、实验目的

通过实验掌握凝胶糖果的制作工艺及操作要点，理解胶体凝胶形成的原理和条件。

二、实验原理

凝胶糖果是以胶体为骨架，胶体经吸收大量水分后变成液态溶胶，再加入白砂糖等其他配料，经熬糖、静置、浇模成型、冷却等制作工艺，形成柔软、具有一定弹性、韧性且呈半透明的凝胶状糖果，也称软糖。凝胶糖果的主要特点是含有不同种类的胶体，使糖体具有凝胶性质，所以凝胶糖果以所用胶体而命名，如淀粉软糖、琼脂软糖、明胶软糖等。

淀粉软糖是以淀粉或变性淀粉作为胶体，制品性质黏糯，透明度差，含水量在 7%～

18%，多为水果味型或清凉味型。琼脂软糖是以琼脂作为胶体，这类软糖的透明度好，具有良好的弹性、韧性和脆性，多制成水果味型、清凉味型和奶味型，含水量为18%～24%。明胶软糖是以明胶作为胶体，制品透明并富有弹性和韧性，含水量与琼脂软糖近似，也多制成水果味型、奶味型或清凉味型的。

三、实验材料与仪器设备

白砂糖、淀粉糖浆、转化糖、轻沸变性淀粉（流度范围60～70）、模具用淀粉（玉米淀粉）、琼脂、干明胶、柠檬酸、柠檬酸钠、香料、食用色素、熬糖锅、模具、天平、糖度计、干燥箱等。

四、实验步骤

（一）淀粉软糖的制作

1. 工艺流程

配料⟶糊化⟶熬糖⟶浇模成型⟶干燥⟶拌砂⟶再干燥⟶包装

↑（加入熬糖后）

食用色素、香料、柠檬酸

2. 操作要点

（1）*参考配方*　白砂糖43.5%、淀粉糖浆43.5%、变性淀粉12.43%、柠檬酸0.5%、香料0.06%、食用色素0.01%。

（2）*配料*　将变性淀粉放入容器内，加入相当于干变性淀粉8～10倍的水，再加入淀粉糖浆及60%的白砂糖混合，将混合物制成含糖淀粉乳。

（3）*糊化*　将已混合成的含糖淀粉乳倒入锅中，进行加热，并不断搅拌，使其糊化均匀，避免结焦、结块，形成均匀透明的糖淀粉糊。

（4）*熬糖*　淀粉糊在加热的条件下，透明度逐步增加，再加入配料中剩下的40%白砂糖，边搅拌边继续熬煮，当浓度达到72%时即可停止。边搅拌边加入柠檬酸、香料、食用色素，直至搅拌均匀。

（5）*浇模成型*　用淀粉做好的粉模，由于含有水分比较多，必须先进行干燥除去粉模中的水分。浇模时，粉模温度保持在37～49℃，把熬好的糖浆（温度为90～93℃）浇入粉模中。浇模的温度不能太低，避免发生早期凝固。

（6）*干燥*　干燥除去浇模成型的淀粉软糖含有的部分水分，干燥温度为40～50℃，干燥24h，粉模内的水分不断蒸发和扩散，软糖表面的水分转移到粉模内，软糖内部的水分不断向表面转移。同时，软糖内约有22%的蔗糖水解生成了还原糖。

（7）*拌砂、再干燥*　将已干燥24h的软糖取出后消除表面的余粉，拌砂糖颗粒。拌砂就是用颗粒均匀的细白砂糖进行搅拌，使其黏着在软糖的表面。拌砂后的软糖再进行干燥，40～50℃下干燥24～48h，脱去多余的水分和拌砂过程中带来的水汽，以防止糖粒的粘连。当干燥至软糖水分不超过8%、还原糖为30%～40%时即可结束干燥过程。

（二）琼脂软糖的制作

1. 工艺流程

白砂糖、淀粉糖浆
↓
琼脂→浸泡→加热溶化→过滤→熬糖→冷却、调和→成型→干燥→包装
↑
食用色素、香料、柠檬酸

2. 操作要点

（1）*参考配方* 白砂糖 69.4%、淀粉糖浆 27.8%、琼脂 2.47%、柠檬酸 0.17%、香料 0.15%、食用色素 0.01%。

（2）*浸泡琼脂，加热溶化* 将选好的琼脂浸泡于冷水中，用水量约为琼脂质量的 20 倍，视琼脂质量而不同。为了加快溶化，可加热至 85～95℃，溶化后用纱布过滤。

（3）*熬糖* 先将白砂糖加水溶化，再加入已溶化的琼脂，加热熬至 105～106℃，加入淀粉糖浆，再熬至所需要的浓度为止，浇模成型的软糖糖液浓度应在 78%～80%；切块成型的软糖糖液浓度应在 75%。熬糖时的温度不能太高，否则琼脂易受热分解而使糖液发黏，影响糖液的凝胶力。

（4）*冷却、调和* 在熬煮后的糖浆中加入食用色素和香料，待糖液温度降至 76℃以下时加入柠檬酸。为了保护琼脂不受酸的影响，可在加酸前加入相当于加酸量 1/5 的柠檬酸钠作为缓冲剂。琼脂软糖的酸度以控制在 pH4.5～5.0 为宜。对于不加柠檬酸的软糖，可以不需要进行预冷却。

（5）*成型* 包括切块成型和浇模成型。在切块成型之前，需将糖液倒入擦过一些植物油的清洁冷却盘上，使糖液保持一定的厚度，等待糖液冷却凝固成冻状后切块，凝固时间为 0.5～1.0h。

（6）*凝结* 对于浇模成型的，粉模温度应保持 32～35℃，糖浆温度不低于 65℃。浇注后需经 3h 以上的凝结时间。凝结适温约在 38℃左右。

（7）*干燥和包装* 成型后的琼脂软糖，还需干燥以脱除部分水分。烘房温度以 26～43℃为宜。温度过高、干燥速度过快会使软糖外层成硬壳，表面皱缩。当干燥至不黏手，含水量不超过 20%为宜。为了防霉，对琼脂软糖必须严密包装。

（三）明胶软糖的制作

1. 工艺流程

明胶→泡胶、制胶冻
↓
白砂糖、淀粉糖浆、转化糖→溶解、过滤→熬糖→冷却→静置→浇模成型→干燥→拌砂→包装
↑
食用色素、香料、柠檬酸

2. 操作要点

（1）*参考配方* 白砂糖 33.7%、淀粉糖浆 47.1%、转化糖 11.8%、干明胶 6.74%、柠檬酸 0.59%、香料 0.06%、食用色素 0.01%。

（2）泡胶、制胶冻　明胶在冷水中不溶，但加热时能溶化成溶胶，冷却时冻结成冻胶，所以用明胶制造软糖时，干明胶要预先兑水，制成冻胶，然后再和其他物料混合。将干明胶按 1∶2 的比例加水浸润后，加热待全部化成溶胶，再凝结成一定厚度的冻胶，分切成小块，这样使用起来就比较方便。

（3）熬糖　先将白砂糖溶化（加水量为白砂糖的 30%），再加入淀粉糖浆和转化糖浆，待全部溶化后，经 80 目筛过滤除杂。再一起熬煮加热，一般糖浆熬煮温度为 115～120℃，即可停止熬糖，待糖浆的温度下降至 100℃左右时，再加入明胶胶冻混合，并缓慢搅拌（搅拌过程中避免产生气泡），直至明胶完全溶解。

（4）调配　当明胶糖浆的温度降至 90℃以下时，加入适量食用色素、食用香精及柠檬酸，再将缓冲剂柠檬酸钠用等量水溶化后调入，缓慢搅拌混合均匀。

（5）静置　搅拌混合后的糖浆需静置一定时间，让糖浆中的气泡集聚到糖浆表面溢出，直到混合糖液澄清为止。

（6）成型　①浇模成型，通常用淀粉做模盘，淀粉具有强大的吸水能力，用石膏模印，在平整过的盛满干燥淀粉的盘上，缓和地压印一下，就成为淀粉模盘。当糖浆浇在粉模中，不仅具有定型作用，而且水分会被干淀粉所吸收，就起干燥的作用。如果糖浆浓度较高，浇模成型后不要另外再进行干燥；如果糖浆浓度较低，浇模成型后，表面再覆盖一层干燥淀粉放在烘房内进行低温干燥，在低于 40℃的条件下干燥 24～48h，直至达到所需稠度与软硬度。②切块成型，将静置后的糖浆冷却凝结制成具一定厚度的固体，再进行切块成型。

（7）拌砂、包装　浇模成型的明胶软糖，从淀粉中分筛出来，清除糖粒表面的模粉后，即可进行拌砂。如采用凝结切块成型的明胶软糖，切块成型后即可直接进行拌砂。拌砂过后即可进行包装，可采用塑料袋或盒装。

五、结果与分析

按照《糖果凝胶糖果》（SB/T10021—2008），实事求是地对试制产品的感官指标和理化指标进行评价，记录于表 1-7-3、表 1-7-4，并描述存在什么问题，结合本课程的理论原理对问题进行分析讨论。

表 1-7-3　凝胶糖果感官评价

项目	凝胶糖果的感官要求		试制产品的感官评价		
			淀粉软糖	琼脂软糖	明胶软糖
色泽	符合品种应有的色泽				
形态	块形完整，表面光滑，边缘整齐，大小一致，无缺角、裂缝，无明显变形，无粘连				
组织	植物胶型	糖体光亮，略有弹性，不粘牙，无硬皮，糖体表面可附有均匀的细砂糖晶粒			
	动物胶型	糖体表面可附有均匀的细砂糖晶粒，有弹性和咀嚼性；无皱皮，无气泡			
	淀粉型	糖体表面可附有均匀的细砂糖晶粒，口感韧软，略有咀嚼性；不粘牙；无淀粉裹筋现象，表面可有少量均匀熟淀粉，具有弹性和韧性			
滋味、气味	符合品种应有的滋味和气味，无异味				
杂质	无肉眼可见杂质				

表 1-7-4　凝胶糖果理化指标

项目	凝胶糖果的理化指标要求			试制产品的理化指标		
	植物胶型	动物胶型	淀粉型	淀粉软糖	琼脂软糖	明胶软糖
干燥失重（每 100g）/g	≤18.0	≤20.0	≤18.0			
还原糖（以葡萄糖计，每 100g）/g		≥10.0				

六、思考题

1. 拌砂的目的是什么？

2. 白砂糖和淀粉糖浆在琼脂软糖生产中各起什么作用？其用量及比例应如何确定？

3. 琼脂在软糖中有什么作用？说明其凝胶形成的条件及控制。

4. 制作明胶软糖时，为什么要在糖浆温度降至 100℃加入明胶混合，而不是在糖浆温度为 115～120℃时直接加入？

5. 3 种软糖之间有何区别？

6. 凝胶糖果在工业化生产中采用什么设备？

参　考　文　献

赖健，王琴 . 2010. 食品加工与保藏实验技术［M］. 北京：中国轻工业出版社 .
刘玉德 . 2008. 糖果巧克力配方与工艺［M］. 北京：化学工业出版社 .
赵征 . 2009. 食品工艺学实验技术［M］. 北京：化学工业出版社 .
赵晋府 . 2000. 食品工艺学［M］. 北京：中国轻工业出版社 .
廖兰，芮汉明 . 2007. 变性淀粉软糖生产工艺的研究［J］. 食品工业科技（9）：162-168.
赵明明，薛勇，王超，等 . 2012. 营养保健型紫菜明胶软糖的研制［J］. 食品研究与开发（5）：86-89.

（龚玉石　广东药学院）

实验四　焦香糖果的制作

一、实验目的

了解焦香糖果的制作原理，掌握焦香糖果的制作工艺流程及操作要点，理解抑制糖结晶和促进返砂的机理。

二、实验原理

焦香糖果是采用白砂糖、淀粉糖浆、炼乳、油脂、食盐、明胶及香料等原料制成的带有特殊焦香风味的糖果。焦香糖果分为胶质型和返砂型两种，胶质型焦香糖果有韧性的组织结构，质地黏稠、致密，具有一定的咀嚼性，而返砂型焦香糖果质地紧密，带有酥脆感，不耐咀嚼。

三、实验材料与仪器设备

白砂糖、淀粉糖浆、全脂奶粉、氢化棕榈油、无水乳油、食盐、干明胶、香料、熬糖锅、打蛋机、刮刀、天平、温度计、控温电炉等。

四、实验步骤

（一）工艺流程

胶质型焦香糖果

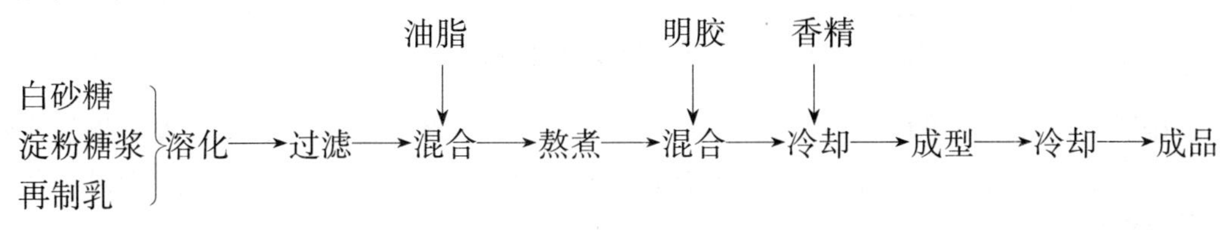

返砂型焦香糖果

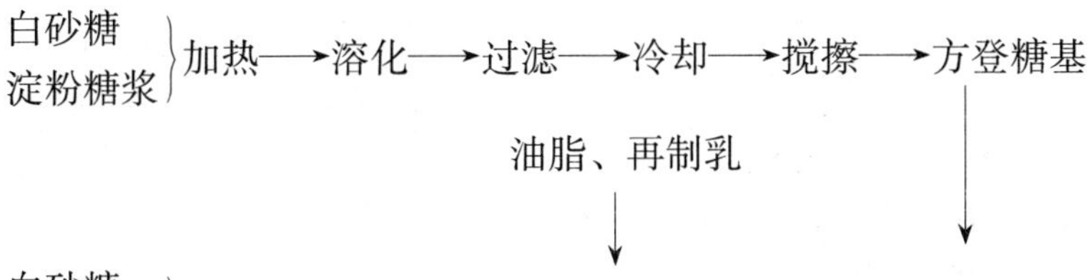

白砂糖
淀粉糖浆 }加热→溶化→过滤→混合→熬煮→混合→冷却→成型→冷却→成品

参考配方

1. 胶质型焦香糖果　白砂糖 35%～40%、淀粉糖浆干固物 30%～35%、全脂奶粉 15%～30%、氢化棕榈油 15%～20%、无水奶油 5%～10%、食盐 0.2%～0.3%、明胶 1.5%～2.0%，香精适量。

2. 返砂型焦香糖果　白砂糖 55%～60%、淀粉糖浆干固物 15%～20%、全脂奶粉 15%～30%、氢化棕榈油 5%～10%、无水奶油 1%～3%、食盐 0.2%～0.3%，香精适量。

（二）操作要点

1. 物料准备　使用 60℃热水溶解奶粉至乳固体为 40%的再制乳。选用凝胶强度大于 220Bloomg 的食用明胶，用 20℃左右的水浸泡，用水量为明胶的 2.5 倍，浸泡 2h。稍微加热搅拌，冷却待用。

2. 熬煮　边搅拌边熬煮，使物料充分溶解、混合，蒸发掉多余的水分，使奶糖具有焦香味。胶质型奶糖的熬糖温度为 125～130℃，熬糖时间为 30～40min；砂质型奶糖的熬糖温度掌握在 130℃，熬糖时间为 30～40min。在 125～130℃投放再制乳和无水奶油，待熬煮温度回升至所要求的温度、糖体软硬适度时即可出锅。

3. 混合　将熬好的糖体置于打蛋机内，放入已溶化的明胶，开始慢慢转动搅打，以防糖浆溅溢，待糖浆稍冷、黏度增大后，再开快转搅打并加入香精。

4. 冷却　自然冷却至 70℃，进行整形拉条、切块成型，自然冷却至室温即得成品。

5. 砂质型奶糖的砂质化

（1）控制还原糖含量　在打蛋机内通过强烈搅拌使蔗糖重新结晶。

（2）方登糖基的制作　方登糖基是白砂糖晶体和糖浆的混合物。蔗糖 80%～90%，淀粉糖浆 10%～20%，溶化后熬至 118℃，然后冷却至 60℃以下，在打蛋机内制成白色可塑体，冷却后成为固体。结晶相占50%～60%，糖浆相占50%～40%。结晶相中的晶核很小，在5～30μm以下，可产生细腻的口感。

（3）使用时，将熬好的糖膏冷却至70℃以下，加入20%～30%的方登糖基，搅拌混合，方登糖基在砂质型奶糖中起着晶核的诱晶作用，最终使制品形成细致的砂质结构。

五、结果与分析

按照《糖果　焦香糖果》（SB/T 10020—2008），实事求是地对试制焦香糖果的质量进行评价，记录于表1-7-5、表1-7-6，并描述存在什么问题，结合本课程的理论原理对问题进行分析讨论。

表1-7-5　焦香糖果感官评价

项目		焦香糖果的感官要求	试制产品的感官评价	
			胶质型焦香糖果	返砂型焦香糖果
色泽		均匀一致，符合该品种应有的色泽		
形态		块形完整，表面光滑，边缘整齐，大小一致，厚薄均匀，无缺角、无裂痕、无明显变形		
组织	胶质型	糖体表面、剖面光滑，组织紧密，口感细腻，有韧性和咀嚼性，微粘牙，不粘纸		
	砂质型	糖体组织紧密，结晶细微，口感细腻，不粘牙，不粘纸		
滋味、气味		符合该品种应有的滋味和气味，无异味		
杂质		无肉眼可见杂质		

表1-7-6　焦香糖果理化指标

项目	焦香糖果的理化指标要求		试制产品的理化指标	
	胶质型	砂质型	胶质型焦香糖果	返砂型焦香糖果
干燥失重/g	≤9.0	≤9.0		
还原糖（以葡萄糖计）/g	≥8.0	≥2.0		
脂肪/g	≥3.0	≥3.0		
蛋白质/g	≥1.5	≥1.5		

注：项目中各指标均以100g焦香糖果计。

六、思考题

1. 焦香糖果的焦香风味是怎样产生的？
2. 焦香糖果各组分分别发挥什么作用？相互之间有何交联反应？
3. 制作砂质型糖果时，采用什么方法可以促进结晶的形成？如何控制晶体的大小？
4. 在工业化生产中，制造焦香糖果采用什么设备？

参　考　文　献

赖健，王琴．2010．食品加工与保藏实验技术［M］．北京：中国轻工业出版社．
刘玉德．2008．糖果巧克力配方与工艺［M］．北京：化学工业出版社．
赵征．2009．食品工艺学实验技术［M］．北京：化学工业出版社．

赵晋府.2000.食品工艺学[M].北京：中国轻工业出版社.

（龚玉石 广东药学院）

实验五 低度充气糖果的制作

一、实验目的

通过实验使学生熟识和掌握低度充气糖果（求斯糖）制作的工艺流程、工艺参数及其加工技术。

二、实验原理

低度充气糖果是由糊精粉、白砂糖和淀粉糖浆经加热后加入适量明胶、香味料、色素等，用明胶做胶体，按一定的生产方式充分搅拌后加工而成的。在其制造过程中加入发泡剂（明胶），经机械搅拌使糖体充入无数细密的气泡，从而形成组织疏松、密度降低、体积增大、色泽改变的质构特点。

三、实验材料与仪器设备

（一）实验材料

表 1-7-7 低度充气糖果制作实验材料配比

分组	材料	重量
A	明胶	1.0kg
	水	2.0kg
B	白砂糖	35.0kg
	水	12.0kg
	淀粉糖浆	50.0kg
	植物硬脂	4.0kg
	乳化剂	0.02～0.04kg
	糊精	1.0kg
C	香味料、色素	根据需要

（二）仪器设备

电磁炉、电子秤、温度计、贮器、搅打锅、加热锅、冷却台、拉白机、切割成型机。

四、实验步骤

（一）工艺流程

浸泡明胶→溶化
↓
混合糊精粉、白砂糖→加热→搅拌→加热→混匀→冷却→充气→切割→包装
↑（搅拌）淀粉糖浆、脂肪乳化剂 ↑（混匀）香味料、色素

（二）操作要点

1. 浸泡明胶　将明胶与水隔夜浸泡，次日温热溶化，备用。如采用粉粒明胶，可将水加热至90～95℃，然后将明胶均匀分散于热水，剧烈搅拌，在10～15min内完全溶化，撇去表面浮沫杂质，随后冷却至60℃以下，贮器保温50℃左右，此明胶溶液应在4h内分批用完。

2. 加热、搅拌　将B部分的糊精粉与白砂糖混合，置于加热锅内加水充分分散均匀，然后加入淀粉糖浆和脂肪乳化剂混合料，以中挡速度继续搅拌10min，使之达到充分的乳化。

3. 熬煮　然后将以上物料搅拌加热熬至120～125℃，熬煮终点可根据气候条件和产品口感需要确定。达到熬煮要求后即停止加热，随即将A部分明胶溶液加入，以快速搅拌2～3min达到物料均匀为止。

4. 混匀　将以上混合物料倒入冷台，趁热将预先制备的香味料和色素溶液加入翻拌混匀。物料混合也可在专用的设备中进行。

5. 冷却、充气　混合物料在冷却台表面适当冷却至稠密状态，即可移至拉白机上拉伸充气，拉伸速度控制在24r/min，经4～5min达到所需的充气水平为止。

6. 切割、包装　充气物料随后被移至切割成型机上进行切割，切割时的物料温度保持在45℃左右，成型的糖块经适当冷却后进行包装。

五、结果与分析

成品质量要求：糖果成品要求外形完整，边缘整齐，大小均匀；色泽光亮、鲜明；香气纯正，口味浓淡适中，无异味；糖体坚硬而脆，不粘牙，不粘纸，无肉眼可见杂质。

将感官评价结果记录于表1-7-8。

表1-7-8　低度充气糖果感官评价

感官指标	形态	色泽	滋味	气味	质地	杂质	总评

注：要求实事求是地对实验结果进行清晰的描述，实验失败的必须详细分析可能的原因。

六、思考题

1. 低度充气糖果与高度充气糖果的区别主要表现在哪几个方面？请具体说明。
2. 明胶为什么要隔夜浸泡？
3. 为什么明胶溶液要在4h内用完？如果超出规定时间，会对实验结果造成怎样的影响？
4. 操作要点步骤2中充分乳化的作用是什么？
5. 本实验为什么选择拉伸充气？

参考文献

朱肇阳．1994．充气型糖果第四部分：低度充分糖果（上）［J］．食品工业（3）：23-27.
朱肇阳．1994．充气型糖果第四部分：低度充分糖果（中）［J］．食品工业（3）：27-31.

（徐永霞　渤海大学）

第八章　发酵调味品工艺实验

实验一　豆豉的制作

一、实验目的

通过实验使学生熟识和掌握霉菌型豆豉的制作方法，明确其操作要点。

二、实验原理

豆豉菌种有根霉、毛霉、曲霉或细菌，根据发酵菌种的不同而有所谓霉菌型豆豉和细菌型豆豉（由枯草芽孢杆菌和小球菌酿制而成）。利用它们分泌的蛋白酶等酶系，把大豆蛋白质分解到一定程度，加入食盐、酒、香辛料等辅料抑制酶活力，延缓发酵过程，并形成具有独特风味的发酵食品。

三、实验材料与仪器设备

黄豆或黑豆、曲霉、食盐、水、无菌操作常用设备、塑料薄膜、泡菜坛。

四、实验步骤

（一）工艺流程

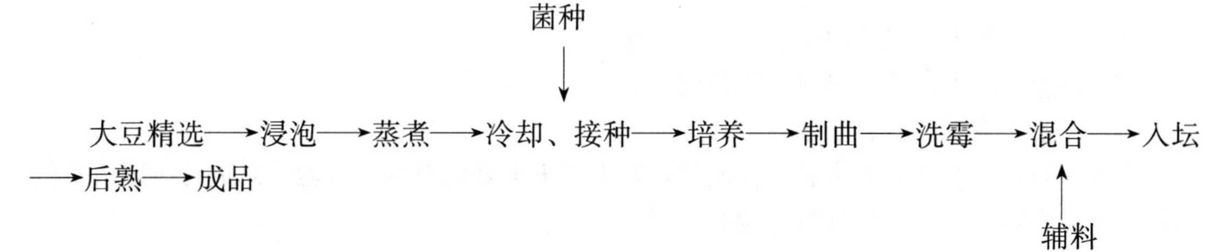

（二）操作要点

1. 浸豆　将选好的大豆放入桶内，加水浸泡4～5h，浸泡程度以豆粒膨胀无皱纹、手指能将豆瓣分离即可。

2. 蒸制　将沥干的大豆放在蒸桶内蒸，常压下蒸煮1～2h，其间要翻动使受热均匀，煮后以手指捏成饼状、无硬心为标准。

3. 冷却、接种　煮后摊凉，待品温到30～35℃时，接入菌种，拌匀，装入簸箕中，厚2cm左右，入曲室。

4. 制曲　保持室温25℃，将品温控制在28～30℃。22h左右可见白色菌丝布满豆粒，曲料结块；品温上升至35℃左右，进行第一次翻曲，搓散豆粒使之松散；翻曲次数随品温高低而异，品温高的多翻几次，品温低的少翻几次；72h豆粒布满菌丝和黄绿色孢子即可出曲。

5. 水洗　将成曲倒入盛有温水的池（桶）中，洗去表面的分生孢子和菌丝，然后捞出装入框中用水冲洗至成曲表面无菌丝和孢子，且脱皮甚少。整个水洗过程控制在 10min 左右。

6. 堆积吸水　水洗后将豆曲沥干、堆积，并向豆曲上间断洒水，调整豆曲含水量在 45%左右。

7. 升温加盐　豆曲调整好水分后，加盖塑料薄膜保温。经过 6～7h 堆积，品温上升至 55℃，可迅速拌入食盐。

8. 发酵　成曲升温后加入 18%的食盐，立即装入罐中至八成满。装时层层压实，盖上塑料薄膜及盖面盐，加上坛盖，注水入水封槽，腌制期内要经常检查，防止槽水干枯或生水渗入坛内。4～6 个月后，豆豉颗粒滋润，味香甜，呈黑色，即为成品。注意密封坛口，勤换封槽水。

五、结果与分析

1. 实验结果　将实验结果记录于表 1-8-1。

表 1-8-1　豆豉制作原料消耗记录

实验日期	原料大豆重量/kg	浸泡大豆吸水量/kg	成曲重量/kg	堆积吸水量/kg	加盐量/kg	成品重量/kg	成品含水量/%	每吨成品原料消耗量/kg	每吨成品需盐量/kg	备注

注：写出计算过程。

2. 结果分析　豆豉感官指标如下：

（1）色泽　黑褐色，油润光亮。

（2）香气　酱香、酯香浓郁，无不良气味。

（3）滋味　鲜美，咸淡可口，无苦涩味。

（4）体态　颗粒完整、松散。

根据感官评定判断本次实验是否成功，要求实事求是地对本人实验结果进行条理清晰的叙述，实验失败的必须详细分析可能的原因。

六、思考题

1. 豆豉的分类方法和主要种类有哪些？
2. 霉菌型豆豉的制作要点有哪些？
3. 蒸煮大豆时应注意什么？对制曲的质量有什么影响？
4. 制曲过程中为什么要进行翻曲？
5. 洗霉的目的是什么？需要注意什么？

参 考 文 献

张水华，刘耘．2000. 调味品生产工艺学［M］．广州：华南理工大学出版社．

（陈清婵　荆楚理工学院）

实验二　腐乳的制作

一、实验目的

通过实验使学生掌握腐乳发酵的工艺过程。观察腐乳发酵过程中的变化。

二、实验原理

腐乳是我国独特的传统发酵食品，由豆腐发酵制成。民间老法生产腐乳均为自然发酵，现代酿造厂多采用蛋白酶活性高的鲁氏毛霉或根霉发酵。豆腐坯上接种毛霉，经过培养繁殖，分泌蛋白酶、淀粉酶、谷氨酰胺酶等复杂酶系，在长时间的发酵中与腌坯调料中的酶系、酵母、细菌等协同作用，使腐乳坯蛋白质缓慢水解，生成多种氨基酸，加之由微生物代谢产生的各种有机酸与醇类作用生成酯，形成细腻、鲜香的腐乳特色。

三、实验材料与仪器设备

毛霉斜面菌种、马铃薯葡萄糖琼脂培养基（PDA）、无菌水、豆腐坯、甜酒酿、白酒、黄酒、食盐、培养皿、三角瓶（500mL）、接种针、小笼格、喷枪、小刀、带盖广口玻璃瓶、显微镜、恒温培养箱。

四、实验步骤

（一）工艺流程

毛霉斜面菌种⟶扩大培养⟶孢子悬浮液⟶豆腐坯⟶接种⟶培养⟶晾花⟶加盐⟶腌坯⟶装瓶⟶后熟⟶成品

（二）操作要点

1. 悬液制备

（1）*毛霉菌种的扩繁*　将毛霉菌种接入斜面培养基，于25℃培养2d；将斜面菌种转接到盛有种子培养基的三角瓶中，于同样温度下培养至菌丝和孢子生长旺盛，备用。

（2）*孢子悬浮液制备*　于上述三角瓶中加入无菌水200mL，用玻璃棒搅碎菌丝，用无菌双层纱布过滤，滤渣倒回三角瓶，再加200mL无菌水洗涤1次，合并滤液于第一次滤液中，装入喷枪贮液瓶中供接种使用。

2. 接种孢子　用刀将豆腐坯划成4.1cm×4.1cm×1.6cm的块，将笼格经蒸汽消毒、冷却，用孢子悬浮液喷洒笼格内壁，然后把划块的豆腐坯均匀竖放在笼格内，块与块之间间隔2cm。再用喷枪向豆腐块上喷洒孢子悬浮液，使每块豆腐周身沾上孢子悬浮液。

3. 培养与晾花　将放有接种豆腐坯的笼格放入培养箱中，于20℃左右下培养，培养20h后，每隔6h上下层调换一次，以更换新鲜空气，并观察毛霉生长情况。44～48h后，菌丝顶端已长出孢子囊，腐乳坯上毛霉呈棉花絮状，菌丝下垂，白色菌丝已包围住豆腐坯，此时将笼格取出，使热量和水分散失，坯迅速冷却，其目的是增加酶的作用，并使霉味散发，此操作在工艺上称为晾花。

4. 装瓶与压坯　将冷至20℃以下的坯块上互相依连的菌丝分开，用手指轻轻地在每块表面揩涂一遍，使豆腐坯上形成一层皮衣，装入玻璃瓶内时，边揩涂边沿瓶壁呈同心圆方式一层一层向内侧放，摆满一层稍用手压平，撒一层食盐，每 100 块豆腐坯用盐约 400g，使平均含盐量约为 16%，如此一层层铺满瓶。下层食盐用量少，向上食盐逐层增多，腌制中盐分渗入毛坯，水分析出，为使上下层含盐均匀，腌坯 3～4d 时需加盐水淹没坯面，称之为压坯。腌坯周期：冬季为 13d，夏季为 8d。

5. **装坛发酵** 将腌坯沥干，待坯块稍有收缩后，将按甜酒酿 0.5kg、黄酒 1.0kg、白酒 0.75kg、盐 0.25kg 的配方配制的汤料注入瓶中，淹没腐乳，加盖密封，在常温下贮藏 2～4 个月成熟。

6. **质量鉴定** 将成熟的腐乳开瓶，进行感官质量鉴定、评价。

五、结果与分析

1. **实验结果** 将实验结果记录于表 1-8-2。

表 1-8-2 腐乳制作原料消耗记录 单位：kg

实验日期	豆腐坯重量	食盐用量	甜酒酿用量	黄酒用量	白酒用量	水用量	成品重量	每吨成品原料消耗量	每吨成品需盐量	备注

注：写出计算过程。

2. **结果分析** 从腐乳的表面及断面色泽、组织形态（块形、质地）、滋味及气味、有无杂质等方面综合评价腐乳质量。要求实事求是地对本人实验结果进行清晰的叙述，实验失败的必须详细分析可能的原因。

六、思考题

1. 腐乳生产主要采用何种微生物？
2. 腐乳生产发酵的原理是什么？
3. 晾花的目的是什么？
4. 试分析腌坯时所用食盐的含量对腐乳质量有何影响？

参 考 文 献

张水华，刘耘．2000. 调味品生产工艺学［M］．广州：华南理工大学出版社．

（陈清婵 荆楚理工学院）

实验三 豆瓣酱的制作

一、实验目的

通过实验使学生掌握豆瓣酱酿造工艺及控制要求，熟悉豆瓣酱酿造常用的微生物类型。

二、实验原理

米曲霉是酱类主发酵菌，具有复杂的酶系统，主要有蛋白酶，可分解原料中的蛋白质；

谷氨酰胺酶，可分解谷氨酰胺直接生成谷氨酸，增强酱类（酱油）的鲜味；淀粉酶，可分解淀粉生成糊精和葡萄糖。以米曲霉为主要微生物将蚕豆原料发酵而酿制成富含氨基酸、肽和肉样风味的传统发酵食品。

三、实验材料与仪器设备

蚕豆、面粉、米曲霉麸曲、食盐、灭菌锅、瓷盘、培养箱、超净工作台、发酵坛。

四、实验步骤

（一）工艺流程

面粉（↓混合）　种曲（或曲精）（↓接种）

蚕豆⟶去皮⟶豆瓣⟶浸泡⟶蒸熟⟶冷却⟶混合⟶接种⟶制曲⟶入池发酵⟶自然升温⟶加第一次盐水⟶保温发酵⟶加第二次盐水及盐⟶翻酱⟶豆瓣酱

（二）操作要点

1. 米曲霉麸曲的制备　麦麸过筛，水洗去除淀粉，拧干至有水出而不下滴，装500mL瓶，于0.1MPa灭菌45min，冷却接种斜面米曲霉菌种，28～30℃培养2～6d，黄绿色孢子成熟，即为米曲霉麸曲。

2. 蚕豆瓣蒸煮　蚕豆浸泡、煮沸，人工剥去蚕豆皮，蚕豆瓣常压蒸煮30min，或0.1MPa蒸10min，按干豆瓣重40%的标准拌入面粉，调节水分含量，冷却。

3. 蚕豆曲的制备　当原料冷却至35℃左右时，接种米曲霉麸曲，接种量为0.15%～0.30%，30℃培养24～48h，注意曲料保湿，及时补充无菌水，待曲料长满黄绿色孢子，即为蚕豆成品曲。

4. 蚕豆醪的发酵　将蚕豆曲5kg送入发酵容器（发酵坛），扒平表面，稍压实。待品温上升至40℃时，加60～65℃热盐水（10～12波美度）7kg，让盐水逐渐渗入曲内后，再翻拌酱醅，扒平表面，加一薄层封面盐，盖严。45℃保温发酵10d后酱醅成熟。第二次加盐0.4kg、水0.5kg，搅拌溶化盐，再发酵3～5d或将发酵缸移至室外后熟数天，即得成熟的豆瓣酱。

五、结果与分析

1. 实验结果　将实验结果记录于表1-8-3。

表1-8-3　豆瓣酱制作原料消耗记录

实验日期	蚕豆重量/kg	浸泡蚕豆吸水量/kg	面粉重量/kg	成曲重量/kg	加盐量/kg	成品重量/kg	成品含水量/%	每吨成品原料消耗量/kg	每吨成品需盐量/kg	备注

注：写出计算过程。

2. 结果分析

（1）试述豆瓣酱制作应注意的问题。

（2）从豆瓣酱的色泽、体态（黏稠度）、滋味及气味、有无杂质等方面综合评价豆瓣酱质量。要求实事求是地对本人实验结果进行清晰的叙述，实验失败的必须详细分析可能的原因。

六、思考题

1. 简述米曲霉的扩大培养工艺。
2. 简述豆瓣酱的制作工艺及要点。
3. 蚕豆曲制备过程中应注意些什么？
4. 制酱醅过程中为什么要进行二次加盐水？

参 考 文 献

张水华，刘耘．2000. 调味品生产工艺学［M］．广州：华南理工大学出版社．

（陈清婵　荆楚理工学院）

实验四　甜面酱的制作

一、实验目的

通过实验使学生熟识和掌握甜面酱的制作方法，明确其操作要点。

二、实验原理

甜面酱又称面酱或甜酱，它是以面粉为主要原料，经米曲霉发酵而制成的一种酱类调味品，适于酱爆、酱烧及凉拌等多种烹饪方式，同时也是酱制酱腌菜的主要辅料。它主要利用米曲霉分泌的淀粉酶和蛋白酶等酶系，将面粉中的淀粉和蛋白质分解为糊精、麦芽糖、葡萄糖和各种氨基酸，从而使甜面酱成为含有多种风味物质和营养成分的调味佳品。

三、实验材料与仪器设备

面粉、米曲霉、食盐、水、超净工作台、立式全自动灭菌锅、料理机、保鲜膜、不锈钢盆。

四、实验步骤

（一）工艺流程

制曲
↓
面粉→润水→蒸料→冷却→接种→发酵→磨细→加热灭菌→成品

（二）操作要点

1. 原料选择　选用新鲜优质的面粉。

2. 原料处理

（1）蒸料　将面粉与水充分拌和（面粉和水的比例为10：3或10：4），使面粉吸水均匀，然后将面团放入常压蒸锅中蒸料1h左右，蒸制完成的标准以熟面块呈玉白色，嚼时不粘牙，稍有甜味为宜。

（2）*冷却、接种*　将蒸熟的面块冷却至40℃左右，按配比将拌和了面粉的种曲（小麦粉与种曲之比为10∶1）均匀地撒在面粒表面，再拌和均匀。

（3）*制曲*　以面粉质量为基准，接种精曲量为0.3%，水添加量为30%～36%。将曲料疏松平整地装入曲箱，将曲料品温控制在30～32℃，静置培养6h左右；当曲料结块、呈白色时，使曲料品温降至30℃左右，翻曲一次；将品温保持在35℃左右，静置培养8h左右，曲料二次结块，再进行一次翻曲；二次翻曲后，曲料品温上升缓慢，曲料表层菌丝体顶端开始有孢子着生，曲料颜色逐渐变黄，品温保持在35℃左右，经18h左右，孢子由黄变绿，曲料结成松软的块状，即为成曲。

（4）*发酵*　选用无杂质的优质盐和饮用水，配制13波美度盐水。将盐水加热到60～65℃，按配比缓缓倒在曲料表层（面曲和盐水的比例为1∶1），让其逐渐渗入曲料中；控制品温46～50℃，每天搅拌一次，4～5d曲料开始糖化，10～15d后，酱醅变为金黄色或棕褐色时，即为成品。

（5）*磨细及灭菌*　成熟后将甜面酱迅速磨细并过滤，装罐后立即灭菌保存。

五、结果与分析

成品质量要求：甜面酱呈金黄色或浅棕红色，有浓郁的酱香味和酯香味，味道鲜美，甜咸适中，无异味，酱体黏稠适度、细腻、无杂质。

将实验结果记录于表1-8-4。

表1-8-4　甜面酱制作实验结果分析

实验日期	原料面粉重量/kg	浸泡面粉吸水量/kg	成曲重量/kg	堆积吸水量/kg	加盐量/kg	成品重量/kg	成品含水量/%	色泽、形态	气味、滋味	备注

注：写出计算过程。

六、思考题

1. 甜面酱发酵过程中起主要作用的是哪类微生物？其最适温度和湿度分别是多少？
2. 甜面酱制曲过程中需要注意些什么？
3. 在发酵过程中加入的盐水，为什么要控制其浓度为13波美度？
4. 成熟的甜面酱在室温下易感染哪类微生物？可以采用什么方法来抑制？

参考文献

何国庆.2010.食品发酵与酿造工艺学［M］.2版.北京：中国农业出版社.
葛向阳，田焕章，梁运祥.2005.酿造学［M］.北京：高等教育出版社.
马新村.2001.甜面酱酿制技术［J］.中国调味品（8）：28-30.

（吴鹏　黄冈师范学院）

实验五　辣椒酱的制作

一、实验目的

通过实验使学生熟识和掌握辣椒酱的制作方法，明确其操作要点。

二、实验原理

辣椒酱是一种传统的调味品，多以新鲜的红辣椒为主要原料，经破碎、自然发酵等工艺加工制成，具有光泽鲜艳、酱香味浓、咸辣鲜美、宜胃助食、营养丰富、耐贮存等特点。

三、实验材料与仪器设备

红辣椒、食盐、生姜、大蒜、料理机、泡菜坛。

四、实验步骤

（一）工艺流程

食盐、姜、蒜
↓
红辣椒→去蒂→清洗、晾干→绞碎→配料→装坛→发酵→成品

（二）操作要点

1. 原料选择　选用成熟新鲜、无病斑、无虫眼、无腐烂变质的红色辣椒。

2. 原料处理

（1）去蒂　去除红辣椒的茎蒂。

（2）清洗、晾干　将红辣椒清洗干净，沥干辣椒表面的水分。

（3）绞碎、配料　以红辣椒的量为基准，用料理机将红辣椒、1%姜、1%蒜（根据个人口味可酌量增减）、8%的食盐绞碎成均一的酱状物。

（4）装坛、发酵　常温下自然发酵10～15d即可食用。

五、结果与分析

成品质量要求：辣椒酱呈鲜红色，有浓郁的辣椒酱香味，具有酸、咸、辣、香的独特鲜味，无异味，酱体黏稠、细腻、无杂质。

将实验结果记录于表1-8-5.

表1-8-5　辣椒酱制作实验结果分析

实验日期	原料红辣椒重量/kg	加姜量/kg	加蒜量/kg	加盐量/kg	成品重量/kg	成品含水量/%	成品含盐量/%	色泽、形态	气味、滋味	备注

注：写出计算过程。

六、思考题

1. 分析辣椒酱在自然发酵过程中起主要作用的微生物是哪一类。
2. 辣椒酱在自然发酵过程中有哪些注意事项？为什么要封盖发酵？
3. 辣椒酱在食用和贮藏的过程中为什么不能沾水和油？
4. 辣椒酱能长期密封保藏不变质的原因是什么？

参　考　文　献

陈志强，洪文艳 . 2004. 新型辣椒酱的制作方法［J］. 中国调味品（4）：36-38.
上海市酿造科学研究所发 . 1998. 发酵调味品生产技术［M］. 北京：中国轻工业出版社 .
张云甫，李长茂 . 1998. 中外调味大全［M］. 北京：中国城市出版社 .

（吴鹏　黄冈师范学院）

实验六　米醋的制作

一、实验目的

通过实验使学生了解米醋的酿造原理，掌握米醋制作的工艺与方法。

二、实验原理

我国的米醋酿制历史悠久，以镇江香醋为代表的大多粮食醋是采用固态发酵法酿制的。固态发酵法制醋是醋酸发酵时物料呈固态的一种酿醋工艺，一般以粮食为主料，以麸皮、谷糠、稻壳为填充料，经糖化、酒精发酵和醋酸发酵三个过程——即淀粉在糖化酶作用下水解为可发酵性糖，经酵母菌无氧发酵生成酒精，进而在醋酸菌作用下生成醋酸的过程。固态发酵法酿造的米醋香气浓郁、口味醇厚、色深质浓，深受大多数消费者的喜爱。本实验主要介绍固态发酵法酿造米醋的过程与方法。

三、实验材料与仪器设备

糯米、α-淀粉酶、糖化酶、麸皮、谷糠、酿酒活性干酵母、醋酸菌种子液、食盐、碘液、天平、磨浆机、酒精计、pH 计、温度计、灭菌锅、生化培养箱、摇床等。

四、实验步骤

（一）工艺流程

糯米⟶浸水磨浆⟶液化⟶糖化⟶冷却⟶酒精发酵⟶成熟酒醪⟶醋酸发酵⟶过滤⟶调配⟶灭菌⟶成品

（二）操作要点

1. 浸米与磨浆　将糯米放入清水中浸泡 24h，将米与水以 1∶2 的比例混合并磨成均匀米浆，使米浆浓度在 20%左右，调整 pH 为 6.2～6.4。

2. 液化与糖化　将糯米浆液在不断搅拌条件下加热至 85～90℃，加入 α-淀粉酶（每克原料 12～16U），保持品温液化 10～15min，用碘液检测呈棕黄色即已达到液化终点。将液化醪调整至 63～65℃，加入糖化酶（每克原料约 200U），糖化 6h。

3. **酒精发酵** 将糖化液调整糖度为 12%，加入 0.1%酿酒活性干酵母，发酵温度 32～33℃，每天翻搅一次，搅拌后迅速封好。发酵时间为 4d，第二天开始测定酒精度和酸度，当发酵醪酒精度达 10%且不再上升、酸度达 0.4%时，酒醪成熟。

4. **醋酸发酵** 在成熟酒醪中加入适量水调整酒精度为 6.5%～7.0%。按照1∶0.5∶0.8的比例拌入辅料麸皮和谷糠，以补充部分营养成分和疏松基质。接入 5%～10%的醋酸菌种子液，发酵温度 36～38℃，控制品温不超过 40℃。发酵 3～5d 后温度升高，每天需翻醅一次，发酵 8～9d 后，当醋汁酸度达到 4%以上、酸度停止上升时，即认为醋酸发酵结束。此时应立即将 5%食盐撒于醋醅表面，以防氧化，再翻 1～2d 后熟以增加风味和色泽。

5. **过滤、调配与灭菌** 醋醅经过滤后可得到清亮生醋。依据《酿造食醋》（GB18187—2000）进行成品醋调配。国家一级食醋每 100mL 醋酸含量总酸≥3.5g，可溶性无盐固形物≥1.0g。65℃加热 30min，冷却后即为成品。

五、结果与分析

成品米醋要求为明亮深褐色，香气芬芳浓郁，口感酸而不涩、香而微甜，无异味，无明显沉淀。

分析实验现象并填入表 1-8-6。

表 1-8-6 米醋制作实验结果评价及分析

感官评分（10 分）		理化指标（每 100mL）/g	
色泽（2 分）		总酸	
香气（3 分）			
滋味（3 分）		可溶性无盐固形物	
澄清度（2 分）			
实验中出现的问题			

六、思考题

1. 在米醋发酵过程中为什么要进行液化和糖化？
2. 醋酸发酵过程中翻醅的目的是什么？
3. 米醋酿造过程中发生了哪些生化反应？
4. 醋酸发酵时拌入辅料的目的是什么？

参 考 文 献

国家国内贸易局．GB 18187—2000 酿造食醋［S］．北京：中国标准出版社．

赵征．2009. 食品工艺学实验技术［M］．北京：化学工业出版社．

马俪珍．2011. 食品工艺学实验［M］．北京：化学工业出版社．

（姚晓琳 湖北工业大学）

实验七　果醋的制作

一、实验目的

通过实验使学生理解果醋的加工原理，并掌握果醋的制作方法与工艺。

二、实验原理

果醋是以水果或果品加工下脚料为原料，经酒精发酵和醋酸发酵过程酿制而成的食醋产品。因水果营养丰富且有丰富的芳香物质，酿制的醋不仅有水果芳香，而且酸味比粮食醋柔和，风味明显优于粮食醋，已被列入保健醋行列，是欧美、日本等主要的食醋种类。果醋生产技术分液态发酵和固态发酵两种。液态发酵法与固态发酵法相比具有发酵周期短、劳动强度小、发酵过程易控制、可减少杂菌污染等优点。但由于是纯种培养，且发酵时间有限，因此液态发酵法形成的风味物质较少，其风味和口感较固态发酵法略差。制作果醋可选用的原料有苹果、梨、葡萄、沙棘、红枣、杏、山楂、柑橘、草莓、香蕉等。本实验以锦橙为例，介绍液态发酵法制作锦橙果醋的过程与方法。

三、实验材料与仪器设备

锦橙、白砂糖、亚硫酸氢钠、果胶酶、果酒用活性干酵母、醋酸菌、硅藻土、天平、榨汁机、糖度计、酒精计、pH 计、温度计、灭菌锅、生化培养箱、摇床等。

四、实验步骤

（一）工艺流程

原料⟶清洗⟶榨汁⟶二氧化硫处理⟶果胶酶酶解⟶过滤⟶糖度调整⟶灭菌⟶酒精发酵⟶醋酸发酵⟶澄清处理⟶调配⟶灭菌⟶成品

（二）操作要点

1. 原料处理　选择新鲜完好、成熟度高的锦橙，剔除腐烂、病虫害的果实，用流动清水反复浸洗，将附着在果实表面上的泥土、微生物和农药洗净。破碎后去核打浆，添加 0.015%硫酸氢钠溶液，混匀，防止果汁被空气氧化并抑制有害微生物的生长。之后添加 1.2%果胶酶，混匀，45℃处理 2～3h，过滤。将糖度调整至 10%～12%，煮沸灭菌 15min，冷却至室温。

2. 酒精发酵

（1）酵母种子液制备　果汁榨汁后装入试管，经高压灭菌，冷却后接入已活化的酵母菌，在 28～30℃下培养 24～48h，当发酵旺盛时，即可转入二级三角瓶扩培。将试管培养的酵母菌移入三角瓶内已灭菌的果汁中，接种量为 3%～5%，摇匀后在 28～30℃下培养 24～48h 即可作为酒精发酵种子液。

（2）酒精发酵　将酵母种子液接入锦橙汁中，接种量 5%，发酵温度为 26～30℃，发酵时间 5～7d，监测糖度变化，当残糖量为 1%时，发酵结束，调整酒精度至 7%～8%。

3. 醋酸发酵

（1）醋酸种子液制备　将酒精发酵后的锦橙酒液装入试管中，经灭菌处理后，冷却至常温，接入已活化的醋酸菌，在28～30℃下摇床培养24～48h，当发酵旺盛时，即可转入二级三角瓶扩培。经酒精发酵的锦橙酒液进行灭菌处理，冷却后将试管培养的醋酸菌移入三角瓶内，接种量为10%，摇匀后在28～30℃下摇床培养24～48h，待发酵正常，即可作为实验室用醋酸发酵种子液。

（2）醋酸发酵　将醋酸种子发酵液接入酒精发酵果汁中进行醋酸发酵，接种量为10%，发酵时间20d，发酵温度为32～35℃，监测酸度变化，以发酵液中酸度不再上升时停止发酵。

4. **澄清处理**　果醋混浊主要是由其中的果渣、酵母等细小悬浮物引起的。加入0.4%硅藻土澄清处理，30min内达到澄清透明，对果醋的风味影响甚小。

5. **果醋饮料的调配及灭菌**　锦橙果醋饮料最佳调配比例为每100mL中含果醋10mL、果汁40mL、蔗糖8g。95℃灭菌5min，冷却后即为成品。

五、结果与分析

产品评价：成品果醋饮料要求呈金黄色，具有和谐的醋香和果香味，清香醇郁，刺激味小；口感柔和，甜酸适中、爽口，无异味；澄清透明，无悬浮物，无沉淀。

分析实验现象并填入表1-8-7。

表1-8-7　果醋制作实验结果评价及分析

感官评分（10分）		理化指标（每100mL）/g	
色泽（2分）		总糖	
香气（3分）		总酸	
滋味（3分）		可溶性固形物	
澄清度（2分）			
实验中出现的问题			

六、思考题

1. 原料处理时为什么要加入果胶酶？
2. 酒精发酵过程中酵母菌产生什么作用？
3. 在果醋发酵过程中需注意的关键工艺控制点有哪些？
4. 果醋不同的发酵方式对风味和口感有什么影响？

参 考 文 献

马俪珍.2011.食品工艺学实验［M］.北京：化学工业出版社.
周雁.2009.食品工程综合实验［M］.杭州：浙江工商大学出版社.

（姚晓琳　湖北工业大学）

实验八　酱油的制作

一、实验目的

通过实验使学生了解酱油的酿造原理，掌握酱油酿造的工艺与方法。

二、实验原理

酱油起源于我国，是一种营养价值丰富、以蛋白质和淀粉为主要原料经微生物发酵酿制而成的调味品。酿制过程中复杂的生化反应使酱油含有多种高级醇、酯、醛、酚和有机酸、谷氨酸等，形成酱油特有的香味、鲜味和色素，是一种色香味俱全、营养丰富的调味品。酱油的发酵方法有很多，根据发酵加水量的不同，可以分为稀醪发酵、固态发酵及固稀发酵；根据加盐量的不同，可以分为有盐发酵、低盐发酵和无盐发酵；根据发酵时加温情况不同，又可以分为自然发酵和保温速酿发酵。采用固态低盐发酵酿造的酱油质量稳定，风味较好，操作管理简便，发酵周期较短，是目前普遍采用的酿造方法。本实验主要介绍固态低盐发酵法酿造酱油的工艺与方法。

三、实验材料与仪器设备

豆粕、麸皮、面粉、米曲霉、鲁氏酵母菌、食盐、纱布、灭菌锅、天平、pH 计、温度计、生化培养箱、摇床等。

四、实验步骤

（一）工艺流程

原料⟶润水⟶蒸煮⟶冷却⟶种曲⟶制曲⟶成曲拌盐水⟶酱瓶发酵⟶成熟酱醅浸提⟶原油（生酱油）⟶调配⟶灭菌⟶澄清⟶分析

（二）操作要点

1. **种曲制备**（三角瓶种曲）　将面粉、麸皮和水以 1∶4∶5 的比例混合均匀，装入三角瓶中，物料厚度 1cm 左右为宜，加压 0.1MPa，30min 灭菌。冷却后接入物料质量 0.2%的米曲霉孢子粉，摇晃均匀，置于恒温培养箱 30℃培养 18h 左右（发白结饼），摇瓶一次，将结块摇碎。继续 30℃培养 4h 左右（发白结饼），再摇瓶一次，培养 3d 全部长满黄绿色孢子即可，置冰箱备用。

2. **成曲制备**

（1）蒸料　将豆粕、麸皮和水以 3∶2∶5 的比例混合，润水 1h。加压 0.1MPa，蒸料 30min，迅速冷却。要求熟料蒸熟不夹生，使蛋白质达到适度变性及淀粉质全部糊化的程度，以利于米曲霉生长繁殖。

（2）制曲　原料蒸熟后，迅速冷却到 35～40℃，并把结块打碎，接种于 0.5%左右的三角瓶中，拌匀装入曲盒或竹匾，摊平（厚度 2cm），盖上湿润灭菌纱布置于恒温培养箱，30～32℃静置培养。接种 12～14h 后品温迅速上升，当品温上升至 35℃、曲料出现白色菌丝并结块时第一次翻曲，使曲料疏松均匀。继续培养 4～6h，当品温又升至 35℃时进行第二次翻曲。控制品温 30～32℃继续培养，制曲 24h 后，控制品温 28～30℃，米曲霉产生孢子并大量分泌蛋白酶、淀粉酶、纤维素酶等。制曲时间36～40h结束，曲呈淡黄绿色，酶活力已达最高峰，此时需及时出曲，否则酶活力会下降。

3. 发酵

（1）盐水配制　配制15%的盐水溶液。

（2）曲料装瓶　将成曲揉碎成直径1cm左右的颗粒，装入1～2L的圆柱形带盖玻璃瓶中，与盐水按1∶2比例拌和，使水分迅速均匀地渗入曲内，放置到恒温培养箱中。

（3）发酵控制　前期主要是曲料中的蛋白质和淀粉在酶的作用下被水解。品温保持在45～50℃，约需7d完成水解。后期主要是通过鲁氏酵母菌的发酵作用形成酱油的风味。将制备好的鲁氏酵母菌按10^5个（鲁氏酵母菌）/g（酱醪）的量淋在酱醅表面，补加适量的浓盐水，使酱醅含盐量达到15%左右，品温下降至30～32℃，约需15d完成酒精发酵及后熟。

（4）原油（生酱油）浸出　成熟的酱醅（切勿搅拌）通过尼龙滤布滤出粗原油，然后再经滤纸得到澄清的原油。

（5）灭菌和分析　将原油依据《酿造酱油》（GB 18186—2000）进行调配，调配后的酱油于65℃加热30min进行巴氏灭菌，并静置澄清，约7d后可进行成品分析。

五、结果与分析

产品评价：成品酱油要求呈明亮深红色；酱香浓郁，无不良气味；滋味鲜美醇厚，咸味适口；体态澄清。

分析实验现象并填入表1-8-8。

表1-8-8　酱油制作实验结果评价及分析

感官评分（10分）		理化指标（每100mL）/g	
色泽（2分）		全氮	
香气（3分）		氨基酸态氮	
滋味（3分）		可溶性无盐固形物	
澄清度（2分）			
实验中出现的问题			

六、思考题

1. 不同发酵方式对酱油的风味有什么影响?
2. 酱油酿造过程中产生了哪些风味物质?
3. 酱油原油浸出时为什么不能搅拌酱醅?
4. 制曲时米曲霉分泌的蛋白酶有什么作用?

参　考　文　献

国家国内贸易局.GB 18186—2000酿造酱油［S］.北京：中国标准出版社.

赵征.2009.食品工艺学实验技术［M］.北京：化学工业出版社.

马俪珍.2011.食品工艺学实验［M］.北京：化学工业出版社.

（姚晓琳　湖北工业大学）

第二部分　综合设计实验

第一章　畜产食品加工开发实验

实验一　禽肉制品加工开发实验

一、实验目的

本实验旨在通过实验使学生熟识和掌握休闲鸭肉制品制作的工艺流程、工艺参数及其加工技术，锻炼学生理论联系实际和综合运用所学知识的能力，强化学生实践动手能力，提高学生解决食品生产实际问题的能力。

二、课程内容

本实验课程内容由实验选题、方案设计、实施操作、质量检验、经济分析和实验报告等六部分组成。

（一）实验选题

正式实验开始前5周，实验指导教师对学生进行实验分组，组织学生进行实验选题。本综合开发实验选题应符合以下原则：

1. 难度适中　综合开发实验内容不宜过于简单，也不宜过于复杂，实验内容应控制在3～5d内完成。

2. 紧贴生产实际　实验选题应结合禽肉加工市场现状和发展趋势，切合工厂生产实际。

3. 具有可操作性　实验实施场地的技术手段和仪器设备应能达到完成实验内容的要求。

表2-1-1中的实验题目可供参考。

表2-1-1　禽肉制品开发实验

序号	实验题目	主要内容
1	鸡肉糜脯制品的生产	主要研究添加的辅料、斩拌程度、腌制时间、烘烤温度等对于鸡肉糜脯制品的风味、色泽、质构等指标的影响
2	油炸鸡肉产品的生产	研究不同种类的淀粉以及用量、滚揉的时间、液肉比、蒸煮时间、油炸温度、油炸时间、冷冻速度等因素对于油炸鸡肉产品的硬度、弹性、黏聚性以及咀嚼性等指标的影响，确定最佳生产工艺
3	休闲鸭肉制品的生产	主要内容为研究食盐、白砂糖的添加量以及卤制时间等因素对休闲鸭肉制品的感官指标、理化指标以及微生物指标的影响，确定最佳生产工艺
4	蛋黄酱的生产	通过单因素试验和正交试验对生产配方（菜籽油、蛋黄以及酸化剂的用量）进行优化，研究杀菌温度、搅拌时间、均质次数以及成品杀菌时间对产品的影响

（二）方案设计

实验分组以后，以小组形式通过查阅资料和共同讨论，结合课堂的理论学习，进行实验方案的设计，制订实验实施的具体计划，列出所需原辅料的种类和数量及仪器设备等，并提交指导教师审核和完善。

（三）实施操作

实验实施方案经指导教师审核确认后，便进入实施操作环节，包括以下几个阶段：

1. 实验材料准备阶段　实验开始前 3 周，准备实验所需的生产设备、化学试剂、玻璃仪器、原辅材料等，并对生产设备进行检修和试运行，检查设备状态。

2. 实验开始前理论讲授阶段　实验正式开始前，指导教师组织学生进行课前理论讲授，内容包括实验目的与意义、实验原理、实验过程中的注意事项、生产设备和分析仪器使用指导等。

3. 实验实施阶段　学生在教师的指导下，各小组按照制订的实验计划开展实验，及时记录实验数据并总结分析，针对实验中遇到的技术困难及时请教指导教师并讨论解决。

（四）质量检验

实验完成后，各小组需要对自己生产的产品进行分析与检验。质量检验包括产品的感官指标检验、理化指标检验和微生物指标检验等三个方面。

1. 感官指标检验　感官指标检验是依靠视觉、嗅觉、味觉、触觉和听觉等来鉴定食品的外观形态、色泽、气味、滋味和硬度（稠度），一般是在理化和微生物检验之前进行。感官指标包括色泽、外观形态、香气和滋味等。

2. 理化指标检验　理化指标检验需依靠特定的仪器设备，在对产品进行一定的处理后进行化学分析。理化指标主要包括水分、脂肪、蛋白质、维生素、重金属等。

3. 微生物指标检验　微生物指标检验是运用微生物学的理论与方法，检验食品中微生物的种类、数量、性质及其对人的健康的影响，以判别食品是否符合质量标准的检测方法。微生物指标主要包括细菌总数、大肠菌群和致病菌。

（五）经济分析

经济分析是对开发的产品进行经济上的评价。实验完成后，各小组需要对产品进行成本核算，按照产品定价策略，给产品制定合理的价格，并做初步的市场分析和利润分析。

（六）实验报告

实验报告是学生对实验全过程进行总结分析的最终体现，应以科技论文的格式进行编写，包括题目、作者、单位、摘要、关键词、前言、材料与方法、结果与讨论、结论、致谢、参考文献等内容。

实例 1　鸡肉糜脯制品的生产

一、实验目的

通过实验使学生掌握鸡肉糜脯形成的机理以及凝胶结构，掌握鸡肉糜脯产品开发的工艺参数设计方法和其保水的机理和方法，掌握禽肉制品品质检测方法。

二、实验原理

鸡肉糜脯制品是以鸡胸肉为原料，经过斩拌破坏其肌肉纤维，用食盐腌制使得其肌纤维蛋白溶出形成具有可塑性的溶胶，最后通过烘烤工艺过程制成的一种凝胶类产品。

三、实验材料与仪器设备

1. 实验材料　鸡胸肉、白砂糖、食盐、花生油、三氯乙酸、氯化钾、三氯甲烷、乙醇、盐酸、氢氧化钠、甲基红、次甲基蓝、乙二胺四乙酸二钠、无水碳酸钾、硼酸、阿拉伯胶、硫代巴比妥酸。

2. 仪器设备　搅拌器、粉碎机、水分活度仪、pH 计、低速离心机、色差仪、电子天平、干燥箱、培养箱、真空包装机、分光光度计、均质机、质构仪。

四、实验步骤

（一）工艺流程

原料验收⟶分组⟶清洗⟶斩拌⟶腌制⟶成型⟶烘烤⟶冷却⟶成品⟶入库

（二）操作要点

1. 原料选择　原料所属的鸡在饲养过程中没有采用含有非法添加物的饲料饲喂。选用肉质致密、形状大小均一、不带有病原菌、寄生虫或病毒的鸡胸脯肉。实验以 100g 鸡胸脯肉为实验单元。

2. 清洗　将所选原料先用温水浸泡 1h，然后用流动水进行清洗，去除掉表面污物。一般情况下，清洗用的水温不超过 15℃。

3. 斩拌　斩拌是鸡肉糜加工过程中一个重要的步骤，适合的斩拌时间对于产品品质是十分必要的。斩拌过度容易使得蛋白质不能在脂肪颗粒表面形成完整的包裹状，使得乳胶出现脂肪分离现象，从而降低肉糜制品的质量。因此在本实验中根据不同的斩拌时间（10s、20s、30s、40s、50s、60s），分别通过保水性、pH、挥发性盐基氮（TVB-N）、硬度、感官等指标来得到 100g 鸡胸肉最适合的斩拌时间。

4. 腌制　鸡肉绞打成肉糜后，分别加入不同比例的食盐和白砂糖腌制 10h，以肉糜制品保水性、pH、色差、硬度、感官等指标确定最佳配比（表 2-1-2）。以最佳配比分别腌制 1h、2h、4h、6h 和 8h，根据上述指标确定最佳腌制时间。

表 2-1-2　鸡肉糜脯制品腌制配方确定试验

试验组	食盐/%	白砂糖/%
1	2	5
2	2	7
3	2	10
4	4	5
5	4	7
6	4	10
7	6	5
8	6	7
9	6	10

5. 成型　将上述腌制好的鸡肉糜脯人工抹成片状（直径约 6cm，厚度约 5mm），放入 4℃冰箱当中。

6. 烘烤　烘烤主要是通过加速肉表面水分蒸发，发生蛋白质变性、水解，脂肪氧化等过程，从而形成特有的组织性状、风味以及色泽。烘烤条件试验设计如表 2-1-3 所示。

表 2-1-3　鸡肉糜脯制品烘烤条件试验设计

试验组	烘烤温度	产品水分含量/%
1	先 40℃，后 100℃	15
2	先 40℃，后 120℃	20
3	先 40℃，后 140℃	25
4	先 60℃，后 100℃	15
5	先 60℃，后 120℃	20
6	先 60℃，后 140℃	25
7	先 80℃，后 100℃	25
8	先 80℃，后 120℃	20
9	先 80℃，后 140℃	15

7. 冷却　将已加工好的原料在室温摊凉。

8. 真空包装　采用塑料袋进行真空包装。

五、结果分析

1. 斩拌时间试验结果　斩拌时间对于鸡肉糜脯制品理化指标的影响结果填入表 2-1-4。

表 2-1-4　斩拌时间试验结果

试验组	斩拌时间	保水性	pH	TVB-N	质构指标（硬度）	感官指标
1	10s					
2	20s					
3	30s					
4	40s					
5	50s					
6	60s					

2. 腌制配方试验结果　不同食盐和白砂糖配比下，腌制 10h 后鸡肉糜脯制品各项指标结果填入表 2-1-5。

表 2-1-5　腌制配方试验结果

试验组	色差	质构指标（硬度）	感官指标	pH
1				
2				
3				
4				
5				
6				
7				
8				
9				

3. 腌制时间试验结果　不同腌制时间对于鸡肉糜脯制品各项理化指标的影响结果填入表 2-1-6。

表 2-1-6　腌制时间试验结果

试验组	腌制时间	色差	质构指标（硬度）	感官指标	pH
1	1h				
2	2h				
3	4h				
4	6h				
5	8h				

4. 烘烤条件试验结果　不同烘烤温度和最终产品含水量对于产品最终理化指标影响结果填入表 2-1-7。

表 2-1-7　烘烤条件试验结果

试验组	色差	感官指标	质构指标（硬度）
1			
2			
3			
4			
5			
6			
7			
8			
9			

六、质量检验

1. 感官指标　见表 2-1-8。

表 2-1-8　鸡肉糜脯制品感官指标评分标准

评分项目及所占比例	评分标准	得分
色泽（15%）	色泽鲜明均匀、有光泽	4～5
	色泽良好、光泽一般	2～4
	色泽较差、无光泽	1
质地（30%）	质地柔软、有韧性	4～5
	质地较柔软	2～4
	质地较硬	1
香气（15%）	有鸡肉脯独特香气、无异味	4～5
	有鸡肉脯独特香气、有少许异味	2～4
	有异味	1
口感（30%）	肉质细腻、耐嚼	4～5
	肉质较粗糙、难嚼	2～4
	肉质粗糙、难嚼	1
组织状态（10%）	片形规则、完整，无焦片、生片	4～5
	片形基本规则，有少许焦片	2～4
	片形不规则、不整齐，有焦片和生片	1

2. 理化指标　见表2-1-9。

表 2-1-9　鸡肉糜脯制品理化指标评定标准（GB 2726—2005）

项目	指标
水分（每100g）/g	≤20.0
复合磷酸盐/（g/kg）	≤5.0
苯并芘/（μg/kg）	≤5.0
铅/（mg/kg）	≤0.5
无机砷/（mg/kg）	≤0.05
总汞/（mg/kg）	≤0.05

3. 微生物指标　见表2-1-10。

表 2-1-10　鸡肉糜脯制品微生物指标评定标准（GB 2726—2005）

项目	指标
菌落总数/（cfu/g）	≤80 000
大肠菌群/（MPN/100g）	≤150
致病菌（沙门氏菌、志贺氏菌、金黄色葡萄球菌）	不得检出

实例2　油炸鸡肉制品的生产

一、实验目的

通过实验使学生掌握油炸鸡肉制品开发的工艺流程、工艺参数设计方法，掌握油炸鸡肉产品品质检测方法。

二、实验原理

油炸鸡肉制品是以鸡腿为原料，通过腌制、滚揉、蒸煮、油炸等单元操作而制成的产品。

三、实验材料与仪器设备

1. 实验材料　鸡腿肉、味精、复合磷酸盐、变性淀粉、食用色拉油、调味料。
2. 仪器设备　滚揉机、蒸柜、油炸机、单冻机、质构仪。

四、实验步骤

（一）工艺流程

原料验收⟶清洗⟶分组⟶滚揉⟶蒸煮⟶上粉⟶上浆⟶油炸⟶冷却⟶成品⟶入库

（二）操作要点

1. 原料选择　原料所属的鸡在饲养过程中没有采用含有非法添加剂的饲料饲喂。选用肉质致密、形状大小均一、不带有病原菌、寄生虫或病毒鸡的鸡腿肉。不同成熟时间的鸡腿肉对于产品的质量有很大影响。本实验考虑分别采用未成熟、成熟12h、成熟24h的原料按照液肉比20％，真空度－0.07MPa，倾斜度5°，滚揉时间40min，转速8r/min；滚揉完毕，用蒸柜蒸煮滚揉后的肉至其中心温度为75℃并保持1min，冷却10min；将产品冷冻30min至中心温度－18℃以下；微波炉中火力加热4min解冻，用质构分析仪测试产品硬度、弹性、黏聚性和咀嚼性。具体试验见表2-1-11。

表2-1-11　不同成熟度鸡腿肉排试验

试验组	鸡腿成熟时间
1	0h
2	12h
3	24h

2. 滚揉　不同成分的滚揉液以及滚揉条件对于油炸鸡腿排的出品率以及质构参数有着很大的影响。而在滚揉液的配方中（表2-1-12）主要对产品质量指标起作用的是淀粉、磷酸盐。

表2-1-12　滚揉液配方　　单位：％

辅料	盐	味精	复合磷酸盐	香辛调味料	淀粉（种类?）	卡拉胶	水
配比	2	1.75	?	16.25	?	?	×

注：×水的比例按淀粉和复合磷酸盐比例补齐至100％。

（1）淀粉的种类选择　分别选取木薯淀粉、玉米淀粉、玉米变性淀粉和土豆淀粉，按淀粉5％、复合磷酸盐1.5％、卡拉胶0的比例形成滚揉液配方。按照原料选择中的方法获得蒸煮品与单冻品并测定指标。

（2）淀粉用量的选择　按照上述结果选择合适淀粉，分别以2％、3％、4％、5％、6％、7％、8％、9％、10％、15％、20％的比例，在其他条件不变的条件下形成滚揉液进行试验，测定指标。

（3）复合磷酸盐用量　分别以1％、1.5％、2％、2.5％的磷酸盐比例而其他条件不变的情况下形成滚揉液进行试验，测定指标。

（4）滚揉条件的选择　以液肉比、时间、转速、真空度四因素做四因素三水平正交试验，试验表格如表2-1-13所示。

表2-1-13　滚揉条件的正交试验

各因素	水平1	水平2	水平3
液肉比/％	20	25	30
时间/min	30	40	50
转速/（r/min）	3	6	8
真空度/MPa	－0.08	－0.05	－0.033

3. 蒸煮　蒸煮主要是为了抑制微生物生长，提高产品的保存性和安全性，促进蛋白质变性、易于吸收，使得产品的质构特性更加优化，赋予产品一定的形状和切片性。适当的蒸煮时间对于油炸鸡腿制品是至关重要的。本试验通过不同的蒸煮时间（3min、4min、5min、6min、7min）对产品出品率以及质构特征进行比较得到最佳蒸煮时间。

4. 上浆裹粉　将鸡排放入淀粉浆液（淀粉浆液按照市售水淀粉和冷水比例为 1∶3 调制）中浸泡后取出，放入不锈钢托盘中，然后均匀裹上面包粉。

5. 油炸　油炸鸡排产品在蒸煮、上浆裹粉之后一般都需要经过油炸来提高制品的风味，形成产品独特的品质，同时有助于提高产品的保质期。油炸的时间、油炸温度以及酸价对于油炸鸡排产品的影响较大，本试验主要从上述三个方面摸索最佳的油炸条件。

（1）油炸时间　在 170℃条件下分别油炸 1min、2min、3min、5min，通过质构指标以及颜色变化判断最佳油炸时间。

（2）油炸温度　分别在 160℃、170℃、180℃、190℃的条件下油炸 2min，通过质构指标以及颜色变化判断最佳油炸温度。

（3）酸价　分别采用 1 酸价、3 酸价、5 酸价的油以 170℃油炸 2min，通过质构指标以及颜色变化判断炸油的最佳酸价。

6. 冷却　将已加工好的原料在室温摊凉。

五、结果分析

1. 不同成熟度鸡腿原料影响试验结果　不同成熟度的鸡腿原料对于产品指标的影响结果填入表 2-1-14。

表 2-1-14　不同成熟度试验结果

试验组	蒸煮出品率	单冻出品率	硬度	弹性	黏聚性	咀嚼性
1						
2						
3						

2. 不同淀粉种类、用量以及磷酸盐用量影响试验结果　不同淀粉种类、用量以及磷酸盐用量对于产品质构指标以及出品率的影响结果填入表 2-1-15。

表 2-1-15　不同淀粉种类、用量以及磷酸盐用量影响试验结果

试验组	实验类型	蒸煮出品率/%	单冻出品率/%	硬度	弹性	黏聚性	咀嚼性
1	木薯淀粉（5%）						
2	玉米淀粉（5%）						
3	玉米变形淀粉（5%）						
4	土豆淀粉（5%）						
5	2%淀粉						
6	3%淀粉						

（续）

试验组	实验类型	蒸煮出品率/%	单冻出品率/%	硬度	弹性	黏聚性	咀嚼性
7	4%淀粉						
8	5%淀粉						
9	6%淀粉						
10	7%淀粉						
11	8%淀粉						
12	9%淀粉						
13	10%淀粉						
14	15%淀粉						
15	20%淀粉						
16	1%磷酸盐						
17	1.5%磷酸盐						
18	2%磷酸盐						
19	2.5%磷酸盐						

3. 滚揉条件试验结果　不同滚揉条件正交试验结果填入表 2-1-16。

表 2-1-16　滚揉条件正交试验结果

试验组	1	2	3	4	单冻出品率/%
1	1	1	1	1	
2	1	2	2	2	
3	1	3	3	3	
4	2	1	2	3	
5	2	2	3	1	
6	2	3	1	2	
7	3	1	3	2	
8	3	2	1	3	
9	3	3	2	1	
k_1					
k_2					
k_3					
K_1					
K_2					
K_3					
R					

4. 蒸煮条件试验结果　不同蒸煮时间对于产品最终质构指标影响结果填入表 2-1-17。

表 2-1-17　蒸煮试验结果

蒸煮时间	蒸煮出品率	单冻出品率	硬度	弹性	黏聚性	咀嚼性
3min						
4min						
5min						
6min						
7min						

5. 油炸条件试验结果　不同油炸条件对于产品最终质构指标影响结果填入表 2-1-18。

表 2-1-18　不同油炸条件试验结果

试验组	单冻出品率/%	硬度	弹性	黏聚性	咀嚼性	颜色
1min 油炸时间						
2min 油炸时间						
3min 油炸时间						
5min 油炸时间						
160℃油温						
170℃油温						
180℃油温						
190℃油温						
酸价为 1						
酸价为 3						
酸价为 5						

六、质量检验

1. 感官指标　见表 2-1-19。

表 2-1-19　油炸鸡肉制品感官指标评分标准

评分项目及所占比例	评分标准	得分
色泽（15%）	色泽鲜明均匀、有光泽	4～5
	色泽良好、光泽一般	2～4
	色泽较差、无光泽	1
质地（30%）	质地柔软、有韧性	4～5
	质地较柔软	2～4
	质地较硬	1
香气（15%）	有油炸鸡肉制品独特香气、无异味	4～5
	有油炸鸡肉制品独特香气、有少许异味	2～4
	有异味	1
	肉质细腻、耐嚼	4～5

（续）

评分项目及所占比例	评分标准	得分
口感（30%）	肉质较粗糙、难嚼	2～4
	肉质粗糙、难嚼	1
组织状态（10%）	片形规则、完整，无焦片和生片	4～5
	片形基本规则，有少许焦片	2～4
	片形不规则、不整齐，有焦片和生片	1

2. 理化指标　见表 2-1-20。

表 2-1-20　油炸鸡肉制品理化指标评定标准（GB 2726—2005）

项目	指标
水分/（g/100g）	≤20.0
复合磷酸盐/（g/kg）	≤5.0
苯并芘/（μg/kg）	≤5.0
铅/（mg/kg）	≤0.5
无机砷/（mg/kg）	≤0.05
总汞/（mg/kg）	≤0.05

3. 微生物指标　见表 2-1-21。

表 2-1-21　油炸鸡肉制品微生物指标评定标准（GB 2726—2005）

项目	指标
菌落总数/（cfu/g）	≤80 000
大肠菌群/（MPN/100g）	≤150
致病菌（沙门氏菌、志贺氏菌、金黄色葡萄球菌）	不得检出

实例 3　休闲鸭肉制品的生产

一、实验目的

通过实验使学生掌握禽肉新产品开发的工艺流程、工艺参数设计方法，掌握禽肉制品品质检测方法。

二、实验原理

休闲鸭肉制品是以鸭肫、鸭舌、鸭脖、鸭脚等部位为原料，经过煮制、拌料、包装等工艺过程制成的小包装即食休闲食品。

三、实验材料与仪器设备

1. 实验材料　速冻鸭肫、鸭脖、鸭舌、鸭脚、白砂糖、食盐、老抽、精盐、味精、鸡精、料酒、茴香、八角、桂皮、白芷、槟榔、丁香、甘草。

2. 仪器设备　卤锅、镊子、天平、温度计、真空包装机、质构仪。

四、实验步骤

（一）工艺流程

原料解冻⟶分组⟶清洗⟶腌制⟶煮制⟶冷却⟶修剪⟶分选⟶拌料⟶装袋⟶包装⟶成品⟶入库

（二）操作要点

1. 原料选择　原料所用的禽鸭在饲养过程中没有采用含有非法添加剂的饲料饲喂，禽肉中不含有超量的兽药残留以及激素残留。选用肉质致密，形状大小均一，不带有病原菌、寄生虫或病毒的原料。

2. 原料处理　一般都采用速冻原料解冻处理，处理的温度一般在0～10℃，温度不能太高，太高容易造成微生物滋生。

3. 清洗　鸭肫、鸭舌等原料需要经过多次清洗以除去血水。冬季一般用温水泡1h以上，夏季用冷水泡40min，然后换3次清水反复浸泡。

4. 腌制　利用不同比例的食盐和老抽（表2-1-22）腌制原料3～4h（可根据个人口味添加辣椒）。其主要目的是为了去除原料的腥味以及加强肉质的硬度，增强口感。

表2-1-22　休闲鸭肉制品腌制试验

试验组	食盐量/%	老抽量/%
1	2.0	0
2	2.0	0.5
3	2.0	1.0
4	4.0	0
5	4.0	0.5
6	4.0	1.0
7	0	0.5
8	0	1.0
对照	0	0

5. 卤料制备　水5kg，辣椒、食盐各200g，姜、花椒、大料各50g，茴香、八角、白芷各50g，桂皮、槟榔、丁香、甘草各20g。将上述调味料放入纱布中包好，然后投入水中大火煮制2h直至出现香味。待香味出现后，加入味精100g、色拉油1 000g、白砂糖150g以及老抽50g。

6. 煮制　将挑选好的原料投入卤水中，煮沸的情况下按梯度时间（10min、15min、20min、25min、30min）煮制。每加入1kg的原料需要补充食盐20g，料酒、味精、鸡精各10g。

7. 冷却　将已加工好的原料放入已经冷却好的卤料中浸泡30min以上。浸泡用的卤料中还需要添加1%的蚝油、海鲜酱以及排骨酱。

8. 真空包装　采用铝箔包装进行真空包装。

五、结果分析

1. 腌制配方试验结果　食盐和老抽配方的试验结果填入表 2-1-23。

表 2-1-23　休闲鸭肉制品腌制配方试验结果

试验组	失水率/%	质构指标（弹性、咀嚼性）	感官评定（腥味）
1			
2			
3			
4			
5			
6			
7			
8			
对照			

2. 不同煮制时间试验结果　不同煮制温度下，休闲鸭肉制品各项指标结果填入表 2-1-24。

表 2-1-24　休闲鸭肉制品煮制试验结果

试验组	时间/min	质构指标（弹性、咀嚼性）	感官指标
1	10		
2	15		
3	20		
4	25		
5	30		

六、质量检验

1. 感官指标　见表 2-1-25。

表 2-1-25　休闲鸭肉制品感官指标评分标准（GB/T 22210—2008）

评分项目及所占比例	评分标准	得分
色泽及杂质（25%）	色泽均匀，产品呈现棕红色，无肉眼可见杂质	25
	色泽均匀，产品呈现棕褐色，无肉眼可见杂质	20
	色泽不均匀，产品呈现黑色，有微量肉眼可见杂质	15
滋味及气味（40%）	口感细腻，易撕咬，香气纯正	40
	口感较粗，稍有腥味，基本符合产品应有滋味、气味	30
	口感粗糙，有明显腥味或酸败味，不符合产品应有滋味、气味	20
组织状态（35%）	组织紧致、均匀，有光泽和弹性	35
	组织较为紧致、均匀，有一定光泽和弹性	30
	组织松散，无光泽和弹性	20

2. **理化指标** 见表 2-1-26。

表 2-1-26 休闲鸭肉制品理化指标评定标准（GB 2726—2005）

项目	指标
水分/（g/100g）	≤20.0
复合磷酸盐/（g/kg）	≤5.0
苯并芘/（μg/kg）	≤5.0
铅/（mg/kg）	≤0.5
无机砷/（mg/kg）	≤0.05
总汞/（mg/kg）	≤0.05

3. **微生物指标** 见表 2-1-27。

表 2-1-27 休闲鸭肉制品微生物指标评定标准（GB 2726—2005）

菌落总数/（cfu/g）	≤80 000
大肠菌群/（MPN/100g）	≤150
致病菌（沙门氏菌、志贺氏菌、金黄色葡萄球菌）	不得检出

实例 4 蛋黄酱的生产

一、实验目的

通过实验使学生掌握蛋黄酱的工艺流程、工艺参数设计方法，掌握蛋黄酱质量检测方法。

二、实验原理

以新鲜鸡蛋为原料，通过蛋黄制备、配料混合、搅拌、乳化和杀菌等工艺流程制成蛋黄乳酱。

三、实验材料与仪器设备

1. **实验材料** 新鲜鸡蛋、植物油、白醋、苹果醋、水、辅料（胡椒粉、芥末、白砂糖、食盐）。

2. **仪器设备** 水浴锅、胶体磨、均质机、打蛋设备。

四、实验步骤

（一）工艺流程

原料蛋检验→清洗、晾干→照蛋→去壳→混合配料→搅拌→乳化→杀菌→成品→保藏

（二）操作要点

1. **蛋黄的制备** 选用新鲜蛋，用1%高锰酸钾溶液清洗，分离出蛋黄。

2. 杀菌　将蛋黄用容器装好，在55℃的水浴中保温3～5min进行巴氏杀菌。

3. 溶解白砂糖　将蔗糖溶于食醋中。

4. 配料　将蛋黄、芥末和香辛料混合。蛋黄是一种乳化剂，既可溶解水溶性物质，又可溶解脂溶性物质，使三者混合后会形成均一的液态。本试验对配方进行优化，优化方法见表2-1-28。配方中不足100%的用水补至100%。

表2-1-28　配方优化因素水平表

水平	菜籽油含量/%	蛋黄含量/%	复合调味料（白砂糖＋胡椒＋芥末＋食盐）5∶1∶1∶5	酸化剂（醋＋苹果醋）7∶1
1	65	6	2	5
2	70	8.5	3	7
3	75	11	4	9

5. 混合　将糖醋混合物和色拉油交替添加于混合机中。

6. 均质　将步骤5的混合物加入蛋黄中；搅拌后灌入胶体磨进行均质，可反复均质直至蛋黄酱各组分全部溶于液体中，最后形成均一、稳定的半固态凝胶状态为止。

7. 杀菌　乳化好的蛋黄酱可在45℃条件下杀菌8～24h，但杀菌温度不能超过55℃，否则蛋黄酱会凝固。

8. 分装、杀菌　将蛋黄酱分装于已清洗并消毒的玻璃罐中，每瓶250g，密封盖，加热杀菌（杀菌时间15～30min，杀菌温度97℃）。

本研究对于消毒杀菌的温度、混合搅拌次数、成品杀菌时间三个因素进行正交试验优化工艺。具体见表2-1-29。

表2-1-29　工艺优化正交试验

水平	消毒温度/℃	搅拌次数	杀菌时间/h
1	55	1	15
2	60	2	20
3	65	3	25

五、结果分析

1. 配方优化试验结果　试验结果填入表2-1-30。

表2-1-30　配方优化试验结果

试验组	1	2	3	4	感官评定
1	1	1	1	1	
2	1	2	2	2	
3	1	3	3	3	
4	2	1	2	3	
5	2	2	3	1	
6	2	3	1	2	
7	3	1	3	2	

（续）

试验组	1	2	3	4	感官评定
8	3	2	1	3	
9	3	3	2	1	
k_1					
k_2					
k_3					
K_1					
K_2					
K_3					
R					

2. 工艺优化试验结果　试验结果填入表 2-1-31。

表 2-1-31　蛋黄酱生产工艺优化试验结果

试验组	A	B	C	感官评定
1	1	1	1	
2	1	2	3	
3	1	3	2	
4	2	1	3	
5	2	2	2	
6	2	3	1	
7	3	1	1	
8	3	2	1	
9	3	3	3	
k_1				
k_2				
k_3				
K_1				
K_2				
K_3				
R				

六、质量检验

1. 感官指标　见表 2-1-32。

表 2-1-32　蛋黄酱感官指标评分标准

评分项目及所占比例	评分标准	得分（分）
色泽及杂质（25%）	色泽均匀，无肉眼可见杂质	25
	色泽均匀，无肉眼可见杂质	20
	色泽不均匀，有微量肉眼可见杂质	15
滋味及气味（40%）	口感细腻、酸甜味，香气纯正	40
	口感细腻、酸甜味，基本符合产品应有滋味、气味	30
	口感粗糙，有明显腥味或酸败味，不符合产品应有滋味、气味	20
组织状态（35%）	均匀一致	35
	较均匀	30
	出现分层现象	20

2. 理化指标　见表 2-1-33。

表 2-1-33　蛋黄酱理化指标评定标准

项目	指标
水分/%	8～25
脂肪含量/%	65
蛋白质/%	3
灰分/%	2.4
无机砷/（mg/kg）	≤0.5
铅/（mg/kg）	≤1

3. 微生物指标　见表 2-1-34。

表 2-1-34　蛋黄酱微生物指标评定标准

项目	指标
菌落总数/（cfu/g）	≤1 000
大肠菌群/（MPN/100g）	≤30
致病菌（沙门氏菌、志贺氏菌、金黄色葡萄球菌）	不得检出

参　考　文　献

周光宏．2002. 畜产品加工学［M］．北京：中国农业出版社．

中华人民共和国卫生部．GB 2726—2005 熟肉制品卫生标准［S］．北京：中国标准出版社．

李慧文．2003. 鸭肉制品 696 例［M］．3 版．北京：科学技术文献出版社．

中华人民共和国农业部．GB/T 22210—2008 肉与肉制品感官评定规范［S］．北京：中国标准出版社．

徐海洋，李志方，蒲丽丽，等.2011.鸭肉鸭骨肠加工工艺研究[J].肉类研究，25（10）：22-25.
石勇，吴正奇，洪斌.2007.软包装风味鸭脖制品的工艺研究[J].科技创业月刊（7）：186-188.
褚庆环.2007.蛋品加工技术[M].北京：中国轻工业出版社.

（刘齐　湖北大学）

实验二　乳品加工开发实验

一、实验目的

本实验旨在通过学生独立查阅资料、设计实验方案、实施操作和总结分析，培养学生独立开展乳品加工开发和科学研究的能力，锻炼学生理论联系实际和综合运用所学知识的能力，强化学生实践动手能力，提高学生解决乳品加工过程中实际问题的能力。

二、课程内容

本实验课程内容由实验选题、方案设计、实施操作、质量检验、经济分析和实验报告等六部分组成。

（一）实验选题

正式实验开始前5周，实验指导教师对学生进行实验分组，组织学生进行实验选题。本综合开发实验选题应符合以下原则：

1. **难度适中**　综合开发实验内容不宜过于简单，也不宜过于复杂，实验内容应控制在2～4周内完成。

2. **紧贴生产实际**　实验选题应结合乳品加工市场现状和发展趋势，切合工厂生产实际，不宜过于陈旧，或过于新颖，脱离实际。

3. **具有可操作性**　实验实施场地的技术手段和仪器设备应能达到完成实验内容的要求。表2-1-35中的实验题目可供参考。

表2-1-35　乳品加工开发实验

序号	实验题目	主要内容
1	高钙调制乳生产工艺研究	主要内容为研究不同类型钙强化剂、稳定剂、乳化剂、甜味剂等对高钙乳的稳定性、口感、风味等指标的影响，确定高钙乳的最佳生产工艺
2	风味凝固性酸乳生产工艺研究	主要内容为研究发酵剂种类、发酵剂比例、接种量、接种温度、培养温度与时间、不同稳定剂等对酸乳风味、口感、形态、酸度等指标的影响，通过单因素和正交试验，确定最佳工艺
3	冰激凌生产工艺研究	主要内容为研究非脂乳固体、脂肪、稳定剂、乳化剂、甜味剂、填充料、香精等的含量与种类对冰激凌的口感、形态、风味等指标的影响，确定冰激凌最佳工艺
4	干酪制备工艺研究	主要内容为研究发酵剂添加量、凝乳酶类型及其配比、加盐量与成熟温度等对硬质干酪的形态、风味、质地等品质的影响，确定其最佳生产工艺

（二）方案设计

实验分组以后，以小组形式通过查阅资料和共同讨论，结合课堂的理论学习，进行实验方案的设计，制订实验实施的具体计划，列出所需原辅料种类和数量及仪器设备等，并提交指导教师审核和完善。

（三）实施操作

实验实施方案经指导教师审核确认后，便进入实施操作环节，包括以下几个阶段：

1. 实验材料准备阶段　实验开始前3周，准备实验所需的生产设备、化学试剂、玻璃仪器、原辅材料等，并对生产设备进行检修和试运行，检查设备状态。

2. 实验开始前理论讲授阶段　实验正式开始前，指导教师组织学生进行课前理论讲授，内容包括实验目的与意义、实验原理、实验过程中的注意事项、生产设备和分析仪器使用指导等。

3. 实验实施阶段　学生在教师的指导下，各小组按照制订的实验计划开展实验，及时记录实验数据并总结分析，针对实验中遇到的技术困难及时请教指导教师并讨论解决。

（四）质量检验

实验完成后，各小组需要对自己生产的产品进行分析与检验。质量检验包括原料要求及产品的感官指标检验、理化指标检验和微生物指标检验等四个方面。

1. 原料要求　生鲜乳应符合《生乳》（GB 19301—2010）的规定，乳粉应符合《乳粉》（GB 19644—2010）的规定，其他原料应符合相应安全标准和（或）有关规定；发酵菌种，保加利亚乳杆菌（德氏乳杆菌保加利亚亚种）、嗜热链球菌或其他由国务院卫生行政部门批准使用的菌种。

2. 感官指标检验　感官指标检验是依靠视觉、嗅觉、味觉、触觉和听觉等来鉴定食品的外观形态、色泽、气味、滋味和硬度（稠度），一般是在理化和微生物检验之前进行。感官指标包括色泽、滋味、气味和组织状态等。

3. 理化指标检验　理化指标检验需依靠特定的仪器设备，在对产品进行一定的处理后进行化学分析。理化指标主要包括酸度、脂肪、非脂乳固体、蛋白质等。

4. 微生物指标检验　微生物指标检验是运用微生物学的理论与方法，检验食品中微生物的种类、数量、性质及其对人的健康的影响，以判别食品是否符合质量标准的检测方法。微生物指标主要包括乳酸菌数、大肠菌群、致病菌、酵母和霉菌等。

（五）经济分析

经济分析是对开发的产品进行经济上的评价。实验完成后，各小组需要对产品进行成本核算，按照产品定价策略，给产品制定合理的价格，并做初步的市场分析和利润分析。

（六）实验报告

实验报告是学生对实验全过程进行总结分析的最终体现，应以科技论文的格式进行编写，包括题目、作者、单位、摘要、关键词、前言、材料与方法、结果与讨论、结论、致谢、参考文献等内容。

实例1　高钙调制乳生产实验

一、实验目的

通过实验使学生了解原料乳验收的基本技能，了解液态乳的分类标准；掌握乳与乳制品的杀菌方式及其原理，掌握高钙调制乳的生产工艺，掌握引起高钙乳絮凝的机制及影响因素，学习乳与乳制品的品质分析方法。

二、实验原理

调制乳是以不低于80%的生牛（羊）乳或复原乳为主要原料，添加其他原料或食品添加剂、营养强化剂，采用适当的杀菌或灭菌等工艺制成的液体产品。

高钙调制乳是一种强化了钙、使100mL乳中钙含量达到150～500mg的乳类产品。由于牛乳中的酪蛋白对钙离子非常敏感，离子钙会引起吸附在乳状液界面的酪蛋白之间产生桥连絮凝，因而高钙乳中的钙强化添加剂普遍采用分子钙剂（如碳酸钙和乳钙等）。

三、实验材料与仪器设备

1. 实验材料　鲜牛（羊）乳、白砂糖、碳酸钙、乳钙、稳定剂、乳化剂等。

2. 仪器设备　杀菌锅、高压均质机、离心机、胶体磨、天平、三角瓶或小奶桶、灭菌勺、量筒、冰箱。

四、实验步骤

（一）工艺流程

原料乳⟶验收⟶标准化⟶配料⟶过滤⟶均质⟶巴氏杀菌⟶冷却⟶灌装⟶成品

（二）操作要点

1. 原料乳标准化　标准化的目的是为了使乳中的脂肪含量达到标准规定的要求。

（1）标准化原理　乳脂肪的标准化可通过添加或去除部分稀奶油或脱脂乳进行调整，当原料乳中脂肪含量不足时，可添加稀奶油或除去一部分脱脂乳；当原料乳中脂肪含量过高时，可添加脱脂乳或提取部分稀奶油。标准化的计算方法如下：

设：原料乳的脂肪含量为W_a，脱脂乳或稀奶油的脂肪含量为W_b，标准化后乳的脂肪含量为W_c，原料乳质量为M_a，脱脂乳或稀奶油的质量为M_b。则：

$$M_a \times W_a + M_b \times W_b = W_c \times (M_a + M_b)$$

（2）标准化方法　将牛乳加热至55～65℃，按计算好的脂肪含量设定脂肪含量控制器，分离出脱脂乳和稀奶油，并且根据最终产品的脂肪含量，控制混入的稀奶油的流量，多余的稀奶油流向稀奶油巴氏杀菌机。

2. 配料

（1）钙添加剂的选择　钙添加剂的选择方案见表2-1-36。

表2-1-36　钙添加剂的选择试验　　单位：%

钙添加量*	钙的来源			
	磷酸钙	磷酸氢钙	碳酸钙	乳钙
0.006				
0.007				
0.008				

* 本部分的添加量均以质量分数（%）计。

根据实验结果选择效果较好的实验组进行以下实验。

（2）白砂糖的添加量　白砂糖在水中溶解后，煮沸 5min 杀菌，然后过滤。

白砂糖添加量分别为 6%、8%、10%、12%、14%，通过感官评定，确定白砂糖的最佳添加量。

（3）乳化稳定剂优选的正交试验因素与水平设计　乳化稳定剂与其质量 5～10 倍的白砂糖干拌混合均匀后，加入约 30 倍左右的 70℃热水中搅拌溶解，再过胶体磨使之成为均匀一致的胶溶液。乳化稳定剂优选的正交试验因素与水平设计见表 2-1-37。

表 2-1-37　乳化稳定剂优选的正交试验因素与水平设计　　单位：%

水平	因素			
	A：CMC	B：瓜尔豆胶	C：蔗糖酯	D：单甘酯
1	0.20	0.05	0.05	0.10
2	0.25	0.10	0.15	0.15
3	0.30	0.15	0.25	0.20

3. 均质　物料混合均匀后，进入杀菌设备前先预热至 55～65℃，再进入均质机在 20.0～25.0MPa 压力下均质，均质后的物料进入杀菌设备继续升温杀菌。

4. 巴氏杀菌、冷却　巴氏杀菌的目的是杀死引起人类疾病的所有微生物。主要有低温长时巴氏杀菌（LTLT）、高温短时巴氏杀菌（HTST）和超高温巴氏杀菌。根据实验条件，选择相应的杀菌方式，将杀菌后的乳液冷却至 2～4℃，进行灌装。

五、结果分析

1. 钙添加剂的选择试验结果　钙添加剂的选择试验结果填入表 2-1-38。

表 2-1-38　不同钙添加剂试验结果

钙来源	添加量/%	离心沉淀率/%	乳析率/%	开始絮凝时间/d	絮凝出现部位	絮凝量	絮凝最终形态	感官评定分数
磷酸钙	0.006							
	0.007							
	0.008							
磷酸氢钙	0.006							
	0.007							
	0.008							
碳酸钙	0.006							
	0.007							
	0.008							
	0.006							
乳钙	0.007							
	0.008							

2. 白砂糖添加量试验结果　白砂糖添加量的试验结果填入表 2-1-39。

表 2-1-39　白砂糖添加量试验结果

添加量/%	6	8	10	12	14
感官评定/分					

3. 乳化稳定剂确定的正交试验结果　乳化稳定剂的 L_9（3^4）正交试验结果填入表 2-1-40。

表 2-1-40　乳化稳定剂的 L_9（3^4）正交试验结果

试验组	因素				感官评定分数
	A：CMC	B：瓜尔豆胶	C：蔗糖酯	D：单甘酯	
1	1	1	1	1	
2	1	2	2	2	
3	1	3	3	3	
4	2	1	2	3	
5	2	2	3	1	
6	2	3	1	2	
7	3	1	3	2	
8	3	2	1	3	
9	3	3	2	1	
k_1					
k_2					
k_3					
K_1					
K_2					
K_3					
R					

六、质量检验

1. 原料要求　原料生乳的要求见表 2-1-41。

表 2-1-41　原料生乳的指标要求

项目	生乳
相对密度（20℃/4℃）	≥1.027
蛋白质（每 100g）/g	≥2.8
脂肪（每 100g）/g	≥3.1
杂质度/（mg/kg）	≤4.0
非脂乳固体（每 100g）/g	≥8.1
酸度/°T	
牛乳*	12～18
羊乳	6～13

*仅适用于荷斯坦奶牛。

2. 感官指标　感官指标要求见表 2-1-42。

表 2-1-42　高钙调制乳的感官指标

项目	要求
色泽	具有调制乳应有的色泽
滋味、气味	具有调制乳应有的香味，无异味
组织状态	呈均匀一致液体，无凝块，可有与配方相符的辅料的沉淀物，无正常视力可见异物

3. 理化指标　理化指标要求见表 2-1-43。

表 2-1-43　高钙调制乳的理化指标

项目	要求
脂肪（每 100g）/g*	≥2.5
蛋白质（每 100g）/g	≥2.3
Ca^{2+}（每 100g）/mg	≥150.0

* 如原料为脱脂奶，则脂肪含量不做规定。

4. 微生物指标　微生物指标要求见表 2-1-44。

表 2-1-44　高钙调制乳的微生物指标

项目	指标
菌落总数/（cfu/g 或 cfu/mL）	$\leqslant 1\times 10^5$
大肠菌群/（MPN/mL）	≤5
致病菌（沙门氏菌、金黄色葡萄球菌）	不得检出

参　考　文　献

骆承庠 . 2003. 乳与乳制品工艺学［M］. 北京：中国农业出版社 .
罗红霞，吕玉珍 . 2007. 乳制品生产技术［M］. 北京：中国农业出版社 .

实例 2　风味凝固性酸乳生产实验

一、实验目的

通过实验使学生掌握乳品加工与开发的实验方法及过程，掌握乳品加工与开发的工艺流程、工艺参数设计方法，掌握酸乳制品品质分析方法及加工原理。

二、实验原理

风味酸乳是以 80%以上生牛（羊）乳或乳粉为原料，添加其他原料，经杀菌、接种嗜热链球菌和保加利亚乳杆菌（德氏乳杆菌保加利亚亚种）发酵前或后添加或不添加食品添加剂、营养强化剂、果蔬、谷物等制成的产品。

其基本原理是通过乳酸菌发酵牛（羊）乳中的乳糖产生乳酸，乳酸使牛（羊）乳中酪蛋白（约占全乳的 2.9%，占乳蛋白的 85.0%）变性凝固而使整个乳液呈凝乳状态。同时，经微生物的代谢，还可以形成酸乳特有的香味和风味（与形成乙醛、丙酮、丁二酮等有关）。

三、实验材料与仪器设备

1. 实验材料　菌种（嗜热链球菌、保加利亚乳杆菌，乳酸菌种也可以从市场销售的各种新鲜酸乳或酸乳饮料中分离）、脱脂乳粉或全脂乳粉、鲜牛乳、蔗糖等。

2. 仪器设备　恒温培养箱、高压均质机、杀菌锅、冰箱、超净工作台、pH 计、三角瓶或小奶桶、酸乳瓶（200～280mL）、灭菌勺、天平、量筒。

四、实验步骤

（一）工艺流程

蔗糖、稳定剂等其他原料
↓
原料生乳或乳粉→净化或还原→标准化→配料→过滤→均质→杀菌→冷却→接种→灌装→培养发酵→冷却→后熟→成品
↑
工作发酵剂

（二）操作要点

1. 原料乳或乳粉的检验　用于生产发酵型乳制品的原料乳或乳粉不应含有抗生素等阻碍因子，且原料乳杂菌数在 5.0×10^{6} 个/mL 以内。

2. 乳粉还原　将乳粉按照 10%～15%（质量分数）的比例加入 45～50℃水中充分搅拌溶解后，保温 20～30min，使乳粉充分水合。

3. 标准化　标准化是指根据所需酸乳成品的质量特征要求，对乳的化学组成进行改善，从而使其可能存有的不足的化学组成得以校正，保证各批成品质量稳定一致。常用的标准化方法有直接在原料乳中补充添加某一种乳的组分、浓缩原料乳、重组原料乳（复原乳）。

4. 加糖、稳定剂等其他原料　白砂糖在酸乳中能为乳酸菌的生长提供能量，并且可增加酸乳的固形物含量，可提高酸乳的甜味，同时也可提高黏度，有利于酸乳的凝固性。一般添加 5.0%～9.0%（质量分数）的白砂糖，采用直接添加溶糖法。

5. 均质、杀菌　物料进入杀菌设备前先预热至 55～65℃，再进入均质机在 15.0～20.0MPa 压力下均质，均质后的物料进入杀菌设备继续升温杀菌。

6. 冷却　杀菌后的物料需冷却至 45℃左右接种发酵剂。

7. 接种发酵剂　按表 2-1-45 选择合适比例的工作发酵剂和温度后，添加 1.0%～5.0%（质量分数）的量的发酵剂，混合搅拌均匀。

表 2-1-45　发酵剂接种比与发酵温度的优化试验方案

发酵温度/℃	接种比	
	保加利亚乳杆菌	嗜热链球菌
41～42	1	0
42～44	0	1
42～43	1	1
42～43	2	1
43～44	1	2

注：接种量为3.0%（质量分数）。

8. **培养发酵**　灌装后的原料乳需迅速进入保温培养室，在控制发酵条件（41～42℃、42～43℃、42～44℃、43～44℃）与不同发酵剂接种比的情况下使原料乳发酵。发酵期间，定期测定发酵乳的酸度，观察其组织状态。一般酸度达65～70°T，即可终止培养。

9. **冷却、后熟**　到达发酵终点后，将酸乳从保温培养室转移到冰箱（0～5℃）进行冷却、后熟。

五、结果分析

1. **发酵剂接种比与发酵温度试验结果**　不同发酵剂接种比与发酵温度试验结果填入表2-1-46。

表 2-1-46　不同发酵剂接种比与发酵温度试验结果

发酵温度/℃	接种比		酸度/°T	发酵时间/h	感官品质
	保加利亚乳杆菌	嗜热链球菌			
41～42	1	0			
42～44	0	1			
42～43	1	1			
42～43	2	1			
43～44	1	2			

2. **发酵剂接种量优化试验结果**　发酵剂接种量优化试验结果填入表2-1-47。

表 2-1-47　发酵剂接种量优化试验结果

接种量/%	酸度/°T	发酵时间/h	感官品质
1.0			
2.0			
3.0			
4.0			
5.0			

3. **白砂糖添加量优化试验结果**　白砂糖添加量优化试验结果填入表2-1-48。

表 2-1-48　白砂糖添加量优化试验结果

白砂糖/%	酸度/°T	发酵时间/h	感官品质
5.0			
6.0			
7.0			
8.0			
9.0			

六、质量检验

1. **原料要求**　见表 2-1-49。

表 2-1-49　原料生乳或乳粉的指标评定标准

项目		生乳	乳粉	调制乳粉
相对密度（20℃/4℃）		≥1.027	—	
蛋白质（每 100g）/g		≥2.8	非脂乳固体的 34%	16.5
脂肪（每 100g）/g		≥3.1	26.0	—
杂质度/（mg/kg）		≤4.0	16	—
非脂乳固体（每 100g）/g		≥8.1	—	
酸度/°T	牛乳	12～18	18	—
	羊乳	6～13	7～14	—
水分（每 100g）/g		—	≤5.0	≤5.0

注：表中“—”表示不做规定。

2. **感官指标**　风味凝固性酸乳的感官指标要求见表 2-1-50。

表 2-1-50　风味凝固性酸乳的感官指标评定标准

项目	要求
色泽	具有与添加成分相符的色泽
滋味、气味	具有与添加成分相符的滋味和气味
组织状态	组织细腻、均匀，允许有少量乳清析出，具有添加成分特有的组织状态

3. **理化指标**　风味凝固性酸乳的理化指标要求见表 2-1-51。

表 2-1-51　风味凝固性酸乳的理化指标评定标准

项目	要求
脂肪（每 100g）/g*	≥2.5
非脂乳固体（每 100g）/g	≥6.5
蛋白质（每 100g）/g	≥2.3
酸度/°T	≥70.0

* 如原料为脱脂乳粉，则脂肪含量不做规定。

4. 微生物指标　风味凝固性酸乳的微生物指标要求见表 2-1-52。

表 2-1-52　风味凝固性酸乳的微生物指标评定标准

项目	指标
乳酸菌数/（cfu/g 或 cfu/mL）	$\geqslant 1\times 10^6$
大肠菌群/（MPN/mL）	≤5
致病菌（沙门氏菌、金黄色葡萄球菌）	不得检出
酵母/（cfu/mL）	≤100
霉菌/（cfu/mL）	≤30

参　考　文　献

郭本恒．2001. 功能性乳制品［M］．北京：中国轻工业出版社．
骆承庠．2003. 乳与乳制品工艺学［M］．北京：中国农业出版社．
李向东，任江红，孙卓，等．2013. 低糖酸乳的研制［J］．食品研究与开发（5）：31-34.

实例 3　冰激凌生产实验

一、实验目的

通过实验使学生学习冰激凌的一般制作方法，掌握冰激凌生产的加工原理，了解其操作要点，掌握影响冰激凌品质的因素；掌握冰激凌产品配方设计及计算。

二、实验原理

冰激凌是以饮用水、乳品（乳蛋白的含量为原料的 2%以上）、蛋品、甜味料、香味料、食用油脂等为主要原料，加入适量的香料、稳定剂、着色剂、乳化剂等食品添加剂，经混合、灭菌、均质、老化、凝冻等工艺，或再经成型、硬化等工艺制成的体积膨胀的冷冻饮品。

三、实验材料与仪器设备

1. 实验材料　乳粉、牛乳、炼乳、奶油、蛋黄粉、白砂糖、稳定剂、乳化剂。

2. 仪器设备　杀菌锅、冰激凌机、高压均质机、小奶桶、搅拌耙、温度计、天平、量筒、冰箱、过滤筛（100～120 目）。

四、实验步骤

（一）工艺流程

配方选定→原料混合→过滤→均质→杀菌→冷却→老化→加香料→搅拌→凝冻→灌注→硬化→成品

（二）操作要点

1. 配方及添加剂的选定

（1）配方的选定　冰激凌的主要成分及配方如表 2-1-53、表 2-1-54 所示。

表 2-1-53　冰激凌的配方设计　　单位：%

成分	最低	最高	平均
乳脂肪	3.0	16.0	8.0～14.0
非脂乳固体	7.0	14.0	8.0～12.0
糖类	12.0	18.0	13.0～16.0
稳定剂	0	0.5	0.2～0.3
乳化剂	0.1	0.4	0.1～0.3
总固形物	31.0	41.0	32.0～40.0

表 2-1-54　冰激凌的配方比例　　单位：%

原料名称	配合比	脂肪	非脂乳固体	总固形物
稀奶油（含脂率 40%，5.2%非脂乳固体）	25.0	10.0	1.3	11.3
脱脂乳粉（98%非脂乳固体）	10.2		10.0	10.0
蔗糖	15.0			15.0
稳定剂	0.5			0.5
水	49.3			
合计	100.0	10.0	11.3	36.8

原料名称	配合比	脂肪	非脂乳固体	总固形物
牛乳（含脂率 3.1%，8.0%非脂乳固体）	70.0	2.2	5.6	7.8
脱脂乳粉（98%非脂乳固体）	4.1		4.0	4.0
奶油	6.0	6.0		6.0
蛋黄粉（含脂率 60%）	5.0	3.0	2.0	5.0
蔗糖	13.0			13.0
稳定剂	0.5			0.5
水	1.4			
合计	100.0	11.2	11.6	36.3

原料名称	配合比	脂肪	非脂乳固体	糖	总固形物
牛乳（含脂率 3.1%，8.0%非脂乳固体）	52.2	1.6	4.2		5.8
稀奶油（98%非脂乳固体）	15.0	6.0	0.8		6.8
甜炼乳（含脂率 8.0%，20%全乳固体，45%含糖量）	27.0	2.2	5.4	12.2	19.8
蔗糖	3.0			3.0	3.0
稳定剂	0.5				0.5
水	2.3				
合计	100.0	9.8	10.4	15.2	35.9

（2）稳定剂的选定　常用的稳定剂有 CMC、明胶、果胶、瓜尔豆胶、藻酸钠、槐豆胶、角叉藻胶、黄原胶、卡拉胶等。

稳定剂优选的正交试验因素与水平设计见表 2-1-55。

表 2-1-55　稳定剂优选的正交试验因素与水平设计　　单位：%

试验组	因素			
	A：瓜尔豆胶	B：刺槐豆胶	C：黄原胶	D：卡拉胶
1	0.08	0.05	0.04	0.01
2	0.10	0.08	0.06	0.02
3	0.12	0.10	0.08	0.03

注：在复合稳定剂正交试验中，乳化剂添加量均为单硬脂酸甘油酯 0.25%。

（3）乳化剂的选择　在稳定剂优化试验结论基础上，选择性质稳定的复配乳化剂，提高冰激凌的质量。常用的乳化剂有卵磷脂、卵黄、吐温 80 及单硬脂酸甘油酯等。

乳化剂优选的试验设计见表 2-1-56。

表 2-1-56　乳化剂优选的试验设计　　单位：%

试验组	因素		
	A：单硬脂酸甘油酯	B：吐温 80	C：卵磷脂
1	0.15	0.05	0.05
2	0.12	0.10	0.03
3	0.10	0.10	0.05

2. 原料的混合　冰激凌的原料混合是根据其成分百分比的要求，确定配方，再按配方将各种原辅料调和在一起。

首先将牛乳、炼乳、稀奶油等液体原料加入到奶桶混合并加热至 65～70℃，然后在不断搅拌下加入固体原料，为防止干粉状原料结团及乳化剂凝胶，可先将干粉料与糖混合，乳化剂先用水浸泡或先用油脂混合后加入。

3. 混合料的过滤　充分混合搅匀后，将原料经 80～100 目过滤装置或材料过滤。

4. 均质　为防止脂肪上乳，改善组织状态，缩短成熟时间，将过滤后的混合原料用高压均质机进行均质，均质压力一般为 5.0～20.0MPa，均质温度为 60～65℃。

5. 杀菌　将均质后的混合料放入水浴锅中，以 75℃左右的温度杀菌 25～30min。

6. 冷却与老化（成熟）　杀菌后迅速冷却至 5℃以下（不得低于 1℃）并保持 4～12h 使其成熟（老化），以提高脂肪、蛋白质及稳定剂的水合作用，减少游离水，防止冰冻时产生大冰屑。

7. 凝冻　搅好的冰激凌可直接放入硬冰机（－18℃以下）进行硬化，或先包装成各种形状后再进行硬化。一般硬化 12h 即可成为成品。

将老化成熟好的混合原料倒入冰激凌机的凝冻筒内，先开动搅拌器，再开动冰激凌机的制冷压缩机制冷。待混合原料的温度下降至－3～－4℃时，冰激凌呈半固体状即可出料。凝冻所需的时间大致为 10～15min。

8. 硬化　将装有冰激凌的容器放入冻结室中硬化数小时。

质量合乎要求的冰激凌，膨胀率为80%～100%，软硬适中，组织细腻，无大冰屑。

$$膨胀率 = \frac{同容积混合料重量 - 同容积冰激凌重量}{同容积冰激凌重量} \times 100\%$$

五、结果分析

1. 稳定剂确定的正交试验结果　稳定剂的 L_9（3^4）正交试验结果填入表2-1-57。

表 2-1-57　稳定剂的 L_9（3^4）正交试验结果

试验组	因素				黏度/（mPa・s）	感官评定分数
	A：瓜尔豆胶	B：刺槐豆胶	C：黄原胶	D：卡拉胶		
1	1	1	1	1		
2	1	2	2	2		
3	1	3	3	3		
4	2	1	2	3		
5	2	2	3	1		
6	2	3	1	2		
7	3	1	3	2		
8	3	2	1	3		
9	3	3	2	1		
k_1						
k_2						
k_3						
K_1						
K_2						
K_3						
R						

2. 乳化剂优化试验结果　乳化剂优化试验结果填入表2-1-58。

表 2-1-58　乳化剂优化试验结果

试验组	黏度/（mPa・s）	膨胀率/%	融化率/%	感官评定分数
1				
2				
3				

六、质量检验

1. 原料要求　见表2-1-49。

2. 感官指标　冰激凌的感官指标要求见表2-1-59。

表 2-1-59　冰激凌的感官指标评定标准

项目	要求	
	清型	组合型
色泽	具有品种应有的色泽	具有品种应有的色泽
形态	形态完整、大小一致、不变形、不软塌、不收缩	形态完整、大小一致、不变形、不软塌、不收缩
组织	细腻润滑、无明显粗糙的冰晶，无气孔	具有品种应有的组织状态
滋味、气味	滋味协调、有乳脂或植脂香味、香味纯正	具有品种应有的滋味和气味，无异味
杂质	无肉眼可见外来杂质	无肉眼可见外来杂质

3. **理化指标**　冰激凌的理化指标要求见表 2-1-60。

表 2-1-60　冰激凌的理化指标评定标准

项目	指标					
	全乳脂		半乳脂		植脂	
	清型	组合型①	清型	组合型①	清型	组合型①
非脂乳固体② %			≥6.0	≥6.0		
总固形物/%			≥30.0	≥30.0		
脂肪/%	≥8.0	≥8.0	≥6.0	≥5.0	≥6.0	≥5.0
蛋白质/%	≥2.5	≥2.2	≥2.5	≥2.2	≥2.5	≥2.2
膨胀率/%	10～140	10～140	10～140	10～140	10～140	10～140

注：①组合型产品的各项指标均指冰激凌主体部分；②非脂乳固体含量按原始配料计算。

4. **微生物指标**　冰激凌的微生物指标要求见表 2-1-61。

表 2-1-61　冰激凌的微生物指标评定标准

项目	指标		
	菌落总数/（cfu/mL）	大肠菌群/（MPN/100mL）	致病菌（沙门氏菌、金黄色葡萄球菌）
含乳蛋白冷冻饮品	≤2.5×10^4	≤450	不得检出
含豆类冷冻饮品	≤2.0×10^4	≤450	不得检出
含淀粉或果类冷冻饮品	≤3 000	≤100	不得检出
食用冰块	≤100	≤5	不得检出

参　考　文　献

曾寿瀛．2003. 现代乳与乳制品加工技术［M］．北京：中国农业出版社．
骆承庠．2003. 乳与乳制品工艺学［M］．北京：中国农业出版社．
魏强华，邹春雷．2012. 复合乳化稳定剂对意大利式冰激凌品质的影响［J］．中国食品添加剂（5）：

181-186.

实例 4 半硬质干酪生产实验

一、实验目的

通过实验使学生掌握半硬质干酪的生产工艺过程，熟悉生产中的关键工艺步骤和工艺参数，对工艺中出现的问题能分析原因；掌握干酪的制造原理。

二、实验原理

干酪是以乳、稀奶油、脱脂乳或部分脱脂乳、酪乳或这些原料的混合物为原料，加入适量的乳酸发酵剂和凝乳酶，使蛋白质（主要是酪蛋白）凝固后，排除乳清，将凝乳压成块状而制成的产品。

三、实验材料与仪器设备

1. 实验材料 牛乳、植物乳杆菌和乳酸链球菌复合发酵剂、小牛皱胃酶、木瓜凝乳酶、微小毛霉凝乳酶、氯化钙、食盐。

2. 仪器设备 杀菌锅、质构仪、分光光度计、干燥箱、离心机、天平、凝乳罐、pH 计。

四、实验步骤

（一）工艺流程

原料乳→净乳→杀菌→冷却（35～37℃）→发酵剂→发酵→加氯化钙→加凝乳酶→凝乳→切割→静置→搅拌→加温排乳清→加盐→压榨成型→包装→成熟→成品

（二）操作要点

1. 杀菌 制作干酪的鲜牛乳在使用前应进行杀菌，采用 65～70℃、30min 巴氏杀菌可使得受热变性的蛋白质增多，减小蛋白质的收缩作用，又由于乳清蛋白持水性高于酪蛋白，因而更易形成持水性高的干酪。杀菌后，立即冷却至发酵温度。

2. 添加发酵剂 通过添加发酵剂，发酵乳糖产生乳酸，缩短凝乳时间，促进切割后凝块中乳清的排出，提高凝乳酶的活力，防止杂菌的繁殖。添加过程中，应边搅拌边加入，充分搅拌使其发酵产生乳酸。在实验中植物乳杆菌和乳酸链球菌复合发酵剂的添加量分别为 1.0%、2.0%、3.0%、4.0%和 5.0%，确定最佳的添加量。在 30～32℃条件下培养，每 30min 取样测定 pH，发酵时间为 1.0～2.0h，pH 到达 6.0～6.3 时停止发酵。

3. 加氯化钙 为了改善凝固性能，提高干酪质量，可适量加入氯化钙，添加量为原料乳量的 0.01%。氯化钙要事先配成 33%的溶液。

4. 加凝乳酶 凝乳酶的添加量为原料乳量的 0.001%。使用时以 1.0%的食盐水稀释成 2.0%的溶液，缓慢地加入到牛乳中，并轻轻搅拌均匀。在 32℃下保温静置凝乳 5.0～6.0h。试验分别以小牛皱胃酶、木瓜凝乳酶和微小毛霉凝乳酶为凝乳酶，确定最适凝乳酶种类，并以试验结论为基础，考察不同凝乳酶与不同配比量对干酪品质的影响。凝乳酶种类与配比量的试验见表 2-1-62。

表 2-1-62　凝乳酶种类与配比量的试验设计

比例	小牛皱胃酶-木瓜凝乳酶	小牛皱胃酶-微小毛霉凝乳酶
5∶1		
4∶1		
3∶1		
2∶1		
1∶1		

5. 切割凝块　用食指或小刀斜向插入凝块 3cm，当向上抬起时，若裂缝整齐，无小片凝块残留且乳清透明，即可以切割。一般将凝块切割为边长 2cm 或 3cm 的正方形小方块。

6. 静置、搅拌　凝块在切割后不要立即搅拌，应静置一段时间，待颗粒表面强度提高后再进行搅拌，以防止凝块破碎，产率降低。搅拌时要先轻缓，待凝块硬度加强，则可持续不断地较快速搅拌，促进乳清进一步排出。

7. 加温排乳清　加热升温应分为几个阶段进行，开始升温一定要慢。升温时间总共 90min，干酪温度从 32℃上升至 42℃，当乳清 pH 达到 5.5 时即可停止加热。在升温过程中，干酪颗粒不断收缩脱水，pH 上升，颗粒变得结实牢固。但过分升温会使干酪内部的水分大大降低，使颗粒变得过硬。

8. 加盐　加盐可以改善干酪的风味、组织和外观，调节最终水分，抑制有害微生物的繁殖，另外加盐还可以抑制发酵剂微生物的代谢活性，并且释放发酵剂的蛋白酶和脂酶，调节乳酸的生成和干酪的成熟，防止和抑制杂菌的繁殖。

加盐的方法主要有在凝乳粒中加盐、盐水浸渍或表面涂盐法。本实验采用凝块中直接加盐的方法，即把盐均匀混合在凝乳粒中，然后进行压榨。加盐量为全部凝乳粒质量的 2%～4%。

9. 压榨成型　将加过盐的干酪凝乳粒装入成型模具中，用外力进行压榨。压榨时，力度要缓慢进行，逐渐加大，先进行预压榨，一般压力为 0.2～0.3MPa，时间为 20～30min；再将干酪反转后以 0.4～0.5MPa 的压力压榨 12～24h。

10. 成熟　成熟指在低温条件下，由于微生物和酶的作用，干酪形成特有的风味、质构和外观的过程。实验采用塑料薄膜真空包装，成熟温度为 10～12℃，成熟时间为 3～5 个月。

五、结果分析

1. 发酵剂添加量试验结果　发酵剂添加量对半硬质干酪凝乳性能的影响结果填入表 2-1-63。

表 2-1-63　发酵剂添加量试验结果

添加量/%	发酵时间/h	pH	硬度/（g/cm²）	水分/%	可溶性氮/%	游离氨基酸/%
1.0						
2.0						
3.0						
4.0						
5.0						

2. 不同凝乳酶试验结果　不同凝乳酶对半硬质干酪凝乳性能的影响结果填入表 2-1-64。

表 2-1-64　不同凝乳酶试验结果

凝乳酶种类	凝乳时间/min	凝乳状态	乳清析出情况	出品率/%	感官评定分数
小牛皱胃酶					
木瓜凝乳酶					
微小毛霉凝乳酶					

3. 不同凝乳酶配比试验结果　不同凝乳酶配比对半硬质干酪凝乳性能的影响结果填入表 2-1-65。

表 2-1-65　不同凝乳酶配比试验结果

复配凝乳酶	质量比	凝乳时间/min	凝乳状态	出品率/%	感官评定分数
小牛皱胃酶-木瓜凝乳酶	5∶1				
	4∶1				
	3∶1				
	2∶1				
小牛皱胃酶-微小毛霉凝乳酶	5∶1				
	4∶1				
	3∶1				
	2∶1				
	1∶1				

4. 加盐量与成熟温度影响试验结果　加盐量与成熟温度对半硬质干酪风味品质的影响结果填入表 2-1-66。

表 2-1-66　加盐量与成熟温度试验结果

试验组	加盐量/%	成熟温度/℃	成熟度/%	干酪产率/%	感官评定分数
1	2	4			
2	2	8			
3	2	12			
4	3	4			
5	3	8			
6	3	12			
7	4	4			
8	4	8			
9	4	12			

六、质量检验

1. 原料要求　原料生乳或乳粉的指标评定标准见表 2-1-49。

2. 感官指标　半硬质干酪的感官指标评定标准见表 2-1-67。

表 2-1-67　半硬质干酪的感官指标评定标准

项目	要求
色泽	色泽均匀
滋味、气味	易溶于口，有奶油润滑感，并有产品特有的滋味、气味
组织状态	外表光滑，结构细腻、均匀、润滑，应有与产品口味相关原料的可见颗粒
杂质	无正常肉眼可见的外来杂质

3. 理化指标　半硬质干酪的理化指标评定标准见表 2-1-68。

表 2-1-68　半硬质干酪的理化指标评定标准

项目	指标/%				
脂肪（干物中）[a]（X_1）	$60 \leqslant X_1 \leqslant 75$	$45 \leqslant X_1 < 60$	$25 \leqslant X_1 < 45$	$10 \leqslant X_1 < 25$	$X_1 < 10$
最小干物质[b]（X_2）	44	41	31	29	25

[a] X_1＝再制干酪脂肪质量/（再制干酪总质量－再制干酪水分质量）×100%

[b] X_2＝（再制干酪总质量－再制干酪水分质量）/再制干酪总质量×100%

4. 微生物指标　半硬质干酪的微生物指标评定标准见表 2-1-69。

表 2-1-69　半硬质干酪的微生物指标评定标准

项目	指标
菌落总数/（cfu/g）	≤1 000
大肠菌群/（MPN/g）	≤1 000
金黄色葡萄球菌/（cfu/g）	≤1 000
致病菌（沙门氏菌、单核细胞增生李斯特氏菌）	不得检出
酵母/（cfu/g）	≤50
霉菌/（cfu/g）	≤50

参　考　文　献

曾寿瀛．2003. 现代乳与乳制品加工技术［M］．北京：中国农业出版社．

骆承庠．2003. 乳与乳制品工艺学［M］．北京：中国农业出版社．

苏永红．2012. 不同凝乳酶对干酪凝乳性能的影响［J］．乳业科学与技术（2）：4-6.

王洁．2006. 硬质干酪加工工艺及其生物活性肽的研究［D］．天津：天津科技大学．

（雷生姣　三峡大学）

实验三　水产品加工开发实验

一、实验目的

本实验旨在通过学生独立查询资料、设计实验、实施操作和总结分析，培养学生独立开展水产品加工开发和科学研究的能力，锻炼学生理论联系实际和综合运用所学知识的能力，强化学生实践动手能力，提高学生解决食品生产实际问题的能力。

二、课程内容

本实验课程内容由实验选题、方案设计、实施操作、质量检验、经济分析和实验报告等六部分组成。

（一）实验选题

正式实验开始前5周，实验指导教师对学生进行实验分组，组织学生进行实验选题。本综合开发实验选题应符合以下原则：

1. **难度适中**　综合开发实验内容不宜过于简单，也不宜过于复杂，实验内容应控制在2～4周内完成。

2. **紧贴生产实际**　实验选题应结合水产品加工市场现状和发展趋势，切合工厂生产实际，不宜过于陈旧，或过于新颖，脱离实际。

3. **具有可操作性**　实验实施场地的技术手段和仪器设备应能达到完成实验内容的要求。

表2-1-70中的实验题目可供参考。

表2-1-70　水产品加工开发实验

序号	实验题目	主要内容
1	鱼糜制品制作工艺研究	主要内容为研究辅料添加量、煮制工艺等对鱼糜制品——鱼丸风味、组织状态、色泽、质构（弹性、咀嚼性等）等指标的影响，确定鱼丸制作工艺
2	烤鱼片制作工艺研究	主要内容为研究鱼片脱腥、烘烤工艺等对烤鱼片风味、色泽、组织状态、水分含量等的影响，确定烤鱼片制作工艺
3	虾酱制作工艺研究	主要内容为研究蛋白酶添加量、酶解温度、酶解时间、保温时间等因素对虾酱*FAN*值的影响，通过单因素和正交试验，确定虾酱最佳制作工艺
4	调味海带丝制作工艺研究	主要内容为研究处理温度、处理时间、处理液含量等因素对海带脱腥效果的影响，从而确定调味海带丝制作工艺

（二）方案设计

实验分组以后，以小组形式通过查阅资料和共同讨论，结合课堂的理论学习，进行实验方案的设计，制订实验实施的具体计划，列出所需原辅料种类和数量及仪器设备等，并提交指导教师审核和完善。

（三）实施操作

实验实施方案经指导教师审核确认后，便进入实施操作环节，包括以下几个阶段：

1. **实验材料准备阶段**　实验开始前3周，准备实验所需的生产设备、化学试剂、玻璃仪器、原辅材料等，并对生产设备进行检修和试运行，检查设备状态。

2. 实验开始前理论讲授阶段　实验正式开始前，指导教师组织学生进行课前理论讲授，内容包括实验目的与意义、实验原理、实验过程中的注意事项、生产设备和分析仪器使用指导等。

3. 实验实施阶段　学生在教师的指导下，各小组按照制订的实验计划开展实验，及时记录实验数据并总结分析，针对实验中遇到的技术困难及时请教指导教师并讨论解决。

（四）质量检验

实验完成后，各小组需要对自己生产的产品进行分析与检验。质量检验包括产品的感官指标检验、理化指标检验和微生物指标检验等三个方面。

1. 感官指标检验　感官指标检验是依靠视觉、嗅觉、味觉、触觉和听觉等来鉴定食品的外观形态、色泽、气味、滋味和硬度（稠度），一般是在理化和微生物检验之前进行。感官指标包括色泽、外观形态、香气和滋味等。

2. 理化指标检验　理化指标检验需依靠特定的仪器设备，在对产品进行一定的处理后进行化学分析。理化指标主要包括水分、脂肪、蛋白质、总酸、氨基酸态氮、挥发性盐基态氮含量等。

3. 微生物指标检验　微生物指标检验是运用微生物学的理论与方法，检验食品中微生物的种类、数量、性质及其对人的健康的影响，以判别食品是否符合质量标准的检测方法。微生物指标主要包括细菌总数、大肠菌群和致病菌。

（五）经济分析

经济分析是对开发的产品进行经济上的评价。实验完成后，各小组需要对产品进行成本核算，按照产品定价策略，给产品制定合理的价格，并做初步的市场分析和利润分析。

（六）实验报告

实验报告是学生对实验全过程进行总结分析的最终体现，应以科技论文的格式进行编写，包括题目、作者、单位、摘要、关键词、前言、材料与方法、结果与讨论、结论、致谢、参考文献等内容。

实例1　鱼丸生产实验

一、实验目的

通过实验使学生更好地掌握实验原理、操作方法、步骤，全面了解掌握鱼糜制品制造的技术原理，掌握鱼糜制品弹性形成的机制及其影响因素，掌握鱼糜凝胶化和凝胶劣化的性质，学习鱼糜制品品质分析的方法。

二、实验原理

将鱼肉绞碎，破坏其肌肉纤维，加入2%～3%的食盐，并擂溃，使盐溶性蛋白质——肌动蛋白和肌球蛋白溶出，形成黏度大、可塑性很强的溶胶。加热后，溶胶即可转化为富有弹性的凝胶。

三、实验材料与仪器设备

鲢鱼或鳙鱼、白砂糖、食盐、变性淀粉、三聚磷酸钠、焦磷酸钠、山梨糖醇、海藻糖、天平、采肉机、斩拌机、快速水分测定仪、质构仪、色差计等。

四、实验步骤

（一）工艺流程

原料验收⟶原料处理⟶采肉⟶漂洗⟶脱水⟶精滤⟶搅拌⟶冻结⟶冷冻鱼糜⟶添加辅料⟶成型⟶煮制⟶冷却⟶成品

（二）操作要点

1. 原料验收　采用新鲜鲢鱼或鳙鱼 6kg，鲜度应符合一级鲜度，鱼体完整，眼球平净，角膜明亮，鳃呈红色，鱼鳞坚实附于鱼体上，肌肉富有弹性，骨肉紧密连接。原料鱼条重 150g 以上。

2. 原料处理　用清水洗净鱼体，除去鱼头、尾、鳍和内脏，刮净鱼鳞。用流水洗净鱼体表面黏液和杂质，洗净腹腔内血污、内脏和黑膜，水温不超过 15℃。

3. 采肉　原料处理后，放入采肉机中采肉，将鱼肉和皮、骨分离。采肉操作中，要注意调节压力，压力太小，采肉得率低；压力太大，鱼肉中混入的骨和皮较多，影响产品质量。因此，应根据生产的实际情况，适当调节，尽量使鱼肉中少混入骨和皮。同时，要防止操作中肉温上升，以免影响产品质量。采肉率应控制在 60%左右。采肉工序直接影响产品质量和得肉率，应仔细操作。

4. 漂洗　漂洗的目的是除去脂肪、血液和腥味，使鱼肉增白，同时，除去影响鱼糜弹性的水溶性蛋白质，提高产品的质量。采肉后的碎鱼肉，放于漂洗塑料盆中，加入 5 倍量的冰水，慢速搅拌漂洗，反复漂洗 3 次。根据原料鱼鲜度，确定漂洗次数，一般来说，鲜度高的鱼可少洗，鲜度差的鱼应多洗。漂洗时间为 15～20min。漂洗水的温度应控制在 10℃。漂洗水的 pH 应控制在 6.8～7.3。最后一次漂洗时，可加入 0.2%的食盐，以利脱水。

5. 脱水　漂洗以后的鱼肉，装进尼龙布袋挤压脱水。脱水与制品的水分含量、得肉率都有关。脱水后的鱼肉含水量应控制在 80%～82%。用手挤压指缝无水渗出，可采用快速水分测定仪检测。

6. 精滤　脱水后的鱼肉，进入精滤机，除去骨刺、皮、腹膜等，精滤机的孔径为 1.5～2.0mm。在精滤过程中，鱼肉的温度会上升 2～3℃。在该操作过程中，鱼肉温度应控制在 10℃以下，最高不得超过 15℃，必要时先降温。

7. 搅拌　为防止鱼肉蛋白冷冻变性，在搅拌过程中加入一定量的糖、磷酸盐等添加物，搅拌时间为 3～5min。在搅拌过程中，鱼肉的温度应控制在 10℃以下，最高不得超过 15℃，以防温度升高影响产品质量。

8. 冻结　搅拌后的鱼糜，定量装入塑料袋中。封口后，立即送入冰箱速冻柜冻结，并贮藏于冰柜中。

另取鱼肉不加防蛋白质冷冻变性的物质，搅拌后直接装袋冻结，用来做鱼糜冷冻的对照试验。鱼糜蛋白质冷冻变性试验方案见表 2-1-71。不同试验组冷冻鱼糜贮存过程中，定期取样测定其挥发性盐基态氮、盐溶性蛋白质含量、Ca^{2+}-ATPase 活性及鱼糜凝胶性能，研究抗冻剂在鱼糜冷冻过程中对蛋白质变性的影响。

表 2-1-71　鱼糜蛋白质冷冻变性试验方案　　单位：%

试验组	防冻剂			
	蔗糖-山梨糖醇	海藻糖	三聚磷酸钠-焦磷酸钠	蔗糖-三聚磷酸钠-焦磷酸钠
对照	0	0	0	0
1	2～2	—	—	—
2	4～4	—	—	—
3	—	4	—	—
4	—	8	—	—
5	—	—	0.15～0.15	—
6	—	—	0.25～0.25	—
7	—	—	—	3-0.15-0.15
8	—	—	—	6-0.15-0.15

根据试验结果选择效果较好的试验组鱼糜进行以下实验。

9. **鱼丸辅料添加及成型**　将鱼糜放在不锈钢盆里加 25～50g 碎冰（用铝盆加冰水作为冷却套，冷却全擂溃过程的鱼糜温度控制在 12℃以下），先加一定量食盐擂溃 15～20min（盐分 2 次加入，间隔时间 3min），然后加一定量变性淀粉擂溃均匀（时间控制在 5～7min）。最后用鱼丸成型机制成鱼丸，或用手挤成鱼丸。食盐及变性淀粉添加量试验方案见表 2-1-72。

表 2-1-72　不同食盐及变性淀粉添加量试验方案　　单位：%

试验组	食盐	变性淀粉
1	0	10
2	1	10
3	3	10
4	5	10
5	7	10
6	3	0
7	3	2.5
8	3	5
9	3	10
10	3	15

10. **煮制**　成型后的鱼丸放在不同温度（40℃、50℃、60℃）温水中保温（凝胶化）10min 后，再放入沸水中加热煮熟，捞出冷却既得成品。以不保温直接加热煮熟的鱼丸进行对比试验。

五、结果与分析

1. **鱼糜蛋白质冷冻变性试验结果**　鱼糜蛋白质冷冻变性试验结果填入表 2-1-73。

表 2-1-73 鱼糜蛋白质冷冻变性试验结果

试验组	盐溶性蛋白质/（mg/g）	Ca^{2+}-ATPase 活性/（U/g）	挥发性盐基态氮（每 100g）/mg	凝胶性能
1				
2				
3				
4				
5				
6				
7				
8				

2. 不同食盐及变性淀粉添加量试验结果　不同食盐及变性淀粉添加量试验结果填入表 2-1-74。

表 2-1-74 不同食盐及变性淀粉添加量试验结果

试验组	白度	失水率/%	质构指标（弹性、咀嚼性等）	感官评价
1				
2				
3				
4				
5				
6				
7				
8				
9				
10				

3. 不同保温温度试验结果　不同保温温度试验结果填入表 2-1-75。

表 2-1-75 不同保温温度试验结果

试验组	温度/℃	质构指标（弹性、咀嚼性等）	感官评价
1	—		
2	40		
3	50		
4	60		

六、质量检验

1. 感官指标　鱼丸的感官指标评定标准见表 2-1-76。

表 2-1-76　鱼丸的感官指标评定标准

项目	要求
色泽	淡白色
气味及滋味	具有鱼肉特有的鲜味，可口，余味浓郁
组织状态	表面光滑，断面密实，无大气孔，有许多微小且均匀的小气孔
弹性	指压鱼丸，凹陷而不断裂，放手则恢复原状，在桌面 30cm 左右处落下，鱼丸弹跳不破裂

2. 理化指标　鱼丸的理化指标评定标准见表 2-1-77。

表 2-1-77　鱼丸的理化指标评定标准

项目	要求
挥发性盐基态氮（每 100g）/mg	≤1.0
甲基汞/（mg/kg）	≤1.0
无机砷/（mg/kg）	≤0.1
铅（Pb）/（mg/kg）	≤0.5

3. 微生物指标　鱼丸的微生物指标评定标准见表 2-1-78。

表 2-1-78　鱼丸的微生物指标评定标准

项目	指标
菌落总数/（cfu/g）	≤3 000
大肠菌群/（MPN/100g）	≤3
致病菌（沙门氏菌、志贺氏菌、金黄色葡萄球菌）	不得检出

参　考　文　献

沈月新 . 2001. 水产食品学［M］. 北京：中国农业出版社 .
段振华 . 2009. 水产品加工工艺学实验技术［M］. 北京：中国科学技术出版社
李秀娟 . 2008. 食品加工技术［M］. 北京：化学工业出版社 .

实例 2　烤鱼片生产实验

一、实验目的

通过实验使学生更好地掌握水产品干制加工及保藏的原理，掌握水产品的干制方法，掌握调味水产干制品的加工技术。

二、实验原理

烤鱼片是以鲜鱼为原料制成的方便熟食品。热空气经过原料表面使其水分蒸发而干燥，水分首先从原料内部扩散至表面（内部扩散），然后通过物料表面的空气而蒸发（表面蒸发）。如果表面蒸发过快，物料表面干燥过快，就产生表面硬化，影响干燥速度。

三、实验材料与仪器设备

马面鱼、白砂糖、精盐、味精、黄酒、不锈钢盘、不锈钢网、不锈钢刀、热风鼓风干燥设备、电烤炉、快速水分测定仪、天平等。

四、实验步骤

（一）工艺流程

原料鱼加工处理⟶清洗⟶削片⟶浸漂⟶调味⟶初烘⟶半成品⟶复水⟶回潮⟶烘烤⟶冷却⟶称量⟶包装⟶成品

（二）操作要点

1. **原料鱼的加工处理**　剥皮、去头、去内脏并将鱼体内壁清洗干净。

2. **削片**　在操作台上边冲水边用不锈钢小刀将鱼体上下 2 片鱼肉削下来。要求形态完整、不破碎为好。操作时要将刀子靠近中间鱼骨处削平。因马面鱼仅中间一条骨，操作时要保持刀子平稳，用力均匀即能慢慢熟练。削下的鱼片存放在洁净的塑料盘内，剔去鱼骨之类不符合质量要求的原料。

3. **浸漂**　将削好的鱼片倒入水槽内冲洗，使鱼片上的黏膜及污物、脂肪等物质随水漂洗干净，然后将鱼片置于不同浸漂液中浸泡 15min 后（对照组不浸泡），以清水冲洗干净，漂洗后沥水以 10～15min 为宜（表 2-1-79）。

表 2-1-79　鱼片脱腥试验方案　　单位：%

试验组	浸漂液		
	碳酸氢钠	氯化钠	乙醇
1	1	0.4	—
2	1	0.4	40
对照	—	—	—

4. **配料调味**　将漂洗干净的鱼片从水槽中捞出来沥水、称量，在容器内进行配料调味，白砂糖 5%～6%，食盐 1.5%～2%，味精 1%，黄酒 1.0%～1.5%，另可酌情放入辣椒粉。进行人工拌匀，然后 10℃左右静置浸渍 1～2h，使调味料及盐分被鱼肉内层吸收。待鱼片基本入味后方能取出上筛初烘。

5. **上筛初烘**　将调味浸渍后的鱼片逐片粘贴在网架上，并使形态尽量完整成片，将个别小片碎块鱼肉可以拼成较完整的片状形态。然后将网架一层层送进热风干燥设备内，控制不同的温度和时间段，进行初烘（表 2-1-80）。烘出的鱼片水分含量应在 20%～22%。

表 2-1-80　鱼片初烘温度的选择

试验组	温度/℃	时间/h	备注
1	先 40 后 60	先 2 后 8	初烘时间可根据具体情况进行调整，以鱼片含水量 20%～22% 为终点。
2	先 40 后 80	先 2 后 6	
3	40	12	
4	60	8	
5	80	5	

6. 挠片取半成品鱼干（揭片）　将烘干的马面鱼半成品从网格上揭下来放入清洁的干燥容器内，然后将袋口封扎好，防止受潮。在操作中防止挠擦鱼干片，以免影响成品的形态。

7. 鱼片回潮　为了便于烘烤鱼干，不使产品在最后烘烤时烤焦，先在半成品鱼干片上喷一些水，使鱼片吸潮到含水量为 24%～25%。

8. 烘烤炉烘烤　将回软的鱼干片均匀摊放在烤炉的钢丝条上经过高温烘烤。在烘烤过程中要经常检查成品的色泽，若发现烘焦或温度偏高要立即调整，反之成品带生味，亦要采取适当调高温度和延长烘烤时间等措施来达到理想的效果（表 2-1-81）。

表 2-1-81　鱼片烘烤温度的选择

试验组	温度/℃	时间/min	备注
1	100	30	烘烤时间可根据具体情况进行调整，制品最终水分含量 18%～20% 为宜。
2	140	5～8	
3	180	3～5	
4	240	3	

五、结果与分析

1. 鱼片脱腥试验结果　鱼片脱腥试验结果填入表 2-1-82。

表 2-1-82　鱼片脱腥试验结果

试验组	鱼腥味	色泽	肉质弹性
1			
2			
对照			

2. 鱼片初烘温度选择试验结果　鱼片初烘温度选择试验结果填入表 2-1-83。

表 2-1-83　鱼片初烘温度选择试验结果

试验组	水分含量/%	干燥时间/h	色泽	外观
1				
2				
3				
4				
5				

3. 鱼片烘烤试验结果　鱼片烘烤试验结果填入表 2-1-84。

表 2-1-84　鱼片烘烤试验结果

试验组	水分含量/%	色泽	口感	风味
1				
2				
3				
4				

六、质量检验

1. 感官指标　烤鱼片的感官评定标准见表 2-1-85。

表 2-1-85　烤鱼片的感官指标评定标准

项目	要求
色泽	金黄色
香气	具有鱼肉经高温烘烤后应有的香味
滋味	滋味鲜美，食时有纤维感、有嚼劲
组织状态	鱼片形态平整，片形完好，肉质疏松

2. 理化指标　烤鱼片的理化指标评定标准见表 2-1-86。

表 2-1-86　烤鱼片的理化指标评定标准

项目	要求
水分/%	21～22
盐分/%	4～6
汞/（mg/kg）	≤0.3
砷/（mg/kg）	≤1.0
铅（Pb）/（mg/kg）	≤0.5

3. 微生物指标　烤鱼片的微生物指标评定标准见表 2-1-87。

表 2-1-87　烤鱼片的微生物指标评定标准

项目	指标
菌落总数/（cfu/g）	≤3 000
大肠菌群/（MPN/100g）	≤3
致病菌（沙门氏菌、志贺氏菌、金黄色葡萄球菌）	不得检出

参 考 文 献

沈月新 . 2001. 水产食品学［M］. 北京：中国农业出版社 .

段振华 . 2009. 水产品加工工艺学实验技术［M］. 北京：中国科学技术出版社 .

李秀娟 . 2008. 食品加工技术［M］. 北京：化学工业出版社 .

实例3　虾酱生产实验

一、实验目的

通过实验使学生更好地掌握虾酱的制作工艺，掌握蛋白质酶解方法，掌握水产调味料的呈鲜机制。

二、实验原理

传统虾酱是以各种小鲜虾为原料，加盐发酵后，经磨细制成的一种黏稠状酱，含盐量为25%～30%。本实验利用蛋白酶加速蛋白质的分解转化，改善传统虾酱生产周期长、盐浓度高等缺点。

三、实验材料与仪器设备

鲜虾、食盐、中性蛋白酶（70 000U/g）、不锈钢罐、不锈钢刀、组织捣碎机、水浴锅、天平等。

四、实验步骤

（一）工艺流程

鲜虾⟶清洗⟶沥水⟶粉碎⟶酶解⟶加盐⟶保温⟶熬酱⟶冷却⟶成品

（二）操作要点

1. 原料处理　用冰水将鲜虾清洗干净，沥干水分，称重后，用组织捣碎机捣碎。

2. 酶解　将捣碎后的虾称重，加入一定比例的蛋白酶，移入不锈钢罐中，在一定温度下恒温水浴酶解一段时间。进行单因素及正交试验对酶解条件进行优化，以游离氨基氮（FAN）为评价指标（表2-1-88）。

表2-1-88　虾酱酶解单因素试验方案

试验组	酶添加量/%	酶解温度/℃	酶解时间/h
1	0	35	0.5
2	0.1	40	1.0
3	0.2	45	1.5
4	0.3	50	2.0
5	0.4	55	2.5
6	0.5	60	3.0

（1）酶添加量的确定　精确称取原料6份，分别按不同质量分数添加蛋白酶，温度50℃，酶解2h。

（2）酶解温度的确定　精确称取原料6份，按0.3%的质量分数添加蛋白酶，分别在不同温度下酶解2h。

（3）酶解时间的确定　精确称取原料 6 份，按 0.3%的质量分数添加蛋白酶，50℃下分别酶解不同时间。

根据单因素试验结果进行 L_9（3^3）正交试验，根据试验结果确定最佳的酶解条件（表 2-1-89）。

表 2-1-89　虾酱酶解正交试验因素水平表

水平	因素		
	酶添加量/%	酶解温度/℃	酶解时间/h
1	a_1	b_1	c_1
2	a_2	b_2	c_2
3	a_3	b_3	c_3

3. 加盐保温　往酶解好的原料中加 18%的食盐，50℃保温，每隔 24h 测定 *FAN* 值，确定最佳的保温时间。

4. 熬酱　将酱放入不锈钢锅中加热至 85℃，加热 0.5h，趁热灌装，并自然冷却。

五、结果与分析

1. 虾酱酶解单因素试验结果　虾酱酶解单因素试验结果填入表 2-1-90。

表 2-1-90　虾酱酶解单因素试验结果

试验组	*FAN**（每 100g）/g		
	酶添加量	酶解温度	酶解时间
1			
2			
3			
4			
5			
6			

* FAN 为 100g 材料中含量。

2. 虾酱酶解正交试验结果　虾酱酶解正交试验结果填入表 2-1-91。

表 2-1-91　虾酱酶解 L_9（3^3）正交试验结果

试验组	因素			*FAN*（每 100g）/g
	酶添加量	酶解温度	酶解时间	
1	1	1	1	
2	1	2	2	
3	1	3	3	
4	2	1	2	
5	2	2	3	
6	2	3	1	
7	3	1	3	

（续）

试验组	因素			FAN（每 100g）/g
	酶添加量	酶解温度	酶解时间	
8	3	2	1	
9	3	3	2	
k_1				
k_2				
k_3				
K_1				
K_2				
K_3				
R				

3. 虾酱酶解后保温时间试验结果　虾酱酶解后保温时间试验结果填入表 2-1-92。

表 2-1-92　虾酱酶解后保温时间试验结果

项目	保温时间/d				
	1	2	3	4	5
FAN（每 100g）/g					

六、质量检验

1. 感官指标　虾酱的感官指标评定标准见表 2-1-93。

表 2-1-93　虾酱的感官指标评定标准

项目	要求
色泽	紫红色，有光泽
香气	具有虾酱特有的风味，无异味
滋味	鲜味浓郁，咸味适宜
组织状态	质地均匀、细腻

2. 理化指标　虾酱的理化指标评定标准见表 2-1-94。

表 2-1-94　虾酱的理化指标评定标准

项目	要求
FAN（每 100g）/g	0.5～0.6
食盐/%	18
汞/（mg/kg）	≤0.3
砷/（mg/kg）	≤1.0
铅（Pb）/（mg/kg）	≤0.5

3. 微生物指标　虾酱的微生物指标评定标准见表 2-1-95。

表 2-1-95　虾酱的微生物指标评定标准

项目	指标
菌落总数/（cfu/g）	≤3 000
大肠菌群/（MPN/100g）	≤3
致病菌（沙门氏菌、志贺氏菌、金黄色葡萄球菌）	不得检出

参 考 文 献

沈月新．2001. 水产食品学［M］．北京：中国农业出版社．
段振华．2009. 水产品加工工艺学实验技术［M］．北京：中国科学技术出版社．
谢主兰，涂苏红，陈龙，等．2013. 响应面法优化酶法制备低盐虾酱的工艺［J］．中国酿造，32（1）：40-45.
刘树青，林洪．2003. 酶法制备低盐虾酱的研究［J］．海洋科学，27（3）：57-60.

实例 4　调味海带丝生产实验

一、实验目的

通过实验使学生更好地掌握调味海带丝制作的实验原理、操作方法及步骤，全面了解并掌握海带腥味形成的机制及其影响因素，掌握海带脱腥的方法。

二、实验原理

调味海带丝是将海带经过脱腥等处理后，以酱油作为主调料，并加入白砂糖和其他调味料一起蒸煮，减少水分，使之具有浓厚的味道，然后用复合包装袋包装的一种海带加工产品。

三、实验材料与仪器设备

干海带、食盐、醋酸、柠檬酸、氢氧化钠、乙醇、不锈钢锅、不锈钢刀、水浴锅、天平。

四、实验步骤

（一）工艺流程

原料选择⟶整理⟶水洗⟶脱腥⟶清洗切丝⟶调味煮熟⟶沥汁、冷却⟶真空包装⟶杀菌、冷却⟶成品

（二）操作要点

1. 原料选择　采用符合国家标准的淡干一二级海带为原料，尽量选择色泽深褐至深黑、叶质宽厚的海带。

2. 整理　去除附着于海带表面的草屑、泥沙等杂物，剔除不合格原料，切去根基部、梢部等不可食部分。

3. 水洗　将整理好的海带用手反复搓洗去除表面的泥沙等杂质。

4. 脱腥　将洗干净的海带放进脱腥液中浸泡，去除腥味的同时可以软化海带。脱腥液用量以浸没海带为益，不同温度下浸泡一定时间。

分别选用酸法、碱法、醇法处理海带，进行脱腥效果比较（表 2-1-96）。选择较好的处理方法，然后就该方法进行参数优化。由 10 人组成感官评定小组进行评分。

表 2-1-96　海带不同脱腥处理试验方案

试验组	处理方法
1	醋酸：不同质量分数（1%、2%、3%、4%、5%）的处理液，分别处理 10min、20min、30min
2	柠檬酸：不同质量分数（1%、2%、3%、4%、5%）的处理液，分别处理 10min、20min、30min
3	NaOH：不同质量分数（1%、2%、3%、4%、5%）的处理液，分别处理 10min、20min、30min
4	乙醇：不同质量分数（1%、2%、3%、4%、5%）的处理液，分别处理 10min、20min、30min
5	黄酒：不同质量分数（1%、2%、3%、4%、5%）的处理液，分别处理 10min、20min、30min

海带脱腥工艺参数优化试验方案见表 2-1-97。

表 2-1-97　海带脱腥工艺参数优化试验方案

水平	因素		
	浸泡温度/℃	浸泡时间/h	处理液质量分数/%
1	a_1	b_1	c_1
2	a_2	b_2	c_2
3	a_3	b_3	c_3

海带脱腥效果的评定标准见表 2-1-98。

表 2-1-98　海带脱腥效果的评定标准

脱腥效果	评分
无腥味，无试剂味	5
无腥味，少许试剂味	4
无腥味，试剂味重	3
有少许腥味，试剂味淡	2
腥味浓，试剂味重	1

5. 清洗切丝　将浸泡后的海带用清水漂洗，然后将海带切成丝状或小片状。

6. 调味煮熟　调味液的基本配方为每 10kg 原料海带，加入酱油 15～20kg、白砂糖 8～12kg、味精 1.0～1.5kg、水 30kg，其他调味料可根据口味添加。

7. 调糖度　将调味液放入不锈钢锅中，待烧开后加入沥水后的海带丝，煮 2h 左右，用糖度计测得调味液糖度为 40～45 白利度。

8. 沥汁、冷却　将煮熟的海带放入沥汁容器，并快速吹风冷却至室温。

9. 真空包装　采用 NY/PE 袋装袋。将包装袋口擦净，立即进行真空密封热合。真空度控制在－53.3kPa。热合封口须牢固。

10. 杀菌、冷却　采用90℃热水杀菌40min。杀菌结束，立即用冷水冷却至室温。

五、结果与分析

1. 海带不同脱腥处理试验结果　海带不同脱腥处理试验结果填入表2-1-99。

表2-1-99　海带不同脱腥处理试验结果

试验组	脱腥时间/min	处理液质量分数/%				
		1	2	3	4	5
1	10					
	20					
	30					
2	10					
	20					
	30					
3	10					
	20					
	30					
4	10					
	20					
	30					
5	10					
	20					
	30					

2. 海带脱腥工艺参数优化试验结果　海带脱腥工艺参数优化试验结果填入表2-1-100。

表2-1-100　海带脱腥工艺参数优化试验结果

试验组	因素			评分
	浸泡温度	浸泡时间	处理液质量分数	
1	1	1	1	
2	1	2	2	
3	1	3	3	
4	2	1	2	
5	2	2	3	
6	2	3	1	
7	3	1	3	
8	3	2	1	
9	3	3	2	
k_1				
k_2				
k_3				
K_1				
K_2				
K_3				
R				

六、质量检验

1. 感官指标　调味海带丝的感官指标评定标准见表 2-1-101。

表 2-1-101　调味海带丝的感官指标评定标准

项目	要求
色泽	色泽柔和，暗绿色
香气	香味浓郁，具有海带固有风味，无腥臭味
滋味	滋味鲜美，鲜香味突出
组织状态	丝状，宽度均匀，无碎渣，有韧性，脆度适宜

2. 理化指标　调味海带丝的理化指标评定标准见表 2-1-102。

表 2-1-102　调味海带丝的理化指标评定标准

项目	要求
水分/%	～30
食盐/%	～15
汞/（mg/kg）	≤0.3
砷/（mg/kg）	≤2.0
铅（Pb）/（mg/kg）	≤0.5

3. 微生物指标　调味海带丝的微生物指标评定标准见表 2-1-103。

表 2-1-103　调味海带丝的微生物指标评定标准

项目	指标
菌落总数/（cfu/g）	≤3 000
大肠菌群/（MPN/100g）	≤3
致病菌（沙门氏菌、志贺氏菌、金黄色葡萄球菌）	不得检出

参　考　文　献

沈月新.2001. 水产食品学［M］. 北京：中国农业出版社.

段振华.2009. 水产品加工工艺学实验技术［M］. 北京：中国科学技术出版社.

江洁，陈兴才.2007. 即食海带的脱腥与杀菌工艺［J］. 福建农林大学学报（自然科学版），36（1）：106-109.

俞静芬，凌建刚，周安源，等.2009. 海带脱腥工艺的研究［J］. 农产品加工（创新版）（4）：20-21.

（曹少谦　浙江万里学院）

第二章　粮油加工开发实验

实验一　大米加工开发实验

一、实验目的

本实验旨在通过学生独立查询资料、设计实验、实施操作和总结分析，培养学生独立开展大米加工开发和科学研究的能力，锻炼学生理论联系实际和综合运用所学知识的能力，强化学生实践动手能力，提高学生解决食品生产实际问题的能力。

二、课程内容

本实验课程内容由实验选题、方案设计、实施操作、质量检验、经济分析和实验报告等六部分组成。

（一）实验选题

正式实验开始前5周，实验指导教师对学生进行实验分组，组织学生进行实验选题（表2-2-1）。本综合开发实验选题应符合以下原则：

1. **难度适中**　实验内容应控制在2～4周内完成。

2. **紧贴生产实际**　实验选题应结合大米市场现状和发展趋势，切合工厂生产实际，不宜过于陈旧，或过于新颖，脱离实际。

3. **具有可操作性**　实验实施场地的技术手段和仪器设备应能达到完成实验内容的要求。

表2-2-1　大米加工开发实验

序号	实验题目	主要内容
1	发芽糙米功能饮料的研制	研究发芽糙米的制备工艺，通过设计不同的培养条件增加发芽糙米中γ-氨基丁酸的含量；用α-淀粉酶水解米浆，设计不同水解温度和时间；使水解液中可溶性固形物的含量增加；通过调配、均质、杀菌配制成饮料，并对产品的质量进行检验
2	挤压膨化米果的生产	研究不同原料组成、原料的不同含水量对膨化产品的膨化度、密度、感官指标等质量的影响，并对膨化产品的质量进行检验

（二）方案设计

实验分组以后，以小组形式通过查阅资料和共同讨论，结合课堂的理论学习，进行实验方案的设计，制订实验实施的具体计划，列出所需原辅料种类和数量及仪器设备等，并提交指导教师审核和完善。

（三）实施操作

实验实施方案经指导教师审核确认后，便进入实施操作环节，包括以下几个阶段：

1. **实验材料准备阶段**　实验开始前3周，准备实验所需的生产设备、化学试剂、玻璃仪器、原辅材料等，并对生产设备进行检修和试运行，检查设备状态。

2. **实验开始前理论讲授阶段**　实验正式开始前，指导教师组织学生进行课前理论讲授，内容包括实验目的与意义、实验原理、实验过程中的注意事项、生产设备和分析仪器使用指导等。

3. 实验实施阶段　学生在教师的指导下，各小组按照制订的实验计划开展实验，及时记录实验数据并总结分析，针对实验中遇到的技术困难及时请教指导教师并讨论解决。

（四）质量检验

实验完成后，各小组需要对自己生产的产品进行分析与检验。质量检验包括产品的感官指标检验、理化指标检验和微生物指标检验等三个方面。

1. 感官指标检验　感官指标检验是依靠视觉、嗅觉、味觉、触觉和听觉等来鉴定食品的外观形态、色泽、气味、滋味和硬度（稠度），一般是在理化和微生物检验之前进行。感官指标包括色泽、外观形态、气味和滋味等。

2. 理化指标检验　理化指标检验需依靠特定的仪器设备，在对产品进行一定的处理后进行化学分析。理化指标主要包括水分、脂肪、氯化钠、可溶性固形物、总膳食纤维、γ-氨基丁酸、重金属等。

3. 微生物指标检验　微生物指标检验是运用微生物学的理论与方法，检验食品中微生物的种类、数量、性质及其对人的健康的影响，以判别食品是否符合质量标准的检测方法。微生物指标主要包括细菌总数、大肠菌群和致病菌。

（五）经济分析

经济分析是对开发的产品进行经济上的评价。实验完成后，各小组需要对产品进行成本核算，按照产品定价策略，给产品制定合理的价格，并做初步的市场分析和利润分析。

（六）实验报告

实验报告是学生对实验全过程进行总结分析的最终体现，应以科技论文的格式进行编写，包括题目、作者、单位、摘要、关键词、前言、材料与方法、结果与讨论、结论、致谢、参考文献等内容。

实例 1　发芽糙米功能饮料的研制

一、实验目的

通过实验使学生掌握大米产品开发的实验方法及过程，掌握发芽糙米制备工艺参数的设计及制备方法，掌握发芽糙米饮料开发的工艺参数设计方法，掌握功能饮料的品质分析方法。

二、实验原理

发芽糙米具有较高的营养和保健功能。糙米经发芽后不仅必需氨基酸、水溶性蛋白、谷胱甘肽、六磷酸肌醇等营养成分的含量增加，还含有丰富的 γ-氨基丁酸，具有提高脑活力、降低血压、改善肝肾功能等生理功能。

本实验以发芽糙米为原料，用 α-淀粉酶降解淀粉类物质，使可溶性物质增多，提高提取率。通过调配、均质使产品具有稳定性，采用密封和杀菌工艺，杀灭罐内有害微生物并防止二次污染。实验研制开发的发芽糙米饮料具有保健功效，富含 γ-氨基丁酸及膳食纤维等功能性成分，为大米深加工提供了一条新的途径。

三、实验材料与仪器设备

糙米、次氯酸钠、α-淀粉酶（2 000U）、蔗糖、海藻酸钠、羧甲基纤维素钠、柠檬酸、白砂糖、电子分析天平、培养箱、数显恒温水浴锅、实验型高压均质机、折光仪、打浆机、离心机、氨基酸自动分析仪。

四、实验步骤

（一）工艺流程

原料⟶拣选⟶清洗⟶消毒⟶浸泡⟶培养发芽⟶发芽糙米⟶干燥⟶烘烤⟶浸泡⟶打浆⟶糊化⟶酶解⟶灭酶⟶离心分离⟶调配⟶均质⟶装瓶⟶冷却⟶成品

（二）操作要点

1. 原料的拣选、清洗　选用籽粒饱满、大小均匀一致的糙米粒，去除稻壳、石子等杂质，去除无胚粒、异色粒、未成熟粒及瘪粒。然后将精选后的糙米置于不锈钢盆中用自来水冲洗3遍，洗去表面糠粉和灰尘，沥干。

2. 消毒和浸泡　用浓度为0.2mol/L的次氯酸钠溶液消毒25min，加入量以能淹没糙米为宜，其目的在于对糙米进行表面消毒并防止发芽过程中滋生微生物。再用去离子水冲洗数次，沥干。置于30℃恒温水浴锅内浸泡12h，每4h换一次水。浸泡后沥干。

3. 培养发芽　将浸泡后的糙米均匀摊于不锈钢盆中，盖上纱布（沸水消毒），加入适量无菌水，置于恒温培养箱中培养。

培养条件的优化：

（1）培养温度　分别设置为25℃、35℃、45℃，培养时间为24h。

（2）培养时间　35℃条件下培养时间分别为12h、24h、36h。

每4h取出一次，将纱布重新消毒，防止微生物污染。培养结束，芽长长到1.5mm左右取出待用。测定发芽糙米中γ-氨基丁酸的含量。

4. 干燥、烘烤　将发芽后的糙米置于40℃的干燥箱中干燥4h，取出后置于烤箱中，200℃条件下烘烤10min。

5. 浸泡、打浆、糊化　将烘烤后的糙米于60℃水中浸泡1h，至组织软化，浸泡时糙米∶水＝1∶4（质量比）。将浸泡好的糙米沥干后，加水量为原料的10倍，磨浆，得谷物饮料原浆。

6. 酶处理　用α-淀粉酶降解淀粉类物质，使可溶性物质增多，有利于提高提取率。加酶量为0.4g/mL。

水解条件的选择：

（1）水解时间　在温度80℃条件下，水解时间分别为30min、40min、50min。

（2）水解温度　分别设置温度为75℃、80℃、85℃条件下水解40min。

测定不同水解液中可溶性固形物的含量。

7. 灭酶　将液化后的料液升温至95℃，加热30min，使酶钝化。

8. 分离　用离心分离（转速为3 000r/min，离心时间为20min）将米汁和米渣分开。

9. 调配　添加原浆质量0.30%的海藻酸钠、0.10%的羧甲基纤维素钠、0.10%的柠檬酸、5.00%的白砂糖，搅拌均匀至完全混合。

10. 均质　在压力 30MPa、温度 60℃下对产品进行 2 次均质。

11. 灌装、排气、密封　将均质后的饮料尽快灌装封口。密封后再利用沸水常温常压杀菌，杀菌时间为 30min。

12. 冷却　将杀菌后的饮料在 80℃、60℃、40℃的水中各维持 10min 后，冷却至室温。

五、结果与分析

1. 不同培养温度试验结果　在不同培养温度下，发芽糙米中 γ-氨基丁酸含量的试验结果填入表 2-2-2。

表 2-2-2　不同培养温度发芽糙米中 γ-氨基丁酸含量的试验结果

培养温度/℃	γ-氨基丁酸的含量（每 100g）/g
25	
35	
45	

2. 不同培养时间试验结果　在不同培养时间下，发芽糙米中 γ-氨基丁酸含量的试验结果填入表 2-2-3。

表 2-2-3　不同培养下发芽糙米中 γ-氨基丁酸含量的试验结果

培养时间/h	γ-氨基丁酸的含量（每 100g）/g
12	
24	
36	

3. 不同水解温度试验结果　料液在不同温度下水解相同的时间，水解液中可溶性固形物含量的试验结果填入表 2-2-4。

表 2-2-4　不同水解温度下料液中可溶性固形物含量的试验结果

水解温度/℃	可溶性固形物的含量/%
75	
80	
85	

4. 不同水解时间试验结果　料液在相同温度下水解不同的时间，水解液中可溶性固形物含量的试验结果填入表 2-2-5。

表 2-2-5　不同水解时间料液中可溶性固形物含量的试验结果

水解时间/min	可溶性固形物的含量/%
30	
40	
50	

六、质量检验

1. **感官指标** 发芽糙米功能饮料的感官指标评定标准见表 2-2-6。

表 2-2-6 发芽糙米功能饮料的感官指标评定标准

项 目	谷物饮料要求
色泽	乳白色
气味	具有大米的清香
状态	均匀稳定，允许有少量析水、分层或沉淀现象
杂质	无正常视力可见外来杂质

2. **理化指标** 发芽糙米功能饮料的理化指标评定标准见表 2-2-7。

表 2-2-7 发芽糙米功能饮料的理化指标评定标准

项 目	谷物功能饮料要求
可溶性固形物（每 100g）/g	≥6.0
总膳食纤维（每 100g）/g	≥0.1
γ-氨基丁酸（每 100mL）/mg	≥15.8

3. **微生物指标** 发芽糙米功能饮料的微生物指标评定标准见表 2-2-8。

表 2-2-8 发芽糙米功能饮料的微生物指标评定标准

项目	指标
菌落总数/（cfu/mL）	≤100
大肠菌群/（MPN/100mL）	≤3
霉菌和酵母/（cfu/mL）	≤20
致病菌（沙门氏菌、志贺氏菌、金黄色葡萄球菌）	不得检出

参 考 文 献

马涛，刘丽娜，孙炳新 . 2010. 糙米发芽工艺优化研究 . 食品研究与开发（6）：10-13.
郑连姬，周令国，冯璨，等 . 2011. 糙米发芽的技术制备研究 . 粮食加工（1）：21-25.
孙月娥，王卫东，李曼曼，等 . 2010. 发芽糙米黑豆复合饮料的生产工艺 . 食品科学（5）：476-479.
黄迪芳 . 2005. 糙米萌发工艺及发芽糙米功能饮料的研究［D］. 无锡：江南大学 .
中国饮料工业协会 . 2012. QB/T 4221—2011 谷物类饮料标准［S］. 北京：中国轻工业出版社 .

实例 2 挤压膨化米果的生产

一、实验目的

通过实验使学生掌握大米产品开发的实验方法及过程，掌握挤压膨化的工作原理，掌握膨化食品的制作过程，掌握膨化食品品质分析的方法。

二、实验原理

膨化米果采用挤压膨化工艺制作而成，是将原料经过粉碎、混合、调湿，送入螺旋挤压膨化设备，通过压延效应及加热产生的高温、高压，使物料在挤压筒中被挤压、混合、剪切、熔融、杀菌和熟化等一系列复杂的连续处理，再通过特殊设计的模孔而制得的膨化成型的口感酥松的食品。

三、实验材料与仪器设备

籼米、苦荞麦粉、白砂糖、食用盐、谷氨酸钠、香兰素、粉碎机、单螺杆挤压膨化机、真空充氮包装机。

四、实验步骤

（一）工艺流程

原料粉碎⟶混合⟶喂料⟶挤压膨化⟶切断⟶冷却⟶制品

（二）操作要点

1. 原料预处理　选用新鲜、优质的原料。将大米、苦荞麦粉粉碎至100目左右备用。

2. 混合

（1）按配方混合原料　将籼米60g、苦荞麦粉40g、白砂糖2g、谷氨酸钠0.01%、香兰素0.01%、食用盐少许混合均匀。调节混合原料的水分含量分别为14.7%、15.7%、16.7%、17.7%。

（2）分别调配籼米和苦荞麦粉的比例　籼米70g＋苦荞麦粉30g、籼米60g＋苦荞麦粉40g、籼米50g＋苦荞麦粉50g。将3种混合原料分别与白砂糖2g、谷氨酸钠0.01%、香兰素0.01%、食用盐少许混合均匀。调节原料水分含量为16.7%。

3. 挤压膨化　采用单螺杆挤压膨化机。在加入原料膨化之前，先将设备预热20～30min，至温度为180～200℃。挤压螺杆的转速为60～70r/min，加水以检查设备内部预热情况，看是否有水蒸气喷出。

4. 切断　连续挤出的米果切割成每段长度15cm左右的样品。

5. 产品质量的检验

（1）膨化度的测定　膨化度是指原料膨化后与膨化前的体积比，可以用来判定挤压产品的膨化程度。具体到生产过程中，是膨化米果的截面积与模孔的截面积的比例。

$$\text{米果膨化度}=\frac{\text{膨化米果的截面积}}{\text{模头模孔的截面积}}$$

（2）密度的测定　挤压膨化米果的密度是膨化米果的质量与体积之比。可以用来判断米果的松脆度和产品空间网络的疏密度。

$$\text{米果密度}=\frac{\text{米果的质量}}{\text{米果的体积}}$$

（3）挤压膨化米果的感官评分　将挤压膨化米果的样品随机编号，选10名相关技术人员分别对外观、口感、色泽、组织结构进行感官评分。综合指标为四项得分总和的平均值。感官评价标准如表2-2-9所示。

表 2-2-9　挤压膨化米果的感官指标评价

项目要求	分值
外观	无断纹，无气泡 8～10 分 表面较平整，有少许小气泡 5～7 分 表面不平整、有断纹，气泡较多 1～4 分
口感	口感松脆、细腻，不粘牙 8～10 分 口感硬而松脆，较粗糙，有点粘牙 5～7 分 口感硬、不松脆，粗糙，粘牙 1～4 分
色泽	色泽呈现出淡黄色，不应有过焦、过白的现象 8～10 分 色泽较深或浅白 5～7 分 色泽深黄或过白 1～4 分
组织结构	横截面结构呈多孔状，细密、无大空洞 8～10 分 横截面孔隙较细密、大空洞较少 5～7 分 横截面孔隙粗糙、不均匀、大空洞较多 1～4 分

五、结果与分析

1. 原料的水分含量试验结果　不同水分含量的原料挤压膨化后产品质量的试验结果填入表 2-2-10。

表 2-2-10　原料水分含量试验结果

原料水分含量/%	膨化度	密度/（g/cm³）	感官评分
14.7			
15.7			
16.7			
17.7			

2. 籼米与苦荞麦粉的不同比例试验结果　籼米与苦荞麦粉的不同比例对膨化产品质量的影响试验结果填入表 2-2-11。

表 2-2-11　籼米与苦荞麦粉的不同比例试验结果

不同原料配比	膨化度	密度/（g/cm³）	感官评分
籼米 70g＋苦荞麦粉 30g			
籼米 60g＋苦荞麦粉 40g			
籼米 50g＋苦荞麦粉 50g			

六、质量检验

1. 感官指标　挤压膨化米果的感官指标评定标准见表 2-2-12。

表 2-2-12　挤压膨化米果的感官指标评定标准

项目	要求
形态	应符合工艺要求的形状如球形或方形，外形完整、大小大致均匀
色泽	应具有该品种特有的色泽，无过焦或过白的现象
滋味、气味	应具有米香味和苦荞麦香味，无异味
组织	内部组织从断面观察，气孔细密均匀，口感疏松或松脆
杂质	无正常视力可见的外来杂物

2. **理化指标**　挤压膨化米果的理化指标评定标准见表 2-2-13。

表 2-2-13　挤压膨化米果的理化指标评定标准

项目	指标
水分/%	≤7.0
氯化钠/%	≤2.8
脂肪/%	≤40.0

3. **微生物指标**　挤压膨化米果的微生物指标评定标准见表 2-2-14。

表 2-2-14　挤压膨化米果的微生物指标评定标准

项目	指标
菌落总数/（cfu/g）	≤10 000
大肠菌群/（MPN/100g）	≤90
致病菌	不得检出

参　考　文　献

罗松明.2006.苦荞膨化米饼的研制.粮食加工与食品机械（7）：79-80.
凌彬，邢明，钟娟，等.2011.原料组分对挤压膨化米果品质的影响.粮食与饲料工业（5）：49-53.
全国食品工业标准化技术委员会.2009.GB/T 22699—2008 膨化食品［S］.北京：中国标准出版社.

（刘琴　曹玉华　南京财经大学）

实验二　小麦加工开发实验

一、实验目的

本实验旨在通过学生独立查询资料、设计实验、实施操作和总结分析，培养学生独立开展小麦加工开发和科学研究的能力，锻炼学生理论联系实际和综合运用所学知识的能力，强化学生实践动手能力，提高学生解决食品生产实际问题的能力。

二、课程内容

本实验课程内容由实验选题、方案设计、实施操作、质量检验、经济分析和实验报告等六部分组成。

（一）实验选题

正式实验开始前5周，实验指导教师对学生进行实验分组，组织学生进行实验选题。本综合开发实验选题应符合以下原则：

1. **难度适中** 综合开发实验内容不宜过于简单，也不宜过于复杂，实验内容应控制在2～4周内完成。

2. **紧贴生产实际** 实验选题应结合小麦加工市场现状和发展趋势，切合工厂生产实际，不宜过于陈旧，或过于新颖，脱离实际。

3. **具有可操作性** 实验实施场地的技术手段和仪器设备应能达到完成实验内容的要求。表2-2-15中的实验题目可供参考。

表2-2-15 小麦加工开发实验

序号	实验题目	主要内容
1	方便面面块制作工艺研究	主要内容为研究辅料添加量、蒸面工艺、面块干燥方式和干燥条件等对方便面面块制品含水量、含油率、色泽、质构（弹性、咀嚼性等）等指标的影响，确定方便面面块制作工艺
2	馒头制作工艺研究	主要内容为研究面团不同调制速度和调制时间、不同酵母添加量和发酵时间对馒头风味、色泽、组织状态、质构等的影响，确定馒头制作工艺
3	非传统通心面制作工艺	主要内容为研究不同加水量、和面温度、挤压温度等因素对非传统通心面的色泽、透明度、质构等的影响，确定其最佳制作工艺

（二）方案设计

实验分组以后，以小组形式通过查阅资料和共同讨论，结合课堂的理论学习，进行实验方案的设计，制订实验实施的具体计划，列出所需原辅料种类和数量及仪器设备等，并提交指导教师审核和完善。

（三）实施操作

实验实施方案经指导教师审核确认后，便进入实施操作环节，包括以下几个阶段：

1. **实验材料准备阶段** 实验开始前3周，准备实验所需的生产设备、化学试剂、玻璃仪器、原辅材料等，并对生产设备进行检修和试运行，检查设备状态。

2. **实验开始前理论讲授阶段** 实验正式开始前，指导教师组织学生进行课前理论讲授，内容包括实验目的与意义、实验原理、实验过程中的注意事项、生产设备和分析仪器使用指导等。

3. **实验实施阶段** 学生在教师的指导下，各小组按照制订的实验计划开展实验，及时记录实验数据并总结分析，针对实验中遇到的技术困难及时请教指导教师并讨论解决。

（四）质量检验

实验完成后，各小组需要对自己生产的产品进行分析与检验。质量检验包括产品的感官指标检验、理化指标检验和微生物指标检验等三个方面。

1. **感官指标检验** 感官指标检验是依靠视觉、嗅觉、味觉、触觉和听觉等来鉴定食品的外观形态、色泽、气味、滋味和硬度（稠度），一般是在理化和微生物检验之前进行。感官指标包括色泽、外观形态、气味和滋味等，此外还需借助质构仪进行样品质构特性分析。

2. **理化指标检验** 理化指标检验需依靠特定的仪器设备，在对产品进行一定的处理后进行化学分析。理化指标主要包括水分含量、pH、酸价、过氧化值、羰基价、含油率等。

3. 微生物指标检验　微生物指标检验是运用微生物学的理论与方法，检验食品中微生物的种类、数量、性质及其对人的健康的影响，以判别食品是否符合质量标准的检测方法。微生物指标主要包括细菌总数、大肠菌群和致病菌。

（五）经济分析

经济分析是对开发的产品进行经济上的评价。实验完成后，各小组需要对产品进行成本核算，按照产品定价策略，给产品制定合理的价格，并做初步的市场分析和利润分析。

（六）实验报告

实验报告是学生对实验全过程进行总结分析的最终体现，应以科技论文的格式进行编写，包括题目、作者、单位、摘要、关键词、前言、材料与方法、结果与讨论、结论、致谢、参考文献等内容。

实例 1　方便面面块制作工艺研究

一、实验目的

通过实验使学生掌握方便面生产的工艺路线和操作要点，掌握影响方便面各操作单元的因素，初步判断方便面面块制作过程的关键操作点。

二、实验原理

方便面又称速煮面、即席面。其实验原理是将各种原辅料放入和面机内充分揉和均匀，静置熟化后将散碎面团压成约 1cm 厚面片，再经轧薄辊连续压延面片 6～8 道，使面片达到 1～2mm 厚度，随后切条成型，切条后经过波纹成型机形成连续波纹面，然后蒸煮使淀粉糊化度达 80%左右，再经定量切块后用热风或油炸方式使其迅速脱水干燥加深其糊化程度，保持了糊化淀粉的稳定性，防止糊化的淀粉重新老化，最后经冷却包装后即为成品。

三、实验材料与仪器设备

面粉、精制盐、碱水（无水碳酸钾 30%、无水碳酸钠 57%、无水正磷酸钠 7%、无水焦磷酸钠 4%、次磷酸钠 2%）、增稠剂（瓜尔豆胶、CMC）、棕榈油、和面机、搅拌机、压面机、切面机、波浪形成型箱、蒸面机、油炸锅等。

参考配方：小麦粉 25kg、精制盐 0.35kg、碱水（换算成固体）0.035kg、增稠剂 0.05kg、水 0.25kg。

四、实验步骤

（一）工艺流程

小麦面粉、水、盐、碱、增稠剂⟶和面⟶熟化⟶复合⟶压延⟶切条折花⟶蒸面⟶切断成型⟶干燥⟶冷却、汤料⟶包装

（二）操作要点

1. 配料　要求面粉湿面筋含量在 32%～34%，按照表 2-2-16 改变配方中不同添加剂类

物质，重点改变碱类物质、增稠剂、乳化剂和磷酸盐类，分别取样测定方便面面块的色泽、弹性等各个指标。

表 2-2-16　面团改良剂对方便面品质的影响试验

试验组	碳酸钾/%	CMC/%	单甘酯/%	磷酸盐/%	面粉	精盐/%	水/%
1	0	0	0	0	100	2.6	30
2	2.40	0	0	0	100	2.6	30
3	3.40	0	0	0	100	2.6	30
4	0	0.50	0	0	100	2.6	30
5	0	0.72	0	0	100	2.6	30
6	0	0	0.15	0	100	2.6	30
7	0	0	0	0.12	100	2.6	30
8	0.13	0.72	0	0.136	100	2.6	30

2. 和面　面粉中加入添加物预混 1min，快速均匀加水，快速搅拌约 13min，再慢速搅拌 3～4min。

3. 熟化　将和好的面团放入低速搅拌的熟化盘中熟化，温度 25℃，时间 15～20min，搅拌速度 5～8r/min。

4. 压片　5～7 道压延，最大压薄率不超过 40%，最后压薄率 9%～10%。

5. 蒸面　蒸面温度和时间必须严格掌握，蒸面控制为 1.8～2.0kg/cm^2 时，蒸面时间以 60～95s 为宜，温度必须在 70℃以上。

6. 干燥　按照表 2-2-17 对干燥方式和干燥条件进行优化。

表 2-2-17　干燥方式和干燥条件对方便面品质的影响试验

试验组	油炸干燥		微波干燥	
	油温/℃	时间/s	功率/W	时间/min
1	110	110	250	2.5
2	120	95	400	3.5
3	130	80	600	1
4	140	65	250	3.5
5	150	50	400	1
6	160	45	600	2.5

五、结果与分析

1. 面团改良剂试验结果　面团改良剂对方便面品质的影响试验结果填入表 2-2-18。

表 2-2-18　面团改良剂对方便面品质的影响试验结果

试验组	水分含量/%	含油量/%	复水时间/s	质构	感官指标
1					
2					
3					
4					
5					
6					
7					
8					

2. 干燥方式和干燥条件试验结果　干燥方式和干燥条件对方便面品质的影响试验结果填入表 2-2-19。

表 2-2-19　干燥方式和干燥条件对方便面品质的影响试验结果

试验组	水分含量/%	含油量/%	复水时间/s	质构	感官指标
1					
2					
3					
4					
5					
6					

六、质量检验

1. 感官指标　方便面的感官指标评定标准见表 2-2-20。

表 2-2-20　方便面的感官指标评定标准

项目	指标
色泽	呈该品种特有的颜色，无焦、生现象，正反两面可略有深浅差别
气味	气味正常，无霉味、哈喇味及其他异味
形态	外形整齐，花纹均匀，不得有异物、焦渣
烹调性	面条复水后，应无明显断条、并条，口感不夹生，不粘牙

2. 理化指标　方便面的理化指标评定标准见表 2-2-21。

表 2-2-21　方便面的理化指标评定标准

项目	指标	
	油炸面	非油炸面
水分	≤8.0	≤12.0
酸价（以脂肪计）（KOH）/（mg/g）	≤1.8	—
过氧化值（以脂肪计）（每 100g）/g	≤0.25	—
羰基价（以脂肪计）/（mmol/kg）	≤10	—
铅（Pb）/（mg/kg）	≤0.5	≤0.5
总砷（以 As 计）/（mg/kg）	≤0.5	≤0.5

3. 微生物指标　方便面的微生物指标评定标准见表 2-2-22。

表 2-2-22　方便面的微生物指标评定标准

项目	面块	面块和调料
菌落总数/（cfu/g）	≤1 000	≤50 000
大肠菌群/（MPN/100g）	≤30	≤150
致病菌（沙门氏菌、金黄色葡萄球菌、志贺氏菌）	不得检出	不得检出

参　考　文　献

李新华，董海洲．2009．粮油加工学［M］．2 版．北京：中国农业出版社．
陆启玉，2005．粮油食品加工工艺学［M］．北京：中国轻工业出版社．
苏东民，胡丽花，苏东海，等．2010．酵母添加量和发酵时间对馒头品质的影响［J］．中国农学通报，26（11）：73-77．

实例 2　馒头制作工艺研究

一、实验目的

通过实验使学生掌握馒头生产的工艺路线和操作要点，掌握影响馒头品质的主要因素及其控制措施。

二、实验原理

《小麦粉馒头》（GB/T 2118—2007）规定，小麦粉馒头是指以小麦粉和水为原料，以酵母为发酵剂蒸制而成的产品。面粉中酵母使面团能够起发使制品膨软，酵母用量多少与面团发酵时间成反比，用量多起发时间短，反之起发时间长。如果和面时加上少量的盐、糖、油，这样馒头的色、香、味就会更好。

三、实验材料与仪器设备

面粉、活性干酵母、水、和面机、搅拌机、发酵箱、蒸锅等。

参考配方：小麦粉 1 500g、活性干酵母 15g、水 350g。

四、实验步骤

（一）工艺流程

原料⟶和面⟶静置⟶成型⟶醒发⟶汽蒸⟶冷却⟶成品

（二）操作要点

1. 和面　将一定量的面粉倒入和面机中，搅拌混匀，然后边搅拌边缓慢加入已经活化的酵母，干酵母用量为面粉量的 0.5%～1.0%，搅拌均匀后加入剩余的水和面，搅拌至无干面，表面光滑，面团略微黏手为宜。

为了得到较好的面团，按照表 2-2-23 对和面机的搅拌转速和搅拌时间进行优化。

表 2-2-23　和面速度和时间对面团持气性和馒头品质的影响试验

试验组	搅拌转速/（r/min）	搅拌时间/min
1	10	7
2	10	9
3	10	11
4	30	7
5	30	9
6	30	11
7	60	7
8	60	9
9	60	11

2. 发酵　发酵室温度为 27～30℃，相对湿度 75%～95%，当面团膨松胀发，软硬适当，具有一定的弹性，质地柔软光滑，内部有小而多的孔洞，有酒香味，表面色泽白净滋润即表明发酵成熟。酵母添加量在很大程度上会影响馒头的品质和发酵过程，因此在配方中控制不同的酵母添加量，分别按照不同的发酵时间取样测定馒头的感官和质构指标（表 2-2-24）。

表 2-2-24　不同酵母添加量和不同发酵时间对馒头品质的影响试验

试验组	酵母添加量/%	发酵时间/min
1	0.5	30
2	0.5	40
3	0.5	50
4	0.75	30
5	0.75	40
6	0.75	50
7	1	30
8	1	40
9	1	50

3. 成型　可手工成型，按照需要做成方形或圆形，也可由馒头成型机完成。

4. 醒发　将成型好的馒头坯立即放入 35℃左右，空气相对湿度 85%的发酵室中醒发 10～30min，至有酒香味，色泽白净、发亮为止。

5. 蒸制　可用蒸锅或蒸笼进行，首先将水加热至沸腾，放入醒发好的馒头坯，汽蒸 25～30min 即可。

6. 冷却、包装　室温下充分冷却后包装。

五、结果与分析

1. 和面速度和时间试验结果　和面速度和时间对馒头品质的影响试验结果填入表 2-2-25。

表 2-2-25　和面速度和时间对馒头品质的影响试验结果

项目	速度 10r/min			速度 30r/min			速度 60r/min		
	7min	9min	11min	7min	9min	11min	7min	9min	11min
比容									
表皮颜色									
表皮光泽									
瓤颜色									
组织结构									

2. **酵母添加量与发酵时间试验结果**　酵母添加量和发酵时间对馒头品质的影响试验结果填入表 2-2-26。

表 2-2-26　酵母添加量和发酵时间对馒头品质的影响试验结果

项目	添加量 0.5%			添加量 0.75%			添加量 1.0%		
	30min	40min	50min	30min	40min	50min	30min	40min	50min
比容									
扩展比									
表皮颜色									
表皮光泽									
表皮状况									
瓤颜色									
组织结构									
香味									
弹性和凝聚性									
黏性									
滋味									
总计									

六、质量检验

1. **感官指标**　馒头的感官指标评定标准见表 2-2-27。

表 2-2-27　馒头的感官指标评定标准

项目	指标
外观	形态完整，色泽正常，表明无皱缩、塌陷，无黄斑、灰斑、白毛等缺陷
内部	质构特征均一，有弹性，呈海绵状，无粗糙大孔洞、局部硬块、干面粉痕迹及黄色碱斑等明显缺陷，无异物
口感	无生感，不粘牙、不牙碜
滋味和气味	具有小麦粉经发酵、蒸制后特有的滋味和气味，无异味

2. **理化指标**　馒头的理化指标评定标准见表 2-2-28。

表 2-2-28　馒头的理化指标评定标准

项目	指标
比容/（mL/g）	≥1.7
水分/%	≤45.0
pH	5.6～7.2
铅（Pb）/（mg/kg）	≤0.5
总砷（以 As 计）/（mg/kg）	≤0.5

3. 微生物指标　馒头的微生物指标评定标准见表 2-2-29。

表 2-2-29　馒头的微生物指标评定标准

项目	面块
菌落总数/（cfu/g）	≤200
大肠菌群/（MPN/100g）	≤30
致病菌（沙门氏菌、金黄色葡萄球菌、志贺氏菌）	不得检出

参　考　文　献

李新华，董海洲．2009. 粮油加工学［M］．2 版．北京：中国农业出版社．
陆启玉．2005. 粮油食品加工工艺学［M］．北京：中国轻工业出版社．
苏东民，胡丽花，苏东海，等．2010. 酵母添加量和发酵时间对馒头品质的影响［J］．中国农学通报，26（11）：73-77.

实例 3　非传统通心面制作工艺

一、实验目的

通过实验使学生掌握非传统通心面生产的工艺路线和操作要点，掌握影响非传统通心面品质的各操作单元的因素及其控制措施。

二、实验原理

通心面又称通心粉，是通过挤压成型的一种面条，与压延、切条成型的挂面和方便面不同，具有良好的烹煮品质与质地特性。非传统通心面是以普通小麦粉磨制的粗粒粉或面粉（或搭配部分杜伦小麦粗粒粉）为原料生产的，要求面粉是硬质小麦粉。

三、实验原料与仪器设备

特一粉、水、通心粉机、质构仪、和面机、挤压机等。

四、实验步骤

（一）工艺流程

和面⟶挤压成型⟶通心鲜面⟶干燥⟶产品

（二）操作要点

1. 和面　面粉在一次搅拌机中加水混合 5～10min，湿面粉进入二次搅拌机混合 7～8min。按表 2-2-30 添加不同加水量，采用不同和面温度，分别取样测定样品的色泽、透明度、质构等指标。

表 2-2-30　加水量与和面温度对非传统通心面品质的影响试验

试验组	加水量/%	和面温度/℃
1	28	15
2	30	25
3	32	45
4	28	25
5	30	45
6	32	15
7	28	45
8	30	15
9	32	25

2. 挤压　将揉好的面团送入螺旋式挤压机使其成为各种形状和长短的通心面，按表 2-2-31 设计研究挤压温度对通心面的影响，取不同处理组的样品分别测定通心面的色泽、透明度、弹性、黏性等指标，确定最优的挤压温度。

表 2-2-31　挤压温度对通心面品质的影响试验

试验组	1	2	3	4	5
挤压温度/℃	35	45	55	65	75

3. 干燥　要求通心面水分降到 12.5%。

五、结果与分析

1. 和面工艺试验结果　和面工艺对通心面品质的影响试验结果填入表 2-2-32。

表 2-2-32　和面工艺对通心面品质的影响试验结果

试验组	色泽	透明度	吸水率	弹性	黏性
1					
2					
3					
4					
5					
6					
7					
8					
9					

2. 挤压条件试验结果　挤压条件对通心面品质特性的影响试验结果填入表 2-2-33。

表 2-2-33　挤压条件对通心面品质特性的影响试验结果

试验组	色泽	透明度	吸水率	弹性	黏性
1					
2					
3					
4					
5					

六、质量检验

1. 感官指标　非传统通心面的感官指标评定标准见表 2-2-34。

表 2-2-34　非传统通心面的感官指标评定标准

项目	指标
色泽	正常，均匀一致
气味	正常，无酸味、霉味及其他异味
烹调性	煮熟后口感不粘，不牙碜，柔软爽口

2. 理化指标　非传统通心面的理化指标评定标准见表 2-2-35。

表 2-2-35　非传统通心面的理化指标评定标准

项目	指标
水分含量/%	≤12.5
不整齐度/%	≤8.0（自然破碎率≤3.0）
弯曲折断率/%	≤5.0
烹调损失率/%	≤10.0

3. 微生物指标　非传统通心面的微生物指标评定标准见表 2-2-36。

表 2-2-36　非传统通心面的微生物指标评定标准

项目	面块
菌落总数/（cfu/g）	≤200
大肠菌群/（MPN/100g）	≤30
致病菌（沙门氏菌、金黄色葡萄球菌、志贺氏菌）	不得检出

参 考 文 献

李新华，董海洲 . 2009. 粮油加工学［M］. 2 版 . 北京：中国农业出版社 .

陆启玉 . 2005. 粮油食品加工工艺学［M］. 北京：中国轻工业出版社 .

苏东民，胡丽花，苏东海，等 . 2010. 酵母添加量和发酵时间对馒头品质的影响［J］. 中国农学通报，26（11）：73-77.

（程超　湖北民族学院）

实验三　杂粮加工开发的综合实验部分

一、实验目的

本实验旨在通过学生独立查询资料、设计实验、实施操作和总结分析，培养学生独立开展杂粮加工开发和科学研究的能力，锻炼学生理论联系实际和综合运用所学知识的能力，强化学生实践动手能力，提高学生解决食品生产实际问题的能力。

二、课程内容

本实验课程内容由实验选题、方案设计、实施操作、质量检验、经济分析和实验报告等六部分组成。

（一）实验选题

正式实验开始前5周，实验指导教师对学生进行实验分组，组织学生进行实验选题。本综合开发实验选题应符合以下原则：

1. **难度适中**　综合开发实验内容不宜过于简单，也不宜过于复杂，实验内容应控制在2～4周内完成。

2. **紧贴生产实际**　实验选题应结合杂粮加工市场现状和发展趋势，切合工厂生产实际，不宜过于陈旧，或过于新颖，脱离实际。

3. **具有可操作性**　实验实施场地的技术手段和仪器设备应能达到完成实验内容的要求。

表2-2-37中的实验题目可供参考。

表2-2-37　杂粮加工开发实验

序号	实验题目	主要内容
1	小米饼干制作工艺研究	主要内容为研究小米粉添加量、烘烤温度及时间等工艺对小米饼干风味、色泽、质构（酥脆性等）等指标的影响，确定小米饼干的最佳制作工艺
2	黑米酒制作工艺研究	主要内容为研究发酵温度、发酵时间、酒曲浓度等对黑米酒风味、色泽、口感等指标的影响，确定黑米酒的最佳制作工艺
3	荞麦挂面制作工艺研究	主要内容为研究荞麦粉与小麦粉的配比、面条添加剂的用量等对荞麦挂面的色泽、口感、品质等指标的影响，确定荞麦挂面的最佳制作工艺

（二）方案设计

实验分组以后，以小组形式通过查阅资料和共同讨论，结合课堂的理论学习，进行实验方案的设计，制订实验实施的具体计划，列出所需原辅料种类和数量及仪器设备等，并提交指导教师审核和完善。

（三）实施操作

实验实施方案经指导教师审核确认后，便进入实施操作环节，包括以下几个阶段：

1. **实验材料准备阶段**　实验开始前3周，准备实验所需的生产设备、化学试剂、玻璃仪器、原辅材料等，并对生产设备进行检修和试运行，检查设备状态。

2. 实验开始前理论讲授阶段　实验正式开始前，指导教师组织学生进行课前理论讲授，内容包括实验目的与意义、实验原理、实验过程中的注意事项、生产设备和分析仪器使用指导等。

3. 实验实施阶段　学生在教师的指导下，各小组按照制订的实验计划开展实验，及时记录实验数据并总结分析，针对实验中遇到的技术困难及时请教指导教师讨论并解决。

（四）质量检验

实验完成后，各小组需要对自己生产的产品进行分析与检验。质量检验包括产品的感官指标检验、理化指标检验和微生物指标检验等三个方面。

1. 感官指标检验　感官指标检验是依靠视觉、嗅觉、味觉、触觉和听觉等来鉴定食品的外观形态、色泽、气味、滋味和硬度（稠度），一般是在理化和微生物检验之前进行。感官指标包括色泽、外观形态、香气和滋味等。

2. 理化指标检验　理化指标检验需依靠特定的仪器设备，在对产品进行一定的处理后进行化学分析。理化指标主要包括水分、脂肪、蛋白质、总酸、氨基酸态氮、挥发性盐基态氮含量等。

3. 微生物指标检验　微生物指标检验是运用微生物学的理论与方法，检验食品中微生物的种类、数量、性质及其对人的健康的影响，以判别食品是否符合质量标准的检测方法。微生物指标主要包括细菌总数、大肠菌群和致病菌。

（五）经济分析

经济分析是对开发的产品进行经济上的评价。实验完成后，各小组需要对产品进行成本核算，按照产品定价策略，给产品制定合理的价格，并做初步的市场分析和利润分析。

（六）实验报告

实验报告是学生对实验全过程进行总结分析的最终体现，应以科技论文的格式进行编写，包括题目、作者、单位、摘要、关键词、前言、材料与方法、结果与讨论、结论、致谢、参考文献等内容。

实例1　小米饼干生产实验

一、实验目的

通过实验使学生更好地掌握杂粮饼干的加工工艺，掌握饼干的辊轧、成型与烘烤技术，掌握酥性饼干的制作原理及特性。

二、实验原理

小米饼干是以小米粉和小麦粉为主要原料，加入糖、油脂及其他辅料，经调粉、成型、烘烤制成的水分低于6.5%的松脆食品。

三、实验材料与仪器设备

小米粉、小麦粉、淀粉、奶粉、鸡蛋、植物油、猪油、磷脂、白砂糖、食盐、小苏打、食用碳酸氢铵、柠檬酸、饼干膨松剂、丁基羟基茴香醚（BHA）、水、烤箱、搅拌机、饼干成型机、烤盘、面筛、刀、天平等。

四、实验步骤

(一) 工艺流程

物料称重⟶混合⟶调粉⟶辊轧⟶成型⟶烘烤⟶冷却⟶整理⟶包装

(二) 操作要点

1. 过筛　将制作过程中需要的小米粉和小麦粉过筛，结块的要压碎。

2. 混合、调粉　按照配方称量各种物料，先将白砂糖和水充分搅拌溶化，然后加入食盐、食用碳酸氢铵、小苏打，再加入食用油、磷脂、猪油、BHA 等置于搅拌机中搅拌乳化均匀，最后加入混合均匀的小米粉、小麦粉、奶粉、鸡蛋、柠檬酸、淀粉等，搅拌 3～5min，至搅拌均匀（表 2-2-38）。

表 2-2-38　小米粉合适添加量的选择试验

试验组	面粉添加量/g	小米粉添加量/g
1	500	100
2	500	200
3	500	300
5	500	400
6	500	500

3. 辊轧、成型　将搅拌好了的面团放置 3～5min，然后放入饼干成型机的喂料斗，调节合适的烘盘位置和帆布松紧度。用饼干成型机辊轧成一定形状的饼坯，然后用模具扣压成型。

4. 装盘、烘烤　将饼坯放入烤盘，摆放间距均匀，然后将烤盘直接放入烤箱，烘烤 3～5min，至饼干表面呈现微黄色（表 2-2-39）。

表 2-2-39　饼干烘烤温度的选择试验

试验组	烘烤温度/℃	烘烤时间/min
1	260	4
2	240	4
3	220	4
4	200	4
5	180	4

5. 冷却、包装　取出烤盘后倒出饼干，摊匀，冷却到 40℃以下后，装袋，封口。

五、结果与分析

1. 小米粉合适添加量试验结果　小米粉合适添加量的选择试验结果填入表 2-2-40。

表 2-2-40　小米粉合适添加量的选择试验结果

试验组	色泽	口感	小米香味
1			
2			
3			
5			
6			

2. 饼干烘烤温度试验结果　饼干烘烤温度的选择试验结果填入表 2-2-41。

表 2-2-41　饼干烘烤温度的选择试验结果

试验组	水分含量/%	口感	色泽	外观
1				
2				
3				
4				
5				

六、质量检验

1. 感官指标　小米饼干的感官指标评定标准见表 2-2-42。

表 2-2-42　小米饼干的感官指标评定标准

项目	指标
色泽	金黄色
香气	具有饼干烘烤香气和小米特有的香味
口感	纯正酥松香脆
组织状态	组织细腻、细密且有均匀的小气孔，易折断

2. 理化指标　小米饼干的理化指标评定标准见表 2-2-43。

表 2-2-43　小米饼干的理化指标评定标准

项目	指标
蛋白质/%	8.5～9.0
总脂肪/%	12
总糖/%	65～70
水分/%	3.5

3. 微生物指标　小米饼干的微生物指标评定标准见表 2-2-44。

表 2-2-44　小米饼干的微生物指标评定标准

项目	指标
致病菌（沙门氏菌、志贺氏菌、金黄色葡萄球菌）	不得检出
砷/（mg/kg）	不得检出
铅（Pb）/（mg/kg）	不得检出
二氧化硫	不得检出

参　考　文　献

卢健鸣 . 2004. 小米杂粮保健主食品的研制开发［J］. 农业工程学报（z1）：239-241.
李里特 . 2005. 杂粮的营养与开发［J］. 农产品加工（12）：4-7.
谭斌，任保中 . 2006. 杂粮资源深加工技术研究开发现状与趋势［J］. 中国粮油学报（3）：229-234.

实例 2　黑米酒生产实验

一、实验目的

通过实验使学生更好地掌握黑米酒的加工工艺，掌握黑米酒制作过程中的发酵温度、发酵时间、酒曲浓度等参数的控制，掌握黑米酒的制作原理及其特性。

二、实验原理

黑米酒是以黑米和大米为主要原料，通过对其进行浸泡、蒸煮、冷却拌曲、糖化、发酵、分离、过滤、调配等一系列工艺制作出的具有芳香气味、棕褐色、清亮透明的米酒。黑米酒中维生素、氨基酸及微量元素含量高，具有良好的保健作用。

三、实验材料与仪器设备

黑米、大米、米曲酒曲（安琪酵母）、蒸锅、不锈钢碗、滤布、烧杯、不锈钢锅、恒温箱、天平。

四、实验步骤

（一）工艺流程

黑米、大米⟶浸泡⟶蒸煮⟶冷却拌曲⟶发酵⟶分离⟶过滤⟶调配⟶包装⟶杀菌⟶成品

（二）操作要点

1. 原料预处理　将黑米与大米按一定比例（大米占 10%），常温下浸泡 12h，常压下蒸煮 30min，蒸煮好的米饭要求外硬内软，用手碾无生心。

2. 冷却拌曲　将蒸煮后的原料摊冷，至 37℃以下，加入米酒酒曲（表 2-2-45），同时加

入少量凉开水，充分搅拌均匀，然后将米饭中间打一个喇叭状的窝，以增大氧的接触面积，利于糖化。

表 2-2-45　酒曲浓度的选择试验

试验组	酒曲浓度/%
1	1
2	2
3	3
4	4
5	5

3. **糖化**　在37℃下进行糖化，时间为24h，一般10h左右会出现白色菌丝，24h后有糖液出现。

4. **发酵**　在糖化醅中加入一定量凉开水，约为原料量的2.5倍，调整糖化液外观糖度为12白利度左右，加入2%～3%已活化的酒母进行发酵（表2-2-46、表2-2-47）。

表 2-2-46　发酵温度的选择试验

试验组	发酵温度/℃	发酵时间/h
1	13	30
2	14	30
3	15	30
4	17	30
5	18	30

表 2-2-47　发酵时间的选择试验

试验组	发酵温度/℃	发酵时间/h
1	15	28
2	15	29
3	15	30
4	15	31
5	15	32

5. **分离、过滤、调配、杀菌**　先进行离心分离，分离液经硅藻土过滤得透明清亮的液体，然后根据喜好进行口味调配，分装在玻璃瓶中于72℃下水浴巴氏杀菌15min，冷却后即为成品。

五、结果与分析

1. **酒曲浓度试验结果**　酒曲浓度的选择试验结果填入表2-2-48。

表 2-2-48　酒曲浓度的选择试验结果

试验组	酒精度	糖度	酸度
1			
2			
3			
4			
5			

2. 发酵温度试验结果　发酵温度的选择试验结果填入表 2-2-49。

表 2-2-49　发酵温度的选择试验结果

试验组	酒精度	糖度	酸度
1			
2			
3			
4			
5			

3. 发酵时间试验结果　发酵时间的选择试验结果填入表 2-2-50。

表 2-2-50　发酵时间的选择试验结果

试验组	酒精度	糖度	酸度
1			
2			
3			
4			
5			

六、质量检验

1. 感官指标　黑米酒的感官指标评定标准见表 2-2-51。

表 2-2-51　黑米酒的感官指标评定标准

项目	指标
色泽	深棕色，半透明
香气	有黑米特有的香气和米酒特有的醇香
口感	酸甜适口、柔和
组织状态	绵软，脆颗粒感

2. 理化指标　黑米酒的理化指标评定标准见表 2-2-52。

表 2-2-52　黑米酒的理化指标评定标准

项目	指标
酒精度/%	≥8
pH	3.5～4.6
总糖/%	≤12
总酸（以乳酸计）/（g/L）	3.0～7.5

3. 微生物指标　黑米酒的微生物指标评定标准见表 2-2-53。

表 2-2-53　黑米酒的微生物指标评定标准

项目	指标
致病菌（沙门氏菌、志贺氏菌、金黄色葡萄球菌）	不得检出
细菌总数/（cfu/mL）	<50
大肠菌群/（MPN/100mL）	<3

参　考　文　献

刘达玉，马艳华，王新惠．2012. 黑米酒的酿造及其品质分析研究 [J]．食品研究与开发，33 (9)：86-89.
吴慧勋，梁朗都，王民俊，等．2003. 黑米酒酿制工艺的研究 [J]．广州食品工业科技，19 (1)：80-84.

实例 3　荞麦挂面生产实验

一、实验目的

通过实验使学生更好地掌握荞麦挂面的制作工艺，掌握影响荞麦挂面品质的因素以及荞麦挂面制作的最佳工艺。

二、实验原理

荞麦粉因淀粉含量高，蛋白质结构与面粉完全不同，所以无法形成面筋，不易加工成挂面，但是加入一定的面条添加剂，改善面团性质，就可以加工成荞麦挂面。

三、实验材料与仪器设备

苦荞麦粉、小麦粉、面条添加剂（魔芋微细精粉：瓜尔豆胶：黄原胶为 3：3：2）、蒸拌机、面条机、熟化器等。

四、实验步骤

（一）工艺流程

荞麦粉⟶预糊化⟶和面⟶熟化⟶复合压延⟶切条⟶吊挂晾干⟶切段⟶包

装──→成品

（二）操作要点

1. 原料选择　荞麦粉要求粗蛋白不少于12.5%，灰分不超过1.5%，水分不高于14%，粗细度应全部能过30号筛绢。小麦粉要求硬质冬小麦粉达到特一级标准，湿面筋含量达到35%以上，蛋白质含量达到12.5%以上（表2-2-54）。

表2-2-54　苦荞粉与小麦粉配比试验方案

试验组	小麦粉/%	荞麦粉/%
1	85	15
2	80	20
3	75	25
4	70	30
5	65	35

2. 预糊化　将称好的荞麦粉放入蒸拌机中边搅拌边通蒸汽，使荞麦粉充分糊化，一般润水量为50%左右，糊化时间为10min左右。

3. 和面　将小麦粉与添加剂充分混合后加入到预糊化过的荞麦粉中（表2-2-55），用30℃的水充分混合，调节含水量至28%~30%，和面时间约为25min。

表2-2-55　面条添加剂添加量试验方案

试验组	面条添加剂添加量/%
1	0
2	0.5
3	1.0
4	1.5
5	2.0
6	2.5
7	3.0
8	3.5
9	4.0
10	4.5

4. 熟化　面团和好后放入熟化器中熟化20min左右，熟化时，面团不要全部放入熟化器中，应在封闭的传送带上静置，随用随往熟化器中输送，以免面团表面风干形成硬壳。

5. 复合压延　一般控制第一道压延比为50%，第二至六道压延比依次为40%、30%、25%、15%和10%。压辊的转速不能过高，否则易破坏面筋网络结构，影响产量。

6. 切条　经滚轧形成的面带按规定的宽度纵向切线，再按规定的长度截断。

7. 吊挂晾干　把切完条的面条吊挂起来自然晾干。

8. 切段　挂面晾干后切成180～260cm长段。

9. 包装　按规定的要求称量包装。

五、结果与分析

1. 荞麦粉与小麦粉配比试验结果　荞麦粉与小麦粉配比试验结果填入表2-2-56。

表2-2-56　荞麦粉与小麦粉配比试验结果

试验组	色泽	强度	光洁度	口感	断条率
1					
2					
3					
4					
5					

2. 面条添加剂添加量试验结果　面条添加剂添加量试验结果填入表2-2-57。

表2-2-57　面条添加剂添加量试验结果

试验组	能否成团	压延时面条强度	能否切条	断条率
1				
2				
3				
4				
5				
6				
7				
8				
9				
10				

六、质量检验

1. 感官指标　荞麦挂面的感官指标评定标准见表2-2-58。

表2-2-58　荞麦挂面的感官指标评定标准

项目	指标
色泽	暗黄绿色
香气	具有荞麦特有的清香味
滋味	食时富有弹性，爽口不粘牙，有劲道、有韧性
组织状态	挂面片形完好，无断条

2. 理化指标　荞麦挂面的理化指标评定标准见表2-2-59。

表 2-2-59　荞麦挂面的理化指标评定标准

项目	指标
水分/%	12.5～14.5
盐分/%	2～3
脂肪酸值（湿基）	≤80
弯曲断条率/%	≤40

3. 微生物指标　荞麦挂面的微生物指标评定标准见表 2-2-60。

表 2-2-60　荞麦挂面的微生物指标评定标准

项目	指标
菌落总数/（cfu/g）	≤3 000
大肠菌群/（MPN/100g）	≤3
致病菌（沙门氏菌、志贺氏菌、金黄色葡萄球菌）	不得检出

参　考　文　献

巩永发，肖诗明，张忠 . 2011. 苦荞麦挂面研制，25（3）：31-33.
张君慧，朱克瑞，杨佳 . 2012. 荞麦及其挂面制品研究进展［J］. 粮食与育种工业（4）：29-30.
安艳霞，张军丽 . 2009. 荞麦营养挂面的工艺研究［J］. 粮食加工，34（3），72-73.

（徐晓云　华中农业大学）

第三章　果蔬加工开发实验

实验一　水果加工开发实验

一、实验目的

本实验旨在通过学生独立查询资料、设计实验、实施操作和总结分析，培养学生独立开展水果加工开发和科学研究的能力，锻炼学生理论联系实际和综合运用所学知识的能力，强化学生实践动手能力，提高学生解决食品生产实际问题的能力。

二、课程内容

本实验课程内容由实验选题、方案设计、实施操作、质量检验、经济分析和实验报告等六部分组成。

（一）实验选题

正式实验开始前5周，实验指导教师对学生进行实验分组，组织学生进行实验选题。本综合开发实验选题应符合以下原则：

1. **难度适中**　综合开发实验内容不宜过于简单，也不宜过于复杂，实验内容应控制在2～4周内完成。

2. **紧贴生产实际**　实验选题应结合水果加工市场现状和发展趋势，切合工厂生产实际，不宜过于陈旧，或过于新颖，脱离实际。

3. **具有可操作性**　实验实施场地的技术手段和仪器设备应能达到完成实验内容的要求。表2-3-1中的实验题目可供参考。

表2-3-1　水果加工开发实验

序号	实验题目	主要内容
1	柑橘果酒酿造工艺的研究	主要内容为研究酵母种类、发酵温度、二氧化硫添加量、果汁含量等对柑橘果酒风味、口感、形态、酒精度、残糖量等指标的影响，通过单因素和正交试验，确定最佳酿造工艺
2	低糖猕猴桃果脯的开发	主要内容为研究化学去皮和手工去皮两种方法对猕猴桃果实品质的影响，确定低糖猕猴桃果脯加工的最佳硬化、护色条件及真空渗糖工艺条件
3	苹果皮渣膳食纤维的提取	主要内容为研究水温、漂洗时间、α-淀粉酶浓度、料液比等条件对苹果皮渣膳食纤维提取得率的影响，确定苹果皮渣提取膳食纤维的工艺条件

（二）方案设计

实验分组以后，以小组形式通过查阅资料和共同讨论，结合课堂的理论学习，进行实验方案的设计，制订实验实施的具体计划，列出所需原辅料种类和数量及仪器设备等，并提交指导教师审核和完善。

（三）实施操作

实验实施方案经指导教师审核确认后，便进入实施操作环节，包括以下几个阶段：

1. 实验材料准备阶段　实验开始前3周，准备实验所需的生产设备、化学试剂、玻璃仪器、原辅材料等，并对生产设备进行检修和试运行，检查设备状态。

2. 实验开始前理论讲授阶段　实验正式开始前，指导教师组织学生进行课前理论讲授，内容包括实验目的与意义、实验原理、实验过程中的注意事项、生产设备和分析仪器使用指导等。

3. 实验实施阶段　学生在教师的指导下，各小组按照制订的实验计划开展实验，及时记录实验数据并总结分析，针对实验中遇到的技术困难及时请教指导教师讨论并解决。

（四）质量检验

实验完成后，各小组需要对自己生产的产品进行分析与检验。质量检验包括产品的感官指标检验、理化指标检验和微生物指标检验等三个方面。

1. 感官指标检验　感官指标检验是依靠视觉、嗅觉、味觉、触觉和听觉等来鉴定食品的外观形态、色泽、气味、滋味和硬度（稠度），一般是在理化和微生物检验之前进行。感官指标包括色泽、外观形态、香气和滋味等。

2. 理化指标检验　理化指标检验需依靠特定的仪器设备，在对产品进行一定的处理后进行化学分析。理化指标主要包括水分、脂肪、蛋白质、固形物、维生素、重金属、酒精含量等。

3. 微生物指标检验　微生物指标检验是运用微生物学的理论与方法，检验食品中微生物的种类、数量、性质及其对人的健康的影响，以判别食品是否符合质量标准的检测方法。微生物指标主要包括细菌总数、大肠菌群和致病菌。

（五）经济分析

经济分析是对开发的产品进行经济上的评价。实验完成后，各小组需要对产品进行成本核算，按照产品定价策略，给产品制定合理的价格，并做初步的市场分析和利润分析。

（六）实验报告

实验报告是学生对实验全过程进行总结分析的最终体现，应以科技论文的格式进行编写，包括题目、作者、单位、摘要、关键词、前言、材料与方法、结果与讨论、结论、致谢、参考文献等内容。

实例1　柑橘果酒生产实验

一、实验目的

通过实验使学生掌握柑橘新产品开发的实验方法及过程，掌握柑橘新产品开发的工艺流程和工艺参数设计方法，掌握柑橘加工制品品质分析方法。

二、实验原理

柑橘果酒是以柑橘为原料，经过清洗、榨汁、发酵、陈酿、过滤等工艺制成的酒精性饮料。其关键过程是酵母菌将柑橘中的糖类物质经酒精发酵作用生成酒精。酵母菌是兼性厌氧型微生物，在有氧条件下，酵母菌进行有氧呼吸，大量繁殖，反应式为：

$$C_6H_{12}O_6+6O_2 \longrightarrow 6CO_2+6H_2O$$

在无氧条件下，酵母菌进行酒精发酵，反应式为：

$$C_6H_{12}O_6 \longrightarrow 2CO_2+2C_2H_5OH$$

温度是酵母菌生长和发酵的重要条件，其最适生长温度为20℃左右。

三、实验材料与仪器设备

柑橘、白砂糖、酿酒酵母、亚硫酸、榨汁机、不锈钢盘、发酵罐、天平、糖度计、紫外分光光度计。

四、实验步骤

（一）工艺流程

柑橘原料⟶清洗⟶拣选⟶榨汁⟶过滤⟶调配⟶接种⟶发酵⟶陈酿⟶澄清⟶过滤⟶装瓶⟶成品

（二）操作要点

1. 原料的选择　选择无霉烂、新鲜成熟的柑橘为原料，选择出汁率高、可溶性固形物含量高的柑橘品种。

2. 清洗　柑橘鲜果用自来水清洗干净，晾干，备用。如果农药残留量较多要用洗涤剂清洗，并冲洗干净。

3. 榨汁　将清洗好的柑橘切成四瓣，去皮，采用榨汁机压榨取汁。

4. 接种　酵母活化：称取适量干酵母，用10倍量30℃温水活化10min。果汁糖度调整到所需浓度后，按0g/L、0.2g/L、0.4g/L、0.8g/L、1.2g/L、2.0g/L的比例加入活化后的酵母液，摇匀，控温发酵8～10d，发酵期间，定期测定发酵液中的残糖、总酸和乙醇含量。

5. 发酵　接种果汁移入发酵罐后，分别在15℃、20℃、28℃等不同温度下发酵，定期测定发酵液中的残糖、总酸和乙醇含量。

6. 陈酿　主发酵结束后，采用虹吸法将酒液移入另一发酵容器中，尽量装满，密闭，静置1～2个月。

7. 澄清

（1）澄清剂的选择

①蛋清溶液。称取10g蛋清粉，加1g氯化钠后溶于100mL纯水中，备用。

②明胶溶液。称取2g明胶，加入100mL冷水中浸泡24h去掉杂质，再加入100mL的热水中搅拌均匀，得到1%明胶溶液，备用。

③单宁溶液。称取2g单宁，溶于200mL纯水中，配成1%的单宁溶液，备用。

④壳聚糖溶液。称取1g壳聚糖溶于100mL的0.2%柠檬酸溶液中，加热煮沸，配成1%溶液，趁热使用。

⑤硅藻土溶液。称取1g硅藻土，加入80mL水，浸泡24h并不停搅拌，直至完全溶解，加水定容至100mL。

上述澄清剂准备完毕后，取柑橘原酒200mL于500mL锥形瓶中，根据不同实验条件加入澄清剂，静置澄清数天后，离心取其上清液，测定其透光率、酒精度及残糖量。

（2）澄清条件的优化　澄清条件优化方案见表 2-3-2。

表 2-3-2　澄清条件的优化实验方案　单位：g/L

水平	优化因子			
	蛋清溶液	明胶-单宁	壳聚糖溶液	硅藻土溶液
1	0	0.0+0.0	0.0	0.0
2	5	0.1+0.05	0.1	0.1
3	10	0.1+0.1	0.2	0.2
4	15	0.2+0.05	0.3	0.3
5	20	0.2+0.1	0.4	0.4
6	25	0.2+0.15	0.5	0.5
7	30	0.4+0.05	0.6	0.6
8	35	0.4+0.1	0.7	0.7

五、结果与分析

1. 不同酵母接种浓度试验结果　不同酵母接种浓度试验结果填入表 2-3-3。

表 2-3-3　不同酵母接种浓度试验结果

浓度/（g/L）	残糖量/（g/L）	总酸量/（g/L）	乙醇含量/%
0.0			
0.2			
0.4			
0.8			
1.2			
2.0			

2. 澄清条件优化试验结果　澄清条件优化试验结果填入表 2-3-4。

表 2-3-4　澄清条件优化试验结果

水平	透光率/%	残糖量/（g/L）	乙醇含量/%
1			
2			
3			
4			
5			
6			
7			
8			

六、质量检验

1. **感官指标**　柑橘果酒的感官指标评定标准见表 2-3-5。

表 2-3-5　柑橘果酒的感官指标评定标准

项目	指标
色泽	近似无色、浅黄色、橙黄色
香气	具有纯正、优雅、和谐的果香与酒香
滋味	具有纯正、爽怡的口味和悦人的果香味，酒体完整
形态	澄清，无明显悬浮物的透明液体

2. **理化指标**　柑橘果酒的理化指标评定标准见表 2-3-6。

表 2-3-6　柑橘果酒的理化指标评定标准

项目	要求
酒精度（20℃，体积分数）/%	≥7.0
总糖（以葡萄糖计）/（g/L）	≤4.0
干浸出物/（g/L）	≥9.0
挥发酸（以乙酸计）/（g/L）	≤1.2
总二氧化硫（SO_2）/（mg/L）	≤250
铅（Pb）/（mg/L）	≤0.2

3. **微生物指标**　柑橘果酒的微生物指标评定标准见表 2-3-7。

表 2-3-7　柑橘果酒的微生物指标评定标准

项目	指标
菌落总数/（cfu/mL）	≤50
大肠菌群/（MPN/100mL）	≤3
致病菌（沙门氏菌、志贺氏菌、金黄色葡萄球菌）	不得检出

参　考　文　献

叶光斌，罗惠波，王毅，等．2013. 菠萝果酒澄清及稳定性的研究［J］．酿酒科技（6）：80-83.
潘训海，刘新露，左勇．2013. 脐橙全汁果酒酿造技术研究［J］．酿酒科技（5）：8-10.
丁武．2012. 食品工艺学综合实验［M］．北京：中国林业出版社．
张钟，李先保，杨胜远．2012. 食品工艺学实验［M］．郑州：郑州大学出版社．

实例 2　低糖猕猴桃果脯的开发

一、实验目的

通过实验使学生掌握猕猴桃新产品开发的实验方法及过程，掌握猕猴桃新产品开发的工艺流程和工艺参数设计方法，掌握猕猴桃加工制品品质分析方法。

二、实验原理

猕猴桃果脯是以新鲜猕猴桃为原料，经过去皮、切片、护色、硬化、渗糖、干燥等工艺制成的产品。其基本原理是利用高浓度糖液的较高渗透压，析出果实中的多余水分，在果实的表面与内部吸收适合的糖分，形成较高的渗透压，抑制各种微生物的生存而达到保藏的目的。低糖猕猴桃果脯生产的关键步骤是护色、硬化和渗糖。

三、实验材料与仪器设备

猕猴桃、白砂糖、氢氧化钠、盐酸、柠檬酸、氯化钙、亚硫酸氢钠、羧甲基纤维素钠（CMC-Na）、不锈钢盘、真空渗糖锅、干燥箱、胶体磨。

四、实验步骤

（一）工艺流程

原料→清洗→去皮→切片→硬化、护色→漂洗→烫漂→真空渗糖→干燥→整形→包装→成品

（二）操作要点

1. **原料的选择** 选择新鲜饱满、接近成熟、无腐烂、无病虫害、无机械伤、大小一致的猕猴桃果实，直径在2.5cm以上。

2. **清洗** 用流动的自来水将猕猴桃表面的污物洗净。

3. **去皮** 分别采用化学去皮法和手工去皮法去除猕猴桃果皮，比较去皮效果，选择适宜的去皮方法。

（1）*化学去皮法* 将果实倒入浓度为18%～25%的沸腾烧碱溶液中，浸约60s（浸泡时应轻轻搅动果实使其充分接触碱液）。然后迅速用自来水冲洗掉果实上的皮屑和碱液，并用1%的盐酸溶液浸泡1～2min，以中和残留的碱液。

（2）*手工去皮法* 用小刀削去猕猴桃表皮，及时放入护色液中护色。

4. **切片** 将果实两头花萼、果梗切除，然后横切成圆形片状，厚0.6～1.0cm。

5. **硬化、护色** 将猕猴桃片分别投入0.2% $CaCl_2$、0.5% $CaCl_2$、0.2% $CaCl_2$＋0.3% $NaHSO_3$ 三种溶液中于室温下浸泡10h，以选择最佳条件。浸泡处理后用清水漂洗2h，除去过多的 $CaCl_2$ 和 $NaHSO_3$。

6. **烫漂** 将猕猴桃片投入沸水中，加热保持水温90℃左右，约5min后捞出。

7. **真空渗糖** 为了确定最佳的工艺条件，在糖液的配制上，选择糖液浓度、胶体浓度、柠檬酸浓度3个参数为试验因素，进行正交试验设计（表2-3-8）。按试验设计将糖液配好，经胶体磨处理后备用。真空渗糖锅的条件为：真空度0.085MPa，温度50～80℃，时间20min。然后缓慢放气至常压，并使果片在此糖液中浸泡约4h。第二次真空渗糖和浸泡方法同第一次，唯糖浓度不同。在第二次渗糖过程中加入0.05%苯甲酸钠。

8. **干燥** 沥去糖液，将果片送入烘箱，50～60℃下烘烤6～10h，烘至含水量为18%～20%。

表 2-3-8　不同因素和水平试验设计

水平	糖浓度/%		CMC-Na 浓度/%	柠檬酸浓度/%
	第一次	第二次		
1	30	30	0.2	0.5
2	40	40	0.5	0.1
3	30	50	1.0	0.15

五、结果与分析

1. 不同去皮方法试验结果　不同去皮方法试验结果填入表 2-3-9。

表 2-3-9　不同去皮方法试验结果

方法	去皮时间	果实外观形态	果实色泽	软烂程度	异味
化学去皮					
手工去皮					

2. 硬化、护色条件优化试验结果　硬化、护色条件优化试验结果填入表 2-3-10。

表 2-3-10　硬化、护色条件优化试验结果

硬化条件	0.2% $CaCl_2$	0.5% $CaCl_2$	0.2% $CaCl_2$ + 0.3% $NaHSO_3$
外观形态			
色泽			
软烂程度			
异味			

3. 真空渗糖条件优化试验结果　以成品的口感评分为试验指标（采用 5 分制评分，参与评分者 15 人，分别记分后取平均值），进行正交试验，从中选择最佳组合。真空渗糖条件优化试验结果填入表 2-3-11。

表 2-3-11　真空渗糖条件优化试验结果

试验组	糖浓度	CMC-Na 浓度	柠檬酸浓度	综合评分
1	1	1	1	
2	1	2	2	
3	1	3	3	
4	2	1	2	
5	2	2	3	
6	2	3	1	
7	3	1	3	
8	3	2	1	
9	3	3	2	
K_1				
K_2				
K_3				
R				

六、质量检验

1. 感官指标　猕猴桃果脯的感官指标评定标准见表 2-3-12。

表 2-3-12　猕猴桃果脯的感官指标评定标准

项目	要求
色泽	淡绿色、半透明、有光泽
滋味	酸甜适口、无异味
形态	组织饱满、质地柔韧、无杂质、无反砂、不粘手

2. 理化指标　猕猴桃果脯的理化指标评定标准见表 2-3-13。

表 2-3-13　猕猴桃果脯的理化指标评定标准

项目	要求
水分（每 100g）/g	≤35
总糖（以葡萄糖计）（每 100g）/g	≤85

3. 微生物指标　猕猴桃果脯的微生物指标评定标准见表 2-3-14。

表 2-3-14　猕猴桃果脯的微生物指标评定标准

项目	指标
菌落总数/（cfu/g）	≤500
大肠菌群/（MPN/100g）	≤30
致病菌（沙门氏菌、志贺氏菌、金黄色葡萄球菌）	不得检出
霉菌计数/（cfu/g）	≤25

参考文献

丁武．2012．食品工艺学综合实验［M］．北京：中国林业出版社．
张钟，李先保，杨胜远．2012．食品工艺学实验［M］．郑州：郑州大学出版社．
韩庆保，徐达勋，张承妹．2006．低糖猕猴桃脯的加工工艺研究［J］．上海农业学报，22（1）：118-120．
马守磊，田呈瑞，王辉．2008．低糖猕猴桃果脯生产工艺及其质量控制［J］．农产品加工·学刊（10）：11-13．

实例 3　苹果皮渣膳食纤维的提取

一、实验目的

通过实验使学生掌握苹果皮渣新产品开发的实验方法及过程，掌握苹果皮渣新产品开发的工艺流程和工艺参数设计方法，掌握苹果皮渣加工制品品质分析的方法。

二、实验原理

苹果皮渣膳食纤维是以榨汁后的苹果皮渣为原料，经过干燥、粉碎、漂洗、脱色、干燥等加工步骤后制成的产品。其关键步骤是漂洗、脱色和干燥。漂洗的目的是将苹果渣中的糖、淀粉、色素、酸类和盐类等成分漂洗干净，以免影响产品的品质，漂洗时，添加适量淀粉酶，可以提高漂洗效果。

三、实验材料与仪器设备

苹果、α-淀粉酶、过氧化氢、榨汁机、电热鼓风干燥箱、恒温水浴锅、粉碎机。

四、实验步骤

（一）工艺流程

原料⟶榨汁⟶苹果皮渣⟶干燥⟶粉碎⟶漂洗⟶脱色⟶漂洗⟶干燥⟶成品

（二）操作要点

1. 原料的选择　选择新鲜饱满、接近成熟的无腐烂、无病虫害、无机械损伤的苹果。

2. 干燥、粉碎　苹果榨汁后，得到含水量较高的苹果渣，置于65～70℃的干燥箱中烘干，粉碎到80目大小。

3. 漂洗　漂洗的目的是将苹果渣中的糖、淀粉、芳香物质、色素、酸类和盐类等成分漂洗干净，以免影响产品的品质。浸泡漂洗时，选取水温、漂洗时间、α-淀粉酶浓度、料液比4个因素进行正交试验，以确定最佳漂洗条件，正交试验设计如表2-3-15所示。漂洗时需不断搅拌。

表2-3-15　最佳漂洗条件正交试验设计

水平	因素			
	A：水温/℃	B：漂洗时间/min	C：α-淀粉酶浓度/%	D：料液比/（g∶mL）
1	20	60	1.0	1∶10
2	30	90	1.5	1∶15
3	40	120	2.0	1∶20

4. 脱色　使用过氧化氢对苹果渣中的花青素进行脱除，过氧化氢溶液的浓度为100mg/L，脱色温度为25℃，脱色时间为10h。脱色结束后漂洗、过滤。

5. 干燥　将处理后的苹果渣放入干燥箱中，在105～110℃下烘干。

6. 粉碎　经过干燥后的苹果渣，用高速粉碎机粉碎，过200目筛，即得苹果膳食纤维。

五、结果与分析

漂洗条件优化试验结果填入表2-3-16。对各因素做LSD多重比较，并进行方差分析及*F*检验，以确定最佳漂洗条件。

表 2-3-16　漂洗条件优化试验结果

试验组	A	B	C	D	得率/%
1	1	1	1	1	
2	1	2	2	2	
3	1	3	3	3	
4	2	1	2	3	
5	2	2	3	1	
6	2	3	1	2	
7	3	1	3	2	
8	3	2	1	3	
9	3	3	2	1	

六、质量检验

1. 感官指标　苹果皮渣膳食纤维的感官指标评定标准见表 2-3-17。

表 2-3-17　苹果皮渣膳食纤维的感官指标评定标准

项目	要求
色泽	淡黄色或乳白色
滋味	具有苹果膳食纤维固有的滋味、无异味
形态	粉末状

2. 理化指标　苹果皮渣膳食纤维的理化指标评定标准见表 2-3-18。

表 2-3-18　苹果皮渣膳食纤维的理化指标评定标准

项目	指标
总膳食纤维（每 100g）/g	≥40
水分（每 100g）/g	≤10
灰分（每 100g）/g	≤5

3. 微生物指标　苹果皮渣膳食纤维的微生物指标评定标准见表 2-3-19。

表 2-3-19　苹果皮渣膳食纤维的微生物指标评定标准

项目	指标
菌落总数/（cfu/g）	≤30 000
大肠菌群/（MPN/100g）	≤90
致病菌（沙门氏菌、志贺氏菌、金黄色葡萄球菌）	不得检出

参 考 文 献

叶光斌，罗惠波，王毅，等 . 2013. 菠萝果酒澄清及稳定性的研究［J］. 酿酒科技（6）：80-83.
潘训海，刘新露，左勇 . 2013. 脐橙全汁果酒酿造技术研究［J］. 酿酒科技（5）：8-10.
丁武 . 2012. 食品工艺学综合实验［M］. 北京：中国林业出版社 .

张钟，李先保，杨胜远．2012. 食品工艺学实验［M］．郑州：郑州大学出版社．
韩庆保，徐达勋，张承妹．2006. 低糖猕猴桃脯的加工工艺研究［J］．上海农业学报，22（1）：118-120.
马守磊，田呈瑞，王辉．2008. 低糖猕猴桃果脯生产工艺及其质量控制［J］．农产品加工·学刊（10）：11-13.
肖海芳，李欣，向进乐，等．2008. 苹果膳食纤维的提取工艺［J］．农产品加工·学刊（10）：48-49.

（范刚　华中农业大学）

实验二　蔬菜加工开发实验

一、实验目的

本实验旨在通过学生独立查询资料、设计实验、实施操作和总结分析，培养学生独立开展蔬菜加工开发和科学研究的能力，锻炼学生理论联系实际和综合运用所学知识的能力，强化学生实践动手能力，提高学生解决食品生产实际问题的能力。

二、课程内容

本实验课程内容由实验选题、方案设计、实施操作、质量检验、经济分析和实验报告等六部分组成。

（一）实验选题

正式实验开始前5周，实验指导教师对学生进行实验分组，组织学生进行实验选题。本综合开发实验选题应符合以下原则：

1. **难度适中**　综合开发实验内容不宜过于简单，也不宜过于复杂，实验内容应控制在2～4周内完成。

2. **紧贴生产实际**　实验选题应结合蔬菜加工市场现状和发展趋势，切合工厂生产实际，不宜过于陈旧，或过于新颖，脱离实际。

3. **具有可操作性**　实验实施场地的技术手段和仪器设备应能达到完成实验内容的要求。表2-3-20中的实验题目可供参考。

表2-3-20　蔬菜加工开发实验

序号	实验题目	主要内容
1	调味番茄酱的开发	主要内容为研究调味番茄辣酱生产中调味液、辣椒、白砂糖及食盐添加量对产品品质和风味的影响，通过单因素和正交试验，确定最佳生产配方和工艺参数
2	脱水甘蓝产品的开发	主要内容为研究不同热烫条件、不同渗糖条件及不同干燥方法对脱水甘蓝品质的影响，确定最佳生产方法和工艺条件
3	黄瓜汁豆奶饮料的开发	主要内容为研究不同浓度碳酸氢钠浸泡大豆对其品质的影响，确定最佳热烫时间和磨浆状态，优化产品配方，研究煮制时间对豆奶品质的影响，确定最佳稳定剂组合

（二）方案设计

实验分组以后，以小组形式通过查阅资料和共同讨论，结合课堂的理论学习，进行实验方案的设计，制订实验实施的具体计划，列出所需原辅料种类和数量及仪器设备等，并提交指导教师审核和完善。

（三）实施操作

实验实施方案经指导教师审核确认后，便进入实施操作环节，包括以下几个阶段：

1. 实验材料准备阶段　实验开始前3周，准备实验所需的生产设备、化学试剂、玻璃仪器、原辅材料等，并对生产设备进行检修和试运行，检查设备状态。

2. 实验开始前理论讲授阶段　实验正式开始前，指导教师组织学生进行课前理论讲授，内容包括实验目的与意义、实验原理、实验过程中的注意事项、生产设备和分析仪器使用指导等。

3. 实验实施阶段　学生在教师的指导下，各小组按照制订的实验计划开展实验，及时记录实验数据并总结分析，针对实验中遇到的技术困难及时请教指导教师讨论并解决。

（四）质量检验

实验完成后，各小组需要对自己生产的产品进行分析与检验。质量检验包括产品的感官指标检验、理化指标检验和微生物指标检验等三个方面。

1. 感官指标检验　感官指标检验是依靠视觉、嗅觉、味觉、触觉和听觉等来鉴定食品的外观形态、色泽、气味、滋味和硬度（稠度），一般是在理化和微生物检验之前进行。感官指标包括色泽、外观形态、香气和滋味等。

2. 理化指标检验　理化指标检验需依靠特定的仪器设备，在对产品进行一定的处理后进行化学分析。理化指标主要包括水分、脂肪、蛋白质、固形物、维生素、重金属、酒精含量等。

3. 微生物指标检验　微生物指标检验是运用微生物学的理论与方法，检验食品中微生物的种类、数量、性质及其对人的健康的影响，以判别食品是否符合质量标准的检测方法。微生物指标主要包括细菌总数、大肠菌群和致病菌。

（五）经济分析

经济分析是对开发的产品进行经济上的评价。实验完成后，各小组需要对产品进行成本核算，按照产品定价策略，给产品制定合理的价格，并做初步的市场分析和利润分析。

（六）实验报告

实验报告是学生对实验全过程进行总结分析的最终体现，应以科技论文的格式进行编写，包括题目、作者、单位、摘要、关键词、前言、材料与方法、结果与讨论、结论、致谢、参考文献等内容。

实例1　调味番茄酱的开发

一、实验目的

通过实验使学生掌握番茄新产品开发的实验方法及过程，掌握番茄新产品开发的工艺流程和工艺参数设计方法，掌握番茄加工制品品质分析的方法。

二、实验原理

调味番茄酱是以番茄为主要原料，再配选糖、盐、洋葱和香料等辅料，经打浆、调味、蒸煮等过程制成的。其关键步骤在于调味和浓缩，通过添加各种香辛料，可以赋予调味番茄酱独特风味，并通过浓缩过程，可以形成番茄酱的黏稠酱体。

三、实验材料与仪器设备

番茄、辣椒、胡椒、生姜、丁香、肉蔻、白砂糖、食盐、打浆机、夹层锅、真空浓缩器、胶体磨。

四、实验步骤

（一）工艺流程

番茄原料→清洗→热烫→打浆→皮籽分离→浓缩
鲜辣椒→热烫→切片→打浆→过滤
胡椒、生姜、丁香、肉蔻→整理→熬煮→加入味精、香油
（以上三路）→调配→蒸煮→灌装→杀菌→包装→成品

（二）操作要点

1. **原料的选择**　番茄应选择新鲜、成熟度适当、色泽鲜艳、香味浓郁、直径大于3cm的番茄果实，要求无黑斑、无坏果、无青果，干物质含量高、皮薄肉厚、籽少。

辣椒原料应新鲜，要求肉质厚、微辣。胡椒、生姜、丁香、肉蔻等香辛料应选择优质、干净的材料。

2. **清洗**　番茄原料用自来水清洗干净，晾干，备用。辣椒、生姜清洗备用。

3. **热烫**　番茄清洗后在沸水中热烫2～3min，使果肉软化，便于打浆。鲜辣椒切片后也需在沸水中热烫1～2min，以去除鲜辣椒的嫩臭味，避免影响产品质量。

4. **打浆**　用打浆机或旋转分离器分别对番茄进行打浆处理。打浆后番茄种子等残渣留在打浆机内，果浆通过过滤网流出，要求打出的果浆不带其他杂物而且细腻均匀。番茄打浆以三道打浆机为好，第一道筛网孔径1.0～1.2mm，第二道筛网孔径0.7～0.9mm，第三道筛网孔径0.5～0.8mm。鲜辣椒采用打浆机进行打浆，然后通过胶体磨处理，使产品充分细化。

5. **浓缩**　将去皮籽后的番茄酱放入真空浓缩器，浓缩至固形物含量22%～24%，备用。

6. **胡椒、生姜、丁香、肉蔻等香辛料的处理**　生姜洗净去皮、切片；丁香去除顶端花蕾；肉蔻去除外壳。配方按胡椒1%、丁香3%、生姜4%、桂皮1.5%、肉蔻1.5%、水89%，定容煮汁。先用大火煮2h，再用小火煮1h，冷却后加入少许味精和香油过滤制成调味液备用。

7. **调味番茄酱配方筛选**　采用$L_9(3^4)$正交试验进行配方优选试验设计。番茄辣酱正交试验见表2-3-21，番茄辣酱感官评价标准见表2-3-22。番茄辣酱调配过程中采用的是高浓度的番茄酱，定量为150g。

表2-3-21　调味番茄酱正交试验表

水平	因素			
	A：调味液/mL	B：辣椒/g	C：白砂糖/g	D：食盐/g
1	25	55	4.0	0.8
2	30	60	3.5	1.0
3	35	65	3.0	1.5

表 2-3-22　调味番茄酱感官评价标准

项目	感官评价标准	分值
口感	酸、甜、咸、辣味协调，无异味	45 分
风味	辣味突出，滋味独特	35 分
色泽	鲜红色，无肉眼可见杂质	20 分

8. 蒸煮、装罐　调味番茄酱可装在洗净消毒的各种规格的瓶子中，按配方将各成分混合后，放入夹层锅中蒸煮，蒸煮时间不应超过 30min，目的是将调味酱中加入的糖等辅料充分溶解到酱中。

9. 杀菌、冷却　在 100℃沸水中杀菌 15min，杀菌后要迅速冷却，使制品温度降至常温，以免过度加热造成酱体色泽变暗、番茄红素受热氧化等现象。

五、结果与分析

调味番茄酱的配方筛选试验结果填入表 2-3-23。

表 2-3-23　调味番茄酱配方正交试验结果

试验号	A：调味液	B：辣椒	C：白砂糖	D：食盐	综合评分
1	1	1	1	1	
2	1	2	2	2	
3	1	3	3	3	
4	2	1	2	3	
5	2	2	3	1	
6	2	3	1	2	
7	3	1	3	2	
8	3	2	1	3	
9	3	3	2	1	
K_1					
K_2					
K_3					
R					

六、质量检验

1. 感官指标　调味番茄酱的感官指标评定标准见表 2-3-24。

表 2-3-24　调味番茄酱的感官指标评定标准

项目	要求
色泽	鲜红色，无肉眼可见杂质
滋味、气味	酸、甜、咸、辣味协调，无异味
形态	酱体均匀一致，黏稠适度

2. 理化指标　调味番茄酱的理化指标评定标准见表 2-3-25。

表 2-3-25　调味番茄酱的理化指标评定标准

项目	要求
黏稠度（每 30s）/cm	≤15
pH	≤4.6
番茄红素含量（每 100g）/mg	≥13

3. 微生物指标　调味番茄酱的微生物指标评定标准见表 2-3-26。

表 2-3-26　调味番茄酱的微生物指标评定标准

项目	指标
菌落总数/（cfu/g）	≤500
大肠菌群/（MPN/100g）	≤30
致病菌（沙门氏菌、志贺氏菌、金黄色葡萄球菌）	不得检出

参　考　文　献

李应彪，赵长兰，马艳，等. 2009. 调味番茄酱加工工艺研究［J］. 农产品加工.

实例 2　脱水甘蓝产品的开发

一、实验目的

通过实验使学生掌握脱水甘蓝产品开发的工艺流程和工艺参数设计方法，掌握脱水甘蓝加工制品品质分析的方法。

二、实验原理

脱水甘蓝是以新鲜甘蓝为原料，经过切削、清洗、热烫、渗糖、干燥等工艺制作而成。其关键步骤是热烫、渗糖和干燥。良好的热烫工艺可以有效保护甘蓝的色泽，通过渗糖处理，可以提高脱水效率、降低干制品的水分活度、改善脱水甘蓝的风味、提高复水率等。

三、实验材料与仪器设备

甘蓝、食盐、碳酸氢钠、葡萄糖、乳糖、真空渗糖锅、电热鼓风干燥箱、微波炉、真空干燥箱、真空冷冻干燥机。

四、实验步骤

（一）工艺流程

原料⟶去根、茎、芯⟶切割⟶浸泡⟶冲洗⟶沥干⟶热烫⟶冷却⟶渗糖⟶干燥⟶成品

（二）操作要点

1. 原料的选择　选用市售肉质厚、外皮呈绿色、无机械损伤、无虫害的新鲜优质甘蓝。

2. 切割　切制成宽 1cm、长 3cm 的块状。

3. 浸泡　采用 2%盐水浸泡 30min。

4. 热烫　用碳酸氢钠调整自来水 pH 为 7.5～8.0，按料液比 1g：50mL 加入甘蓝进行热烫处理，热烫温度分别为 80℃、85℃、90℃、95℃，每个温度条件下分别处理 15s、30s、45s、60s、75s、90s、105s、120s。

5. 冷却　采用自来水冷却，冷却后温度不超过 30℃。

6. 渗糖　分别添加质量分数 25%葡萄糖、20%葡萄糖和 4%乳糖、16%葡萄糖和 8%乳糖，进行渗透。将菜和一定量的糖混合均匀，静置渗透 1h，隔 30min 搅拌一次，所有试验在同样的干燥条件下进行脱水处理。

7. 干燥　分别采用热风干燥、微波干燥、真空干燥和真空冷冻干燥等 4 种方式进行甘蓝的脱水干燥处理，比较不同方法的脱水效果。

五、结果与分析

1. 不同热烫条件处理试验结果　以感官品质为衡量指标，研究不同热烫条件处理对甘蓝品质的影响，试验结果填入表 2-3-27。

表 2-3-27　不同热烫条件处理试验结果

温度/℃	热烫时间/s							
	15	30	45	60	75	90	105	120
80								
85								
90								
95								

2. 不同渗糖条件优化试验结果　不同渗糖条件优化试验结果填入表 2-3-28。

表 2-3-28　不同渗糖条件优化试验结果

优化条件	25%葡萄糖	20%葡萄糖+4%乳糖	16%葡萄糖+8%乳糖
色泽			
风味			
返砂程度			
返砂时间			

3. 不同干燥方法试验结果　不同干燥方法试验结果填入表 2-3-29。

表 2-3-29　不同干燥方法试验结果

指标	热风干燥	微波干燥	真空干燥	真空冷冻干燥
色泽				
风味				
质地				
干燥时间				
复水率				

六、质量检验

1. 感官指标　脱水甘蓝的感官指标评定标准见表 2-3-30。

表 2-3-30　脱水甘蓝的感官指标评定标准

项目	指标
色泽	与甘蓝原料固有的色泽相近或一致
气味和滋味	具有甘蓝固有的气味和滋味，无异味
形态	产品规格均匀一致，无黏结
复水性	95℃热水浸泡 2min 基本恢复脱水前状态

2. 理化指标　脱水甘蓝的理化指标评定标准见表 2-3-31。

表 2-3-31　脱水甘蓝的理化指标评定标准

项目	指标
水分/%	≤8.0
总灰分（以干基计）/%	≤6.0

3. 微生物指标　脱水甘蓝的微生物指标评定标准见表 2-3-32。

表 2-3-32　脱水甘蓝的微生物指标评定标准

项目	指标
菌落总数/（cfu/g）	≤100 000
大肠菌群/（MPN/100g）	≤300
致病菌（沙门氏菌、志贺氏菌、金黄色葡萄球菌）	不得检出

参　考　文　献

张春华，张懋，孙金才，等．2005. 预处理和贮藏条件对脱水甘蓝表面返霜的影响［J］. 食品与生物技术学报（2）：73-77.

钟昔阳，孙汉巨，姜绍通，等．2005. 预处理工艺参数对脱水甘蓝加工品质的影响［J］. 安徽农业科学（12）：2354-2355.

李杰，顾杨娟，李富威，等．2012. 不同干燥方式对脱水甘蓝品质的影响［J］. 湖南农业科学（1）：101-103.

实例 3　黄瓜汁豆奶饮料的开发

一、实验目的

通过实验使学生掌握大豆新产品开发的实验方法及过程，掌握大豆新产品开发的工艺流程和工艺参数设计方法，掌握大豆加工制品品质分析的方法。

二、实验原理

黄瓜汁豆奶饮料是以大豆为主要原料，经过清洗、浸泡、磨浆、调配、均质等工艺制作而成。通过添加适量黄瓜汁，不仅丰富了豆奶的营养成分，提高了营养价值，还赋予了豆奶特别的清香味。

三、实验材料与仪器设备

大豆、黄瓜、白砂糖、柠檬酸、碳酸氢钠、奶粉、黄原胶、海藻酸钠、琼脂、羧甲基纤维素钠（CMC-Na）、榨汁机、磨浆机、高压均质机。

四、实验步骤

（一）工艺流程

大豆→清洗→浸泡→脱皮→热烫→磨浆→调配
黄瓜→清洗切块→榨汁
（两者合并）→煮浆→均质→灌装→杀菌→冷却→成品

（二）操作要点

1. **原料的选择** 选择蛋白质含量高、粒大皮薄、整齐饱满、皮色淡黄、无虫蛀、无霉变的新鲜大豆，经筛选或水选清除灰尘杂质，以保证豆奶质量和较高出浆率。选用八九成熟、组织脆嫩、肉质新鲜、呈绿色或深绿色、无褐斑、病虫害及机械损伤的黄瓜原料。

2. **大豆浸泡、脱皮** 分别用0.1%、0.2%、0.3%、0.4%和0.5%浓度的碳酸氢钠水溶液在常温下浸泡大豆3～4h，浸泡水量为大豆重量的3～4倍，确定适于大豆浸泡的最佳碳酸氢钠浓度。并结合人工搓揉和筛网舀动去除豆皮。浸泡程度以手指轻掐豆瓣即断为好。

3. **大豆热烫** 将去皮大豆迅速投入到80～85℃热水中热烫一定时间，以除去胰蛋白酶抑制剂和凝血素等热不稳定的抗营养因子和部分豆腥味。

4. **磨浆过滤** 用磨浆机将热烫后的大豆和水按豆水比1∶8（质量比）一起磨浆，然后将豆浆过200目滤网过滤。

5. **黄瓜清洗、切块、榨汁** 将黄瓜清洗干净后切块，采用榨汁机取汁并用纱布过滤备用。

6. **调配** 边搅拌边分别加入糖、乳化剂、稳定剂，配料先用蒸馏水溶解后加入。白砂糖用热水溶解过滤后添加。乳化剂采用磷脂0.02%、蔗糖酯0.014%、单甘酯0.017%的添加量，以改善豆奶的稳定性。

7. **煮浆** 将初步调配好的豆浆经一段时间煮沸，以熟化豆浆，进一步去腥。煮沸后加入一定量黄瓜汁和奶粉。

8. **均质** 煮制后的黄瓜汁豆浆送入均质机进行均质处理，豆奶温度为70～80℃，均质机一级压力为5～10MPa，二级压力加至25～30MPa。均质目的是为了防止豆奶发生乳相分离、脂肪球上浮和沉淀等现象，提高蛋白质的稳定性，增加成品光泽度和改善口感。

9. **灌装和杀菌** 采用250mL玻璃瓶灌装，杀菌条件为：5min—15min—10min/121℃。

10. **冷却** 采用分段式阶梯冷却方式，以防止玻璃瓶爆裂。

五、结果与分析

1. 碳酸氢钠用量试验结果　不同碳酸氢钠用量试验结果填入表 2-3-33。

表 2-3-33　不同碳酸氢钠用量对大豆品质的影响试验结果

碳酸氢钠用量/%	豆腥味	脱皮难易度	软硬程度
0.1			
0.2			
0.3			
0.4			
0.5			

2. 热烫和磨浆状态试验结果　大豆分别热烫不同时间后，立即进行热磨和冷磨处理，研究热烫和磨浆状态对豆奶品质的影响。试验结果填入表 2-3-34。

表 2-3-34　热烫时间和磨浆状态对豆奶品质的影响试验结果

处理	热烫时间/s	磨浆状态	豆腥味	成品品质
1	10	热磨		
2	10	冷磨		
3	30	热磨		
4	30	冷磨		
5	50	热磨		
6	50	冷磨		

3. 产品配方的优化试验结果　以黄瓜汁/豆浆比值、糖和奶粉的添加量为影响因素，采用 $L_9(3^4)$ 正交试验设计，确定最佳产品配方。试验设计见表 2-3-35。

表 2-3-35　黄瓜汁豆奶饮料制作 $L_9(3^4)$ 正交试验表

水平	因素		
	A：黄瓜汁/豆浆（体积比）	B：白砂糖/%	C：奶粉/%
1	1∶50	4	10
2	1∶30	8	20
3	1∶20	12	40

试验设计填入表 2-3-36。

表 2-3-36　黄瓜汁豆奶饮料制作正交试验结果

试验组	A	B	C	感官评分
1	1	1	1	
2	1	2	2	
3	1	3	3	

（续）

试验组	A	B	C	感官评分
4	2	1	2	
5	2	2	3	
6	2	3	1	
7	3	1	3	
8	3	2	1	
9	3	3	2	
K_1				
K_2				
K_3				
R				

4. 煮制时间试验结果　调配好的黄瓜汁豆奶分别煮沸 0min、2min、4min、8min，确定最佳煮制时间。试验结果填入表 2-3-37。

表 2-3-37　煮制时间对黄瓜汁豆奶品质的影响试验结果

时间/min	风味	稳定性
0		
2		
4		
8		

5. 稳定剂组合试验结果　通过分别添加 0.04%黄原胶+0.05%海藻酸钠、0.1%琼脂+0.1%海藻酸钠及 0.02%cmC-Na+0.02%黄原胶 3 种稳定剂组合，研究稳定剂组合对黄瓜汁豆奶稳定性和品质的影响。试验结果填入表 2-3-38。

表 2-3-38　不同稳定剂组合对黄瓜汁豆奶稳定性和品质的影响试验结果

稳定剂组合	稳定性	品质
0.04%黄原胶+0.05%海藻酸钠		
0.1%琼脂+0.1%海藻酸钠		
0.02%cmC-Na+0.02%黄原胶		

六、质量检验

1. 感官指标　黄瓜汁豆奶的感官指标评定标准见表 2-3-39。

表 2-3-39　黄瓜汁豆奶的感官指标评定标准

项目	指标
色泽	浅绿色
气味和滋味	具有黄瓜清香味和豆奶滋味、无异味

2. 理化指标　黄瓜汁豆奶的理化指标评定标准见表 2-3-40。

表 2-3-40　黄瓜汁豆奶的理化指标评定标准

项目	指标
总固形物（每 100mL）/g	≥2.0
蛋白质（每 100g）/g	≥1.0
脂肪（每 100g）/g	≥0.4

3. **微生物指标**　黄瓜汁豆奶的微生物指标如表 2-3-41 所示。

表 2-3-41　黄瓜汁豆奶的微生物指标评定标准

项目	指标
菌落总数/（cfu/g）	≤750
大肠菌群/（MPN/100g）	≤40
致病菌（沙门氏菌、志贺氏菌、金黄色葡萄球菌）	不得检出

参考文献

李应彪，赵长兰，马艳，等．2009. 调味番茄酱加工工艺研究［J］. 农产品加工（7）：74-75.

张春华，张懿，孙金才，等．2005. 预处理和贮藏条件对脱水甘蓝表面返霜的影响［J］. 食品与生物技术学报（2）：73-77.

钟昔阳，孙汉巨，姜绍通，等．2005. 预处理工艺参数对脱水甘蓝加工品质的影响［J］. 安徽农业科学（12）：2354-2355.

李杰，顾杨娟，李富威，等．2012. 不同干燥方式对脱水甘蓝品质的影响［J］. 湖南农业科学（1）：101-103.

周志，汪兴平，莫开菊，等．2004. 姜汁豆奶复合饮料的加工工艺研究［J］. 食品科技（8）：56-58.

（潘思轶　华中农业大学）

图书在版编目（CIP）数据

食品工艺学实验/潘思铁主编．—北京：中国农业出版社，2015.6（2024.12 重印）
普通高等教育农业部“十二五”规划教材
ISBN 978-7-109-20286-3

Ⅰ．①食…　Ⅱ．①潘…　Ⅲ．①食品工艺学—实验—高等学校—教材　Ⅳ．①TS201.1-33

中国版本图书馆 CIP 数据核字（2015）第 052748 号

中国农业出版社出版
（北京市朝阳区麦子店街 18 号楼）
（邮政编码 100125）
责任编辑　甘敏敏　张柳茵
文字编辑　浮双双

中农印务有限公司印刷　新华书店北京发行所发行
2015 年 6 月第 1 版　　2024 年 12 月北京第 4 次印刷

开本：787mm×1092mm 1/16　印张：16.25
字数 392 千字
定价：34.50 元